Periodensystem der Elemente mit Gmelin-Systemnummern

1 H 2																1 H 2	2 He 1
3 Li 20	4 Be 26											5 B 13	6 C 14	7 N 4	8 O 3	9 F 5	10 Ne 1
11 Na 21	12 Mg 27											13 Al 35	14 Si 15	15 P 16	16 S 9	17 Cl 6	18 Ar 1
19 K * 22	20 Ca 28	21 Sc 39	22 Ti 41	23 V 48	24 Cr 52	25 Mn 56	26 Fe 59	27 Co 58	28 Ni 57	29 Cu 60	30 Zn 32	31 Ga 36	32 Ge 45	33 As 17	34 Se 10	35 Br 7	36 Kr 1
37 Rb 24	38 Sr 29	39 Y 39	40 Zr 42	41 Nb 49	42 Mo 53	43 Tc 69	44 Ru 63	45 Rh 64	46 Pd 65	47 Ag 61	48 Cd 33	49 In 37	50 Sn 46	51 Sb 18	52 Te 11	53 J 8	54 Xe 1
55 Cs 25	56 Ba 30	57** La 39	72 Hf 43	73 Ta 50	74 W 54	75 Re 70	76 Os 66	77 Ir 67	78 Pt 68	79 Au 62	80 Hg 34	81 Tl 38	82 Pb 47	83 Bi 19	84 Po 12	85 At	86 Rn 1
87 Fr	88 Ra 31	89*** Ac 40	104 71	105 71													

* NH_4 23

**Lanthanide 39													
58 Ce	59 Pr	60 Nd	61 Pm	62 Sm	63 Eu	64 Gd	65 Tb	66 Dy	67 Ho	68 Er	69 Tm	70 Yb	71 Lu

***Actinide													
90 Th 44	91 Pa 51	92 U 55	93 Np 71	94 Pu 71	95 Am 71	96 Cm 71	97 Bk 71	98 Cf 71	99 Es 71	100 Fm 71	101 Md 71	102 No(?) 71	103 Lr 71

Reihenfolge der Gmelin-Systemnummern siehe Innenseite des hinteren Deckels

Gmelin Handbuch der Anorganischen Chemie

Achte völlig neu bearbeitete Auflage

Main Series, 8th Edition

Gmelin Handbuch der Anorganischen Chemie

BEGRÜNDET VON | Leopold Gmelin

Achte völlig neu bearbeitete Auflage

ACHTE AUFLAGE | begonnen im Auftrage der Deutschen Chemischen Gesellschaft von R. J. Meyer
E. H. E. Pietsch und A. Kotowski

fortgeführt von
Margot Becke-Goehring

HERAUSGEGEBEN VOM | Gmelin-Institut für Anorganische Chemie der Max-Planck-Gesellschaft zur Förderung der Wissenschaften

Springer-Verlag Berlin Heidelberg GmbH 1976

Gmelin Handbuch der Anorganischen Chemie

Achte völlig neu bearbeitete Auflage
Main Series, 8th Edition

Thorium

Ergänzungsband
Teil C 2

Ternäre und polynäre Oxide des Thoriums

Mit 114 Figuren

von **Cornelius Keller**

BEARBEITER DIESES BANDES (AUTHOR) — Cornelius Keller, Kernforschungszentrum Karlsruhe, Schule für Kerntechnik, Karlsruhe

REDAKTEUR DIESES BANDES (EDITOR) — Rudolf Keim, Gmelin-Institut, Frankfurt am Main

System-Nummer 44

Springer-Verlag Berlin Heidelberg GmbH 1976

ENGLISCHE FASSUNG DER STICHWÖRTER NEBEN DEM TEXT:
ENGLISH HEADINGS ON THE MARGINS OF THE TEXT:

E. LELL, LINZ, ÖSTERREICH

DIE LITERATUR IST BIS ENDE 1975 AUSGEWERTET

LITERATURE CLOSING DATE: UP TO END OF 1975

Die vierte bis siebente Auflage dieses Werkes erschien im Verlag von Carl Winter's Universitätsbuchhandlung in Heidelberg

Library of Congress Catalog Card Number: Agr 25-1383

ISBN 978-3-662-10288-6 ISBN 978-3-662-10287-9 (eBook)
DOI 10.1007/978-3-662-10287-9

Ursprünglich erschienen bei Springer-Verlag, Berlin Heidelberg New York 1976
Softcover reprint of the hardcover 8th edition 1976

Wiesbadener Graphische Betriebe GmbH, Wiesbaden

Vorwort

Es ist eines der besonderen Ziele des Gmelin-Instituts, den neuesten Kenntnisstand über das gesamte Gebiet der Actinidenelemente zu vermitteln. Der erste Schritt in dieser Richtung war die Bearbeitung der Transurane, die jetzt komplett vorliegt. Die entsprechenden Bände über die Elemente Protactinium und Uran sind in Bearbeitung und werden voraussichtlich 1977 bzw. 1978/1980 erscheinen.

Der vorliegende Ergänzungsband „Thorium" C2 über „Ternäre und polynäre Oxide" ist der erste Band der Reihe, die dem Element Thorium gewidmet ist. Entsprechend der Unterteilung der Uran- und Transuranebände ist die Beschreibung des Thoriums in vier Teile gegliedert:

Teil A	„Das Element"	Teil C	„Verbindungen"
Teil B	„Metall und Legierungen"	Teil D	„Chemie in Lösung"

Die vorgezogene Herausgabe dieses Bandes wird durch die Tatsache gefördert, daß ThO_2 und ThO_2-UO_2-Mischoxide speziell für Hochtemperaturkernreaktoren als Brutstoffe für die Erzeugung von ^{233}U von Bedeutung sind. Daher ist es auch von Interesse, nähere Einzelheiten über die möglichen Wechselwirkungen von Spaltproduktoxiden mit ThO_2 zu erfahren. Der vorliegende Band gibt dazu die Möglichkeit, als er die Literatur bis Ende 1975 umfaßt. Daneben ist es sicher gut, Kenntnis zu erhalten von Lücken experimenteller Ergebnisse auf diesem Gebiet. Dies mag einen Anstoß zu neuen Arbeiten geben.

Um einen vollständigen Überblick und eine geschlossene Darstellung über das im Titel genannte Gebiet zu geben, wurden alle ternären und polynären Metalloxid-Systeme des Thoriums aufgenommen, für die nicht ein neuer Gmelin-Band vorlag, ferner sind einige der im Thorium-Hauptband von 1954 aufgeführten Literaturzitate mit eingearbeitet.

Dem Gmelin-Institut danke ich für die stets gute und zielvolle Zusammenarbeit. Besonderer Dank gilt dabei Frau Prof. Dr. Becke, die die Anregung zur Herausgabe dieses Bandes sofort begrüßte, und Herrn Dr. Keim, dem verantwortlichen Hauptredakteur. Danken möchte ich auch der Literaturabteilung des Kernforschungszentrums für die Besorgung der umfangreichen und z. T. schwer zugänglichen Literatur.

Karlsruhe, August 1976 Cornelius Keller

Preface

It is one of the expressed aims of the Gmelin Institute to transmit the latest knowledge on the entire field of the actinide elements. The first step in this direction is the edition of the transuranium elements, which presently has been completed. Volumes on the elements protactinium and uranium are in preparation and are scheduled to appear in 1977 and 1978/1980 respectively.

The present supplement volume "Thorium" C 2 on "Ternary and Polynary Oxides" is the first volume of the series dedicated to the element thorium. Analogous to the arrangement of the uranium and transuranium volumes the treatment of thorium comprises four parts:

Part A "The Element"

Part B "Metal and Alloys"

Part C "Compounds"

Part D "Chemistry in Solution"

The advanced edition of this volume was prompted by the fact that ThO_2 and mixed oxides of ThO_2-UO_2 are of significance in high temperature nuclear reactors as fertile material for the production of ^{233}U. Therefore, there exists an interest in learning more about further details concerning possible interactions of fission products with ThO_2. The present volume offers this opportunity as it includes the literature up to the end of 1975. In addition, it appears advantageous to discover areas where experimental data are lacking. This may induce further studies.

In order to offer a complete survey and a well-rounded presentation of the field, all ternary and polynary metal oxide systems of thorium which were not treated in a new Gmelin volume are included. Furthermore, some literature references which had been given in the 1954 main volume of thorium are listed again.

I want to thank the Gmelin Institute for the perpetually good and determined cooperation. I owe special thanks to Prof. Dr. Becke who immediately welcomed the suggestion for the edition of this volume and to Dr. Keim, the responsible editor-in-chief. Also, I would like to thank the literature department of the Kernforschungszentrum for procuring the voluminous and partly difficult-to-obtain literature.

Karlsruhe, August 1976

Cornelius Keller

Inhaltsverzeichnis

(Table of Contents see page VI)

Seite

Ternäre und polynäre Oxide des Thoriums

Seite

Seite

Table of Contents

(Inhaltsverzeichnis s. S. I)

Page

Ternary and Polynary Oxides of Thorium

Page

Page

Ternäre und polynäre Oxide des Thoriums

Cornelius Keller
Universität und Kernforschungszentrum Karlsruhe
Karlsruhe, Bundesrepublik Deutschland

Ternary and Polynary Oxides of Thorium

1 Verbindungen mit Elementen der 1. Hauptgruppe

Compounds with Group Ia Elements

(Li, Na, K, Rb, Cs)

Review in German

Übersicht. In den Systemen Thoriumdioxid-Alkalioxid sind bisher nur Verbindungen der Zusammensetzung M_2ThO_3 für M = Na, K und Rb beschrieben worden, die durch Festkörperreaktion aus den entsprechenden binären Oxiden erhalten wurden. Versuche zur Darstellung der entsprechenden Li-Verbindung waren ebenso erfolglos wie Studien zum Nachweis von Alkaliorthothoraten M_4ThO_4 bzw. Verbindungen mit $M_2O : ThO_2 > 1 : 1$ allgemein.

Außer der Angabe von Gittersymmetrie und Gitterkonstanten sind über die sehr hygroskopischen M_2ThO_3-Verbindungen keine Angaben publiziert worden.

An polynären Oxiden des Thoriums, die Elemente der 1. Hauptgruppe enthalten, sind in anderen Kapiteln noch beschrieben:

Verbindungen des Typs $MTh_2(AsO_4)_3$ und $M_2Th(AsO_4)_2$ mit M = Li und Na im Kapitel 5.1.2, S. 33, sowie entsprechende Vanadate $MTh_2(VO_4)_3$ und Mischkristalle $MTh_2(V_{1-x}As_xO_4)_3$, ebenfalls für M = Li und Na, ferner $Na_{4x/3}Th_{(9-x)/3}(VO_4)_4$ im Kapitel 10.1.4, S. 125/6.

In den Systemen $Th(MoO_4)_2$-M_2MoO_4 (M = Li, Na, K, Rb und Cs) treten die Phasen $M_2Th(MoO_4)_3$, $M_4Th(MoO_4)_4$ und $M_8Th(MoO_4)_6$ auf, s. Kapitel 11.2.3, S. 136, die Systeme $Th(WO_4)_2$-Li_2WO_4 und $Th(WO_4)_2$-Na_2WO_4 sind im Kapitel 11.3.3 beschrieben, ebenso die Alkalisalze von Heteropolywolframaten, s. S. 140.

Review in English

Review. In the alkali oxide-thorium dioxide systems so far only compounds of the composition M_2ThO_3 (M = Na, K, and Rb) have been described, which have been obtained by solid state reactions from the corresponding binary oxides. Attempts to prepare the corresponding Li compound were as unsuccessful as the search for alkali orthothorates M_4ThO_4 or, generally, compounds with the ratio $M_2O : ThO_2 > 1 : 1$.

Besides data on lattice symmetry and lattice constants no further data have been published on the strongly hygroscopic M_2ThO_3 compounds.

1.1 Verbindungen mit Lithium

Compounds with Lithium

Bei Umsetzungen von Li_2O (Li_2CO_3) mit ThO_2 erfolgt keine Reaktion. Selbst bei einem Gemisch von $Li_2O : ThO_2 = 10 : 1$ und 1000°C ließ sich keine Festkörperreaktion im Sinne einer Säurelöslichkeit von ThO_2 feststellen. Auch die röntgenographische Untersuchung bestätigt das Vorliegen von Li_2O und ThO_2 nebeneinander [1 bis 3].

1.2 Verbindungen mit Natrium

Compounds with Sodium

Im System ThO_2-Na_2O konnte nur ein ternäres Oxid der Zusammensetzung Na_2ThO_3 dargestellt werden [1 bis 5], eine sogenannte Orthooxoverbindung Na_4ThO_4 ließ sich eindeutig nicht nachweisen

[3]. Na_2ThO_3 entsteht als farbloses Pulver bei der Umsetzung von Na_2O und ThO_2 unter Feuchtigkeits-, Sauerstoff- und CO_2-Ausschluß bei 550°C [5] bzw. 750°C [4], am bequemsten in abgeschmolzenen Quarzampullen. Wegen der Zersetzung nach $Na_2ThO_3 \rightarrow ThO_2 + Na_2O$ dürfen im Stickstoffstrom Temperaturen über 770°C nicht angewandt werden; eine Zwischenstufe konnte bei dieser thermischen Zersetzung nicht nachgewiesen werden [4]. In [1] wird allerdings bei der Darstellung von Na_2ThO_3 eine Temperatur von 800°C im Stickstoffstrom (2 × 5 h) angewandt. Ein vollständiger Umsatz des ThO_2 ist nach [1, 2] nur möglich, wenn von einem Molverhältnis $Na_2O : ThO_2 \geqq 4$ ausgegangen wird; das überschüssige Na_2O läßt sich durch Schütteln mit gekühltem absolutem Methanol entfernen.

Da Tiegel aus ThO_2-Keramiken gegenüber NaOH-Schmelzen bei 410°C sehr resistent sind, ist unter diesen Versuchsbedingungen die Bildung von Na_2ThO_3 wohl auszuschließen [7].

Compounds with Potassium

1.3 Verbindungen mit Kalium

Farbloses, sehr hygroskopisches K_2ThO_3, die einzige Verbindung im System ThO_2-K_2O, läßt sich durch Umsetzung von K_2O mit ThO_2 bei 530 bis 550°C herstellen [4, 5]. Oberhalb 650°C erfolgt Zersetzung nach $K_2ThO_3 \rightarrow ThO_2 + K_2O\uparrow$ [4].

K_2ThO_3 kristallisiert nach [4] in der monoklinen Li_2TiO_3-Struktur mit acht Formeleinheiten pro Elementarzelle und den Gitterkonstanten a = 6.41 ± 0.03 Å, b = 11.09 ± 0.03 Å, c = 12.72 ± 0.08 Å und β = 99.40° ± 0.40°; D(exp.) = 5.40 ± 0.08 g/cm³. In [5] wird für K_2ThO_3 der β-K_2TbO_3-Typ (Li_2SnO_3-Strukturtyp) mit den hexagonalen Gitterkonstanten a = 3.70 Å und c = 18.77 Å für die Elementarzelle mit zwei Formeleinheiten angenommen.

Durch Umsetzung von K_2O mit $BaThO_3$ bei 500°C in einer evakuierten Ampulle entsteht K_2BaThO_4, das im ungeordneten NaCl-Gitter mit vier Formeleinheiten pro Elementarzelle und einer kubischen Gitterkonstante von a = 5.375 ± 0.003 Å kristallisiert; Dichte D(exp.) = 5.43 g/cm³, D(ber.) = 5.47 g/cm³. K_2BaThO_4 zersetzt sich oberhalb 600°C in $K_2O + BaThO_3$ [6].

Compounds with Rubidium

1.4 Verbindungen mit Rubidium

Rb_2ThO_3 kristallisiert hexagonal-rhomboedrisch mit den hexagonalen Gitterkonstanten a = 3.75 Å und c = 19.7 Å; D(ber.) = 6.24 g/cm³, D(exp.) = 6.20 g/cm³ [8].

Literatur zu 1:

[1] R. Scholder, D. Räde, H. Schwarz (Z. Anorg. Allgem. Chem. **362** [1968] 149/68). — [2] D. Räde (Diss. Karlsruhe T. H. 1958, S. 73). — [3] R. Scholder (Angew. Chem. **70** [1958] 583/94). — [4] P. Hagenmuller, M. Devalette, J. Claverie (Bull. Soc. Chim. France **1966** 1581/2). — [5] E. Paletta, R. Hoppe (Naturwissenschaften **53** [1966] 611/2).

[6] J. Fava, G. Le Flem, M. Devalette, L. Rabardel, J.-P. Coutures, M. Foex, P. Hagenmuller (Rev. Intern. Hautes Temp. Refract. **8** [1971] 305/10). — [7] H. Lux, E. Renauer, E. Betz (Z. Anorg. Allgem. Chem. **310** [1961] 305/19). — [8] K. Seeger (Diss. Univ. Gießen) laut R. Hoppe, K. Seeger (Z. Anorg. Allgem. Chem. **375** [1970] 264/9).

2 Verbindungen mit Elementen der 2. Hauptgruppe

(Be, Mg, Ca, Sr, Ba, Ra)

Compounds with Group IIa Elements

Review in German

Übersicht. Von allen Systemen Thoriumdioxid-Erdalkalioxid konnte nur im System ThO_2-BaO die Bildung eines definierten ternären Oxids $BaThO_3$ mit Perowskitstruktur nachgewiesen werden. Für CaO, SrO und BaO wurde eine geringe Löslichkeit in ThO_2 nachgewiesen.

Ein Zusatz von SrO und besonders CaO verbessert die Sintereigenschaften von ThO_2 sehr, derartige ThO_2-CaO-Sinterkörper werden als sauerstoffionenleitende Festelektrolyte, besonders bei niedrigen Sauerstoffpartialdrücken, benutzt.

Über physikalisch-chemische Eigenschaften von Sinterproben in diesen Systemen liegen nur sehr wenige, z. T. unbefriedigende Untersuchungsergebnisse vor.

Review in English

Review. Of all alkaline earth oxide-thorium dioxide systems only in the ThO_2-BaO system the formation of a defined ternary oxide $BaThO_3$ with perovskite structure could be detected. A low solubility of CaO, SrO and BaO in ThO_2 was found.

The addition of SrO and especially CaO improves the sintering properties of ThO_2 markedly; such ThO_2-CaO ceramic materials are being used for oxygen ion conducting solid electrolytes, particularly at low oxygen partial pressures.

Only very few, partly unsatisfying results are available on physicochemical properties of probes in these systems.

2.1 Verbindungen mit Beryllium

Compounds with Beryllium

2.1.1 Das System ThO_2-BeO

The ThO_2-BeO System

Herstellung von ThO_2-BeO-Sinterkörpern

Zur Herstellung von ThO_2-BeO-Sinterkörpern geht man üblicherweise von physikalischen Mischungen ThO_2 + BeO aus, die nach intensivem Mischen, eventuell unter Zusatz von Aceton, zu Tabletten gepreßt auf die entsprechenden Temperaturen erhitzt werden [5, 6]. Für Zusammensetzungen BeO-(0.25 bis 64) Gew.-% ThO_2 lassen sich nach Sinterung bei 1650°C/2 h auf diese Weise Produkte mit 94.1 bis 98.0% theoretischer Dichte erzielen [19]. Über Dichte von ThO_2-Keramiken mit 1 Gew.-% BeO vgl. Fig. 2–6, S. 7.

Bezüglich der Herstellung von BeO überzogenen ThO_2-Mikrokügelchen (microspheres) s. [12].

Phasenbeziehungen

Sämtliche bisherigen Untersuchungen über das System ThO_2-BeO beweisen eindeutig, daß in diesem System keine Verbindungsbildung vorliegt [1 bis 11]. Auch die gegenseitige Löslichkeit der beiden Oxide ist sehr gering und zeigt somit eine nahe Verwandtschaft des Systems ThO_2-BeO zu den analogen Systemen mit den anderen Actinidendioxiden (UO_2,PuO_2).

Nach [13 bis 18] liegt die Löslichkeit von ThO_2 in BeO unter 0.016 Mol-% und diejenige von BeO in ThO_2 unter 0.1 Mol-%. ThO_2 beeinflußt die Umwandlungstemperatur des α-BeO $\rightleftharpoons$ β-BeO-Übergangs nicht, was auch für eine gegenseitige Unlöslichkeit oder eine nur sehr geringe Löslichkeit spricht [3, 5, 6].

Wie aus den vorhergehenden Angaben abzuleiten ist, entspricht das Phasendiagramm dem eines einfachen eutektischen Systems, wie z. B. auch aus dem neuesten publizierten Phasendiagramm zu entnehmen ist (**Fig.** 2-**1**, S. 4) [5]. Allerdings schwanken die Angaben über Temperatur und Zusammensetzung. Ältere Angaben, z. B. Zusammensetzung von 10 bis 15 Gew.-% BeO und eine eutektische Temperatur von ≈2360°C [7] bzw. 20 Gew.-% BeO und 2200°C [8], weichen von neueren Werten (80 ± 1 Mol-% BeO und 2175 ± 8°C [5, 6] bzw. 70 Mol-% BeO (≙ 18.1 Gew.-%) und 2155 ± 5°C [3, 18]) etwas ab, wobei die Werte in [5, 6] am zuverlässigsten erscheinen.

Literatur zu 2 s. S. 15/17

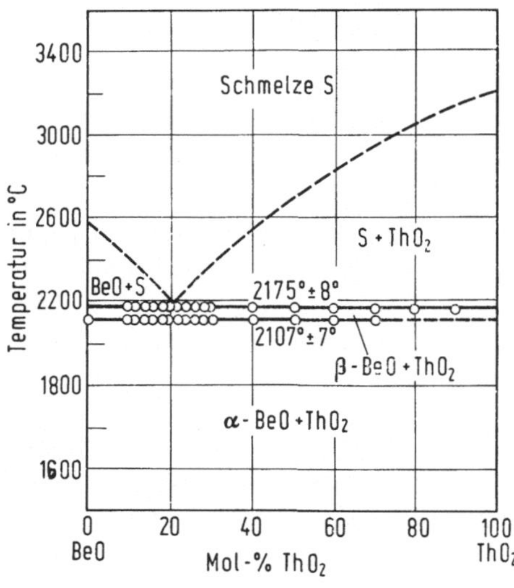

Fig. 2-1

Phasendiagramm des Systems ThO_2-BeO [5].

Bei röntgenographischen Untersuchungen des Systems ThO_2-BeO lassen sich die Beugungsreflexe des BeO erst in Mischungen mit mehr als 50 Gew.-% BeO erkennen [7].

Physikalisch-chemische Eigenschaften

Die Festigkeit von ThO_2-BeO-Preßlingen mit 210 bis 250 μm ThO_2-Partikeln und einer Porosität von 3 bis 9% nimmt linear mit dem ThO_2-Gehalt ab von z. B. 12.565 kg/mm² für 1.6 Vol.-% ThO_2 auf 4.865 kg/mm² für 20.0 Vol.-% ThO_2 [20]. In Abhängigkeit von der Temperatur wurden für BeO-1.6 Vol.-% ThO_2 (200 μm)-Preßlinge folgende Werte gefunden [20]:

Temperatur in °C	20	200	400	600	800	1000
Bruchfestigkeit in kg/mm²	12.635	14.735	15.470	15.400	14.875	14.700
Standardabweichung in kg/mm²	0.938	1.092	1.988	2.275	1.624	1.967

Auch der Young-Modul von BeO nimmt mit steigendem ThO_2-Gehalt ab, wobei allerdings bei 10 Vol.-% ThO_2 eine Diskontinuität im Verlauf festzustellen ist. Tabellarisch zusammengestellte Werte s. [20]. Young-Modul und Bruchfestigkeit von BeO-ThO_2-Preßlingen nehmen mit der ThO_2-Teilchengröße unter sonst gleichen Bedingungen ab, bei Teilchen >350 μm ist allerdings praktisch kein Einfluß mehr festzustellen [20].

Die Daten lassen sich so interpretieren, daß die ThO_2-Teilchen an die BeO-Matrix gebunden sind, wobei die experimentell gefundenen Festigkeitswerte mit den über die Theorie von Hashin und Shtrikman [23] berechneten Daten gut übereinstimmen. Auf Grund der unterschiedlichen thermischen Ausdehnungskoeffizienten von BeO und ThO_2 ergeben sich beim Erwärmen von BeO-ThO_2-Preßlingen interne Spannungen [20].

Compounds with Beryllium and Another Element

2.1.2 Verbindungen mit Beryllium und einem weiteren Element

Untersuchungen im System ThO_2-SiO_2-BeO [25] führten zur Darstellung einer Verbindung der Zusammensetzung $ThBe_2Si_2O_8$, die zur Gruppe der Feldspäte gehören soll [24]. Die Darstellung erfolgt durch Umsetzung von feinstgepulverten Gemischen der einzelnen Oxide bei 1400 bis 1550°C/ 3 bis 6 h, am besten unter Zusatz von 1.5 Gew.-% B_2O_3 als Mineralisator. Die monoklin kristallisierende Substanz (Gitterkonstanten werden nicht aufgeführt, nur röntgenographische d-Werte) mit einer Dichte von 4.63 g/cm³ und einem Schmelzpunkt von ≈1700°C besitzt die Brechungs-

Literatur zu 2 s. S. 15/17

indices $n_p = 1.9 \pm 0.005$ und $n_g = 1.93 \pm 0.005$ [24]. Gemische aus 80 Gew.-% $BaAl_2Si_2O_8$ und 20 Gew.-% $ThBe_2Si_2O_8$ weisen nach Erhitzen auf 1400 bis 1450°C eine wesentlich größere mechanische Festigkeit auf als reines $BaAl_2Si_2O_8$ [24].

Das ternäre Eutektikum des Systems ThO_2-BeO-MgO liegt bei 5 mol MgO – 10 mol BeO – 1 mol ThO_2 und 1797°C [26]. Da die mechanischen Eigenschaften (Biegefestigkeit, Bruchfestigkeit, thermische Schockbeständigkeit usw.) von Porzellan aus ThO_2-BeO-MgO bedeutend schlechter sind als diejenigen des Systems BeO-MgO-ZrO_2, ist eine technische Verwendung derartigen Porzellans kaum möglich [26]. Ein Vorschlag für das Phasendiagramm des Systems ThO_2-BeO-MgO s. [24], allerdings dürfte dieses noch erheblich zu verbessern sein.

Ähnliche schlechte mechanische Eigenschaften weisen auch Gläser und porzellanartige Proben des Systems ThO_2-BeO-Al_2O_3 auf [27]. Das ternäre Eutektikum dieses Systems liegt bei 1795°C und einer Zusammensetzung von 1 mol ThO_2 – 4 mol BeO – 2 mol Al_2O_3. Ein Zusatz von CaO setzt diese eutektische Temperatur z. T. stark herab, so wird bereits bei 1350°C ein Glas der Zusammensetzung 1 mol ThO_2 – 160 mol BeO – 2 mol Al_2O_3, das 4% CaO enthält, gebildet [27]. Zusätze von CaO, SrO und MgO setzen den elektrischen Widerstand von Proben 24 BeO – Al_2O_3 – ThO_2 (in mol) herab, solche von SiO_2 bzw. TiO_2 erhöhen ihn [27]. Bezüglich mechanischer Eigenschaften von 160 mol BeO – 2 mol Al_2O_3 – 1 mol ThO_2 + 2 Gew.-% TiO_2 Proben s. [21]. Angaben über die thermische Leitfähigkeit von ThO_2-BeO-MgO-Al_2O_3-Sinterproben s. [22].

Hohe Werte für die thermische Leitfähigkeit wurden nur im BeO-reichem Gebiet gefunden, eine Verminderung des BeO-Anteils setzt auch die thermische Leitfähigkeit z. T. sehr stark herab.
Die thermische Ausdehnung einer Probe der Zusammensetzung BeO – 4.3% Al_2O_3 – 5.7% ThO_2 –20% TiO_2 beträgt 1.11% von Raumtemperatur bis 1200°C [21].

2.2 Verbindungen mit Magnesium

Compounds with Magnesium

Im System ThO_2-MgO konnte im Temperaturbereich von 1200°C bis 1650°C weder die Bildung einer Verbindung (wie z. B. $MgThO_3$) noch das Auftreten einer gegenseitigen Löslichkeit der beiden Einzeloxide festgestellt werden [28, 29]. Im Gegensatz dazu stehen allerdings — vermutlich inkorrekte, nur über die Änderung der elektrischen Leitfähigkeit von Mischoxiden extrapolierte — Angaben, die eine Bildung von MgO · ThO_2 und eine geringe Löslichkeit von MgO in ThO_2 unterhalb 1000°C postulieren [9].

Zur Herstellung von mit MgO beschichteten, kugelförmigen ThO_2-Teilchen unter Verwendung von Petroleumwachs s. [12]. Die Verwendung von ThO_2 mit 0.5 bis 1.6 Gew.-% MgO als Kernbrennstoff wird in [30] beschrieben, derartige Proben lösen sich z. B. in 13 M HNO_3 + 0.025 M HF + 0.1 M $Al(NO_3)_3$ bedeutend schneller auf als reines ThO_2. Ein Zusatz von 1.0 Gew.-% MgF_2-CaF_2 verbessert das Sinterverhalten von ThO_2 [31].

Das System ThO_2-BeO-MgO sowie ThO_2-BeO-MgO-Al_2O_3-Sinterproben sind in Kapitel 2.1.2, oben, behandelt. Ein Zusatz von ThO_2 zu Al_2O_3-MgO verbessert dessen katalytische Eigenschaften als Crack-Katalysator [33]. Im System ThO_2-MgO-B_2O_3 treten keine ternären Mg-Th-Borate auf, s. S. 19. Zum System ThO_2-SiO_2-MgO s. 4.1.3, S. 26.

Das Eutektikum des Systems ThO_2-MgO-ZrO_2 liegt bei 25 Mol-% ThO_2 + 30 Mol-% MgO + 45 Mol-% ZrO_2 [27]. Ein vorläufiges Phasendiagramm für das System ThO_2-MgO-HfO_2 ist in **Fig. 2-2**, S. 6, nach [32] wiedergegeben. Man erkennt einen ausgedehnten Bereich mit Fluoritstruktur im ThO_2-reichen Gebiet und eine Phase monokliner Struktur geringer Phasenbreite an der HfO_2-Ecke. Ein zweites Einphasengebiet mit Fluoritstruktur dürfte auf der HfO_2-MgO-Linie bei ca. 10 Mol-% MgO liegen, ist in Fig. 2-2 jedoch nicht aufgeführt, sondern nur in Koexistenz mit der ThO_2-reichen fcc-Phase. Die Schmelzisothermen im System ThO_2-MgO-HfO_2 sind in **Fig. 2-3**, S. 6, aufgeführt [32].

Fig. 2-2

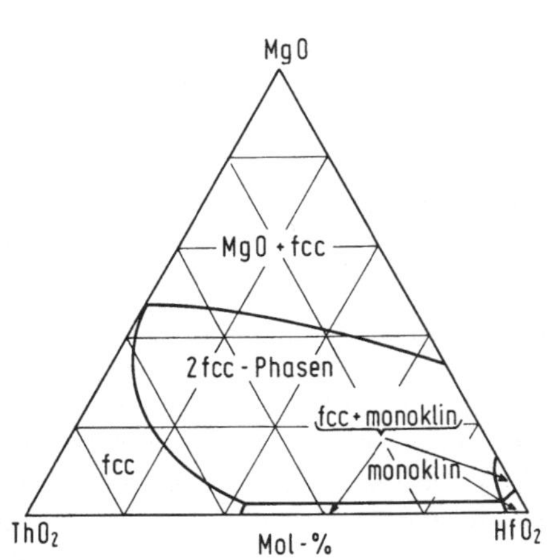

Phasendiagramm des Systems ThO_2-MgO-HfO_2 bei 1600°C [32]. (fcc = kubisch-flächenzentrierte Fluoritphase, monoklin = monokline feste Lösung).

Fig. 2-3

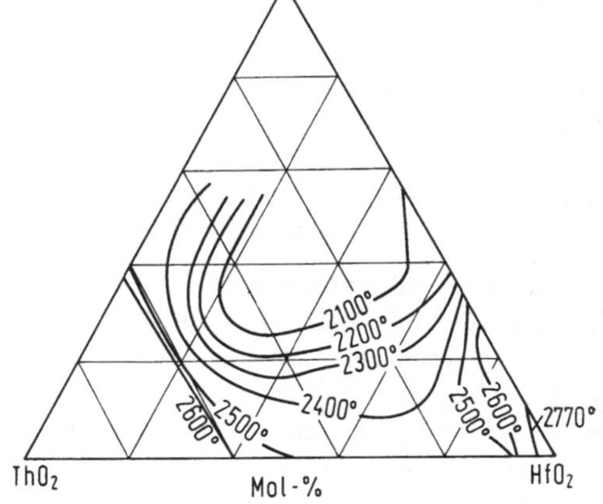

Schmelzisothermen im System ThO_2-MgO-HfO_2 (Temperaturangaben in °C) [32].

Compounds with Calcium

2.3 Verbindungen mit Calcium

2.3.1 Das System ThO_2-CaO

The ThO_2-CaO System

Preparation of ThO_2-CaO Sintered Bodies

2.3.1.1 Herstellung von ThO_2-CaO-Sinterkörpern

Die Herstellung von ThO_2-CaO-Sinterkörpern erfolgt nach den üblichen pulvermetallurgischen Verfahren, in der Mehrzahl der Fälle ausgehend von mechanisch gemischten und zu Tabletten gepreßten Pulvern von ThO_2 und CaO($CaCO_3$) [34, 35]. ThO_2-CaO-Proben zeigen dabei wesentlich

Fig. 2-4

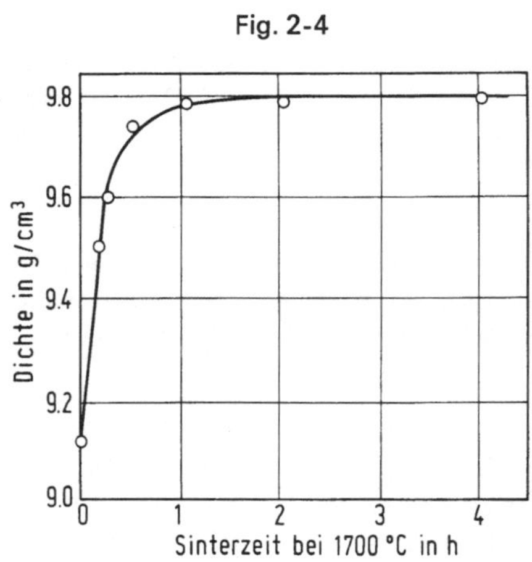

Sinterdichte von ThO_2-CaO-Sinterkörpern mit 0.5 Gew.-% CaO bei 1700°C als Funktion der Sinterzeit [48].

Fig. 2-5

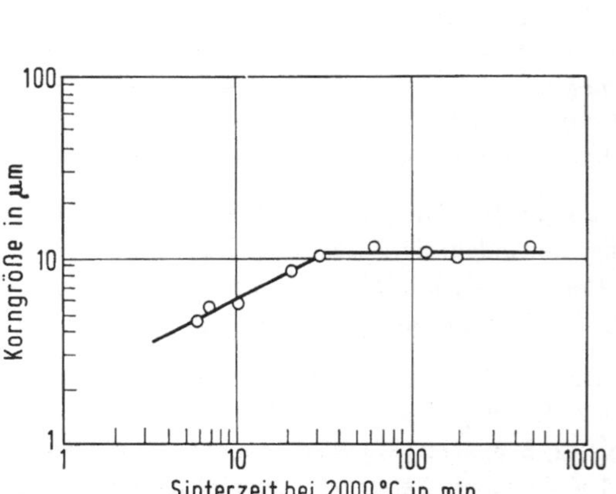

Korngröße von ThO_2-CaO-Sinterkörpern mit 2 Mol-% CaO nach Sintern bei 2000°C als Funktion der Zeit [79].

bessere Sintereigenschaften als nicht dotiertes ThO_2, wie Untersuchungen über die Kinetik der Verdichtung bestätigten [81]. Der Sinterprozeß läßt sich dabei gut mit dem Diffusionsmodell von Coble [36] beschreiben [37, 38]. Für ThO_2-CaO-Sinterproben werden auch sehr hohe Sinterdichten erzielt, selbst bei Zusätzen von wenigen Prozent CaO, z. B. 2 Gew.-% $CaCO_3$ bzw. 0.2 bis 1.0 Gew.-% CaF_2 [31] oder bis zu 8 Mol-% CaO [39]. Die maximalen Sinterdichten werden dabei schon nach relativ kurzen Sinterzeiten erzielt, s. **Fig. 2-4** [48].

Unter Benutzung des isostatischen Pressens erhält man für (0.5 bis 1%) CaO-ThO_2-Proben nach Sinterung bei 1800°C Sinterkörper bis 97% theoretischer Dichte [40, 49, 58], und zwar nicht nur für kleine Proben, es lassen sich auch Zylinder mit etwa 3.8 cm Durchmesser und 30 cm Länge herstellen [40]. Folgendes Beispiel mag den Einfluß von CaO auf die erzielbare Sinterdichte zeigen:

reines ThO_2 ergab nach Kaltpressen (10^6 lb/inch^2) und Sintern bei 1800°C eine Probe der Dichte 9.50 g/cm^3, eine Probe ThO_2 + 0.5 Gew.-% CaO ergab nach Kaltpressen bei nur 10^5 lb/inch^2 und Sintern bei 1800°C einen Sinterkörper mit einer Dichte von 9.70 g/cm^3.

Ein Zusatz von CaO zu ThO_2 erübrigt daher höchste Preßdrucke und vorheriges Sintern des ThO_2-Ausgangsprodukts [40, 47].

Interessant ist die Beobachtung, daß hierbei sich die Sinterkörper verfärben bis hin zu olivgrün; eine Erklärung für diesen Effekt ist in der Literatur nicht zu finden.

Wenngleich angenommen wird [40], daß das CaO in diesen Sinterkörpern in chemisch nicht gebundener Form vorliegt, so sind diese Sinterkörper doch gegen Wasser stabil, erst bei Zusätzen von 25 Gew.-% CaO zerfallen die Sinterkörper in Wasser. Im Gegensatz dazu beeinflußt ein Zusatz von bis zu 5 Gew.-% ThO_2 zu CaO nach Glühen bei 1625°C und 1750°C (jeweils 1 h) die Hydratationsgeschwindigkeit von CaO nicht [41].

Der Verdichtungsprozeß von ThO_2-Sinterkörpern nach CaO-Zusatz beruht wahrscheinlich auf der Bildung von Anionenfehlstellen im Fluoritgitter nach Einbau geringer Mengen CaO in das ThO_2-Gitter. Ob dabei das Kornwachstum eine positive oder eine negative Rolle spielt, ist umstritten [47], wenngleich in [79] bei Untersuchungen über das Kornwachstum (**Fig. 2-5**) angegeben wird, daß ein CaO-Zusatz das diskontinuierliche Kornwachstum verhindert. Diese Fehlstellen erhöhen dann die Diffusion der Metallionen, was zu dichteren Proben führt [40]. Dieser Prozeß wird besonders durch CaO gefördert, da Ca^{2+} einen dem Th^{4+}-Ion sehr ähnlichen Ionenradius aufweist. Einen Vergleich von unter gleichen Bedingungen bei verschiedenen Zusätzen von jeweils 1 Gew.-% erzielten Sinterdichten nach Tempern bei 1800°C zeigt **Fig. 2-6** [40]. Eine Abhängigkeit der Sintereigenschaften

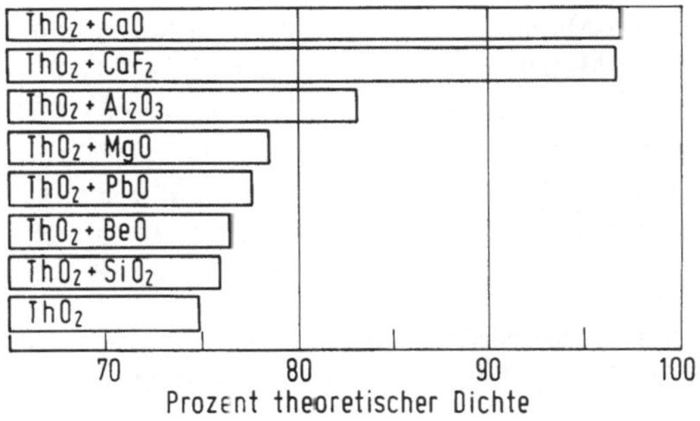

ThO_2 + CaO
ThO_2 + CaF_2
ThO_2 + Al_2O_3
ThO_2 + MgO
ThO_2 + PbO
ThO_2 + BeO
ThO_2 + SiO_2
ThO_2
70 80 90 100
Prozent theoretischer Dichte

Fig. 2-6

Dichten von ThO_2-Keramiken nach Zusatz von je 1 Gew.-% Fremdbestandteil und Sintern bei 1800°C [40].

von der Zusammensetzung des Sintergases (Luft, Wasserstoff, Helium) konnte nur für Wasserstoff festgestellt werden. Es ergab sich ferner, daß die an Luft gesinterten Proben stets dunkler gefärbt waren als die unter H_2 bzw. He gesinterten Proben [40].

Literatur zu 2 s. S. 15/17

The ThO_2-CaO System

Durch Sintern von ThO_2-CaO-Proben unter Wasserstoff bei hohen Temperaturen lassen sich optisch transparente Keramiken (Thoralox) vollständiger Dichte (>99.5%) herstellen [50].

ThO_2-1 Gew.-% CaO-Sinterproben mit 34.3% Porenvolumen erreicht man, wenn man vor dem Sinterprozeß (1800°C/2 h) den Proben 12 bis 16 Gew.-% Naphthalin zusetzt, das sich beim Erhitzen zersetzt und Hohlräume im Sinterkörper zurückläßt [40].

Phase Relations

2.3.1.2 Phasenbeziehungen

Im Gegensatz zu Angaben in [9, 42] konnte bei detaillierten Untersuchungen im Temperaturbereich von 1000 bis 1460°C die Bildung einer Verbindung $CaThO_3$ mit Perowskitstruktur nicht bestätigt werden [43, 44]. Nach [43] entspricht das in [41] für $CaThO_3$ angegebene Röntgendiagramm dem eines physikalischen Gemisches von ThO_2 und $Ca(OH)_2$.

Während in [40] keine die Fehlergrenzen übersteigende Änderung der Gitterkonstanten von ThO_2 in Gegenwart von wechselnden Mengen CaO gefunden wurde (was als Unlöslichkeit von CaO in ThO_2 interpretiert werden kann), wird in [46] experimentell bei 1800°C eine Löslichkeit von 8 Mol-% CaO in ThO_2 festgestellt. Aus Untersuchungen über Sinterverhalten und optische Transmission von bei 2000°C bis 2300°C getemperten ThO_2-CaO-Sinterproben wird in [79] allerdings eine maximale Löslichkeit von 2 Mol-% CaO in ThO_2 angegeben. Dagegen wird — in besserer Übereinstimmung mit den Daten in [46] — für 1700°C eine bis 10 Mol-% CaO reichende Löslichkeit in ThO_2 aufgeführt [48]. Wegen der geringen Änderungen der Gitterkonstante von ThO_2 bei Einbau von CaO ist die genaue Löslichkeit schwierig zu ermitteln. Theoretisch wurde eine Löslichkeit von maximal 39 Mol-% CaO abgeschätzt [47], ein im Vergleich zu den anderen Systemen Actinidendioxid-CaO viel zu hoher Wert. Dieser stimmt jedoch sehr gut mit den — allerdings nicht sehr zuverlässigen — Angaben in [59] überein, nach denen der Abfall der elektrischen Leitfähigkeit von ThO_2-CaO-Sinterproben bei 40 Mol-% CaO auf eine Löslichkeitsgrenze zurückzuführen sein soll.

Aus der Änderung der Dichte von ThO_2-CaO-festen Lösungen ist zu folgern, daß im Kristallgitter ein vollbesetztes Kationengitter mit Fehlstellen im Anionenteilgitter vorliegt [46], in Übereinstimmung mit den nichtstöchiometrischen Phasen in den Systemen ThO_2-$SEO_{1.5}$.

Das Phasendiagramm des Systems ThO_2-CaO ist von einfacher eutektischer Art mit einem Eutektikum bei ≈60 Mol-% CaO und 2300°C [45].

Physico-chemical Properties

2.3.1.3 Physikalisch-chemische Eigenschaften

Mechanical Properties

Mechanische Eigenschaften

Für Sinterproben ThO_2 + 0.5 Gew.-% CaO (bei 1000°C gesintert) wurden folgende mechanischen Eigenschaften für Raumtemperatur ermittelt (Mittelwerte mehrerer Messungen) [49]:

Young-Modul:	E = 2384 ± 5 kbar (1 kbar = 1.019716 kg/m²)
Scher-Modul:	G = 930 ± 5 kbar
Poisson-Verhältnis:	σ = E/2G −1 = 0.282 ± 0.005
„Bulk"-Modul:	K = E/3 (1 − 2σ) = 1819 ± 10 kbar
Schallgeschwindigkeit:	v = 4957 ± 5 m/s
Druckfestigkeit:	2.22×10^5 lb/inch² (=15.3 kbar)
Knoop-Härte:	K_{500} = 640 (K_{500} = Knoop Nr. bei Beladung mit 500 g).

Mit steigender Temperatur nehmen der Young- und der Scher-Modul erwartungsgemäß ab, während das Poisson-Verhältnis konstant bleibt [49]:

Temperatur in °C	100	300	500	700	900
Young-Modul in kbar	2365	2300	2219	2142	2071
Scher-Modul in kbar	923	897	866	836	806
Poisson-Verhältnis	0.281	0.282	0.281	0.282	0.285

Literatur zu 2 s. S. 15/17

Hierbei konnten keine Unterschiede festgestellt werden, wenn statt eines statischen Meßverfahrens eine dynamische Methode angewandt wurde. Bezüglich der Temperaturabhängigkeit des Young-Moduls s. auch **Fig. 2-7** [78], entsprechende Werte für ThO_2 + 1.5 Mol-% CaO s. [80].

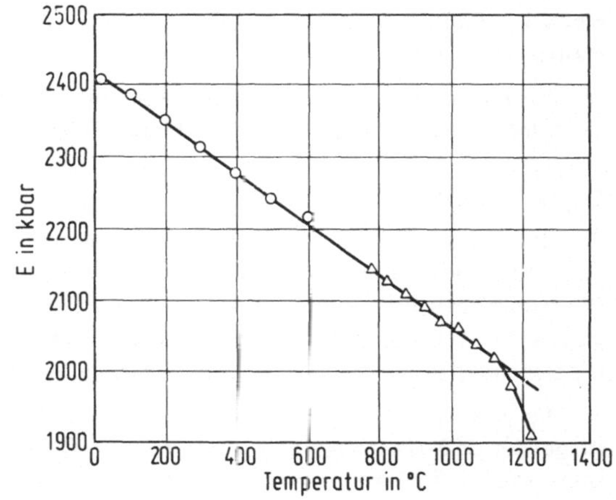

Fig. 2-7

Young-Modul E von ThO_2 + 0.5% CaO [75]. ○: eine Messung, △: Mittelwert aus 2 oder 3 Messungen.

In Abhängigkeit von CaO-Gehalt wurden in [40] folgende Young- und Bruch-Module für bei 1800°C vorbehandelte Proben ermittelt:

Gew.-% CaO	0	0.5	1.0	3.0
Young-Modul in 10^6 lb/inch^2 (kbar)	19.6 (1350)	20.9 (1442)	33.9 (2335)	43.6 (3005)
Bruch-Modul in 10^2 lb/inch^2 (kbar)	13 (0.0896)	19 (0.131)	20 (0.138)	26 (0.179)
Dichte in g/cm^3	8.02	9.65	9.5	9.1

Die Werte des Young-Modul von [40] und [49] für die Probe mit 0.5 Gew.-% CaO unterscheiden sich dabei beträchtlich.

Bei Untersuchungen zum isothermen Sintern und zum Kornwachstum in ThO_2-CaO-Proben wurden folgende Diffusionsbeziehungen für Th^{4+} im Bereich 1300°C bis 1600°C ermittelt [37]:

Mol-% CaO der Probe	Diffusionsbeziehung D =
0	$0.13 \exp(-93000/RT)$
2.31	$4.02 \times 10^{-6} \exp(-56000/RT)$
4.25	$4.35 \times 10^{-7} \exp(-47000/RT)$
8.8	$3.43 \times 10^{-7} \exp(-45000/RT)$

Man erkennt deutlich die Abnahme der Aktivierungsenergie mit steigendem CaO-Gehalt.

Der Selbstdiffusionskoeffizient von ^{230}Th in ThO_2 + 1.35 Gew.-% CaO ist ungefähr doppelt so groß wie für reines ThO_2, was zu einer Erhöhung der Sintergeschwindigkeit führt [51].

Die Kriechgeschwindigkeit von ThO_2 wird durch CaO am Beginn der Messungen stark erhöht, nach etwa 500 h ist im Vergleich zu reinem ThO_2 kein Einfluß mehr festzustellen. Die Aktivierungsenergie für das Kriechen von ThO_2(CaO) beträgt bei 1400°C bis 1600°C etwa 70 bis 90 kcal/mol [52]. Weitere Werte für das Kriechen von ThO_2-CaO-Proben im Vergleich zu reinem ThO_2 s. [55].

The ThO_2-CaO System

Thermal Properties

Thermische Eigenschaften

Für ThO_2 + 1 Gew.-% CaO (bei 1800°C gesintert) beträgt der Ausdehnungskoeffizient zwischen 100 und 1230°C $\alpha = 9.93 \times 10^{-6}\ K^{-1}$ [40].

Die lineare thermische Ausdehnung für ThO_2 + 0.5 Gew.-% CaO liegt bei 0.226% für 28 bis 300°C, 0.596% für 28 bis 700°C, 0.905 für 28 bis 1000°C und 1.359% für 28 bis 1400°C, dilatometrisch bestimmt [49].

Die Aktivierungsenergie für die Wanderung einer Sauerstoffehlstelle in Nachbarschaft eines Ca^{2+}-Ions in ThO_2 + 1.5 Mol-% CaO beträgt 0.93 ± 0.02 eV (≈21.4 kcal/mol) [80].

Electrical Properties

Elektrische Eigenschaften

Sinterkörper ThO_2-CaO zeigen in ihrem elektronischen Verhalten ähnliche Eigenschaften wie ThO_2-$YO_{1.5}$-Proben, d. h. Ionenleitfähigkeit über einen bestimmten Sauerstoffpartialdruckbereich. Die Grundlagen für die Ionenleitfähigkeit in Oxiden vom Fluorittyp mit Fehlstellen im Anionenteilgitter werden in Abschnitt 8.2 eingehend beschrieben, im folgenden werden nur die Ergebnisse von Untersuchungen an ThO_2-CaO-Proben beschrieben [61 bis 67].

Die elektrische Leitfähigkeit von CaO-dotiertem ThO_2 nimmt mit steigender Temperatur und steigender CaO-Dotierung, d. h. zunehmendem Gehalt an Anionenfehlstellen, zu (**Fig.** 2-**8** und 2-**9**). Dabei sind die Meßwerte von [65] in besserer Übereinstimmung mit den in [66] berichteten Werten als mit den Daten von [67]. Wie auch für das System ThO_2-$YO_{1.5}$ beschrieben wurde, ergibt sich auch im System ThO_2-CaO bei einer Dotierung entsprechend 3 bis 4% Anionenfehlstellen eine Ab-

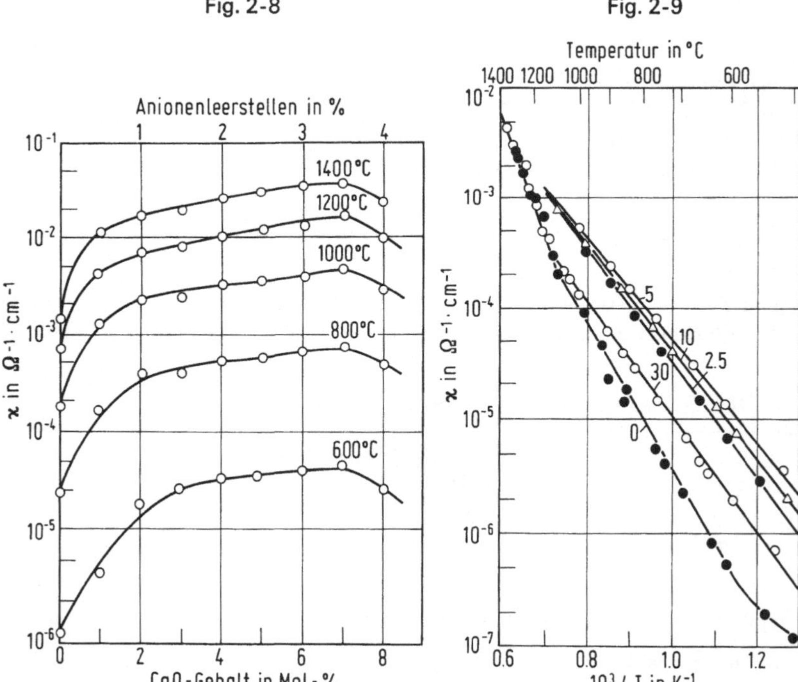

Fig. 2-8: Isothermen der spezifischen elektrischen Leitfähigkeit ϰ für ThO_2-CaO-Sinterkörper verschiedener CaO-Dotierung in Luft [65].

Fig. 2-9: Temperaturabhängigkeit der spezifischen elektrischen Leitfähigkeit ϰ von CaO-dotiertem ThO_2 (die Zahlenwerte an den Kurven geben den CaO-Gehalt in Mol-% an) [65].

nahme der Leitfähigkeit. Diese Unstetigkeit läßt sich mit der Grenze der Löslichkeit von ≈8 Mol-% CaO in ThO_2 erklären, was zu 4% Anionenfehlstellen führt [65].

CaO-ThO_2-Sinterproben zeigen bei gleichem Gehalt an Anionenfehlstellen eine geringere Leitfähigkeit als ThO_2-$YO_{1.5}$-Proben. Dies wird auf die Wechselwirkung der Dotierungsatome Ca^{2+} mit den Anionenfehlstellen zurückgeführt, da nach elektrostatischen Betrachtungen eine Assoziation von Ca^{2+} und O^{2-} wahrscheinlicher ist als eine solche von Y^{3+} und O^{2-}, beruhend darauf, daß ein Ca^{2+}-Einbau doppelt soviel Leerstellen im Anionenteilgitter hervorruft als ein Y^{3+}-Einbau [65].

Die Aktivierungsenergie für die Leitfähigkeit in CaO-dotierten ThO_2-Keramiken beträgt [65]:

Mol-% CaO		0	1	2	3	4	7	8
Aktivierungs-	<1100°C	1.32	1.31	1.18	1.21	1.17	1.19	1.21
energie in eV	>1100°C	0.955	1.26	1.08	1.06	1.06	1.09	1.06

Diese Werte sind im Widerspruch zu Angaben in [60, 67], da z. B. in [67] eine Änderung der Aktivierungsenergie von 0.9 eV auf 2.0 eV angegeben wird. Eine Erklärung für diesen Widerspruch kann nicht gegeben werden.

Die elektrische Leitfähigkeit von ThO_2-0.1 Mol-% CaO Proben ist für $p(O_2) \lesssim 10^{-8}$ atm vom Sauerstoffpartialdruck unabhängig (**Fig. 2-10**), typisch für eine Ionenleitfähigkeit [64]. Bei höheren

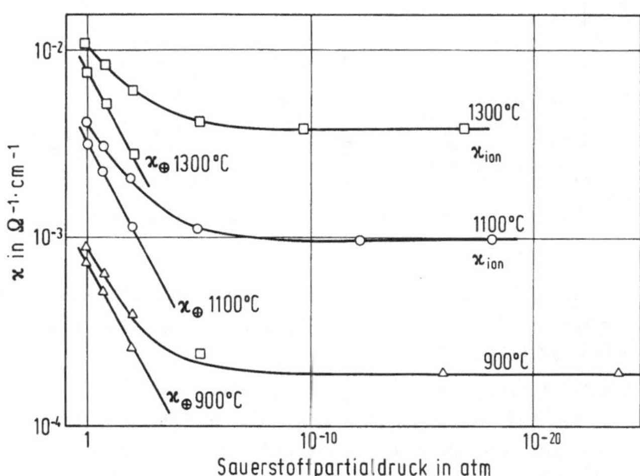

Fig. 2-10

Spezifische elektrische Leitfähigkeit ϰ von ThO_2-Sinterproben mit 0.1 Mol-% CaO in Abhängigkeit vom Sauerstoffpartialdruck [64].

Sauerstoffpartialdrücken wird die für eine Defektelektronenleitfähigkeit geforderte $p(O_2)^{1/4}$-Abhängigkeit gefunden [62]. Die Aktivierungsenergie der Beweglichkeit der Sauerstoffionenlücken im fehlgeordneten ThO_2-Fluoritgitter liegt bei 26 kcal/mol und verändert sich mit dem CaO-Anteil nicht [64]. Die Beweglichkeit der Leerstellen $u_\square$ im Fluoritgitter ergibt sich nach

$$u_\square = \varkappa_{ion}/n_\square \cdot e \cdot F$$

($\varkappa_{ion}$ = Leitfähigkeit, $n_\square$ = Konz. der Leerstellen) zu [64]:

Gehalt CaO in Mol-%	0.104	1.97	3.89	9.49
Leerstellenbeweglichkeit bei 1200°C in cm/s	2.54×10^{-4}	1.10×10^{-5}	6.88×10^{-6}	4.69×10^{-6}

Literatur zu 2 s. S. 15/17

The ThO_2-CaO System

Die starke Abhängigkeit der Beweglichkeit von der CaO-Konzentration läßt sich ähnlich wie in der Theorie der flüssigen Elektrolyte durch interionische Wechselwirkungen bzw. Assoziationseffekten zwischen den Leerstellen deuten.

Im Vergleich von Ionenleitern der Zusammensetzungen ZrO_2-CaO und ThO_2-CaO zeigen die letzteren eine um eine bis zwei Größenordnungen geringere Leitfähigkeit und werden daher besonders im Bereich sehr niedriger Sauerstoffpartialdrücke als Festelektrolyte eingesetzt [65].

Optical Properties

Optische Eigenschaften

Die optische Durchlässigkeit von ThO_2 im Bereich 0.1 bis 10 μm wird durch CaO-Zusätze stark beeinflußt, wie aus **Fig. 2-11** zu entnehmen ist. Die Durchlässigkeitsgrenzen bei 0.27 μm und 9.5 μm entsprechen den Werten für reines ThO_2. Ein Maximum der Durchlässigkeit der unter Wasserstoff (bei 0°C mit H_2O gesättigt) bei 2000°C bis 2300°C gesinterten Proben wird bei einem Zusatz von ≈2 Mol-% CaO erreicht; größere oder geringere CaO-Zusätze verschlechtern die Durchlässigkeit besonders im kürzerwelligen Gebiet [79], s. auch [34].

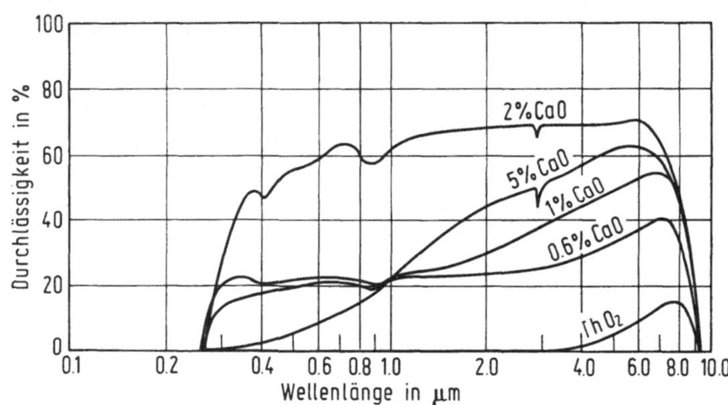

Fig. 2-11

Optische Durchlässigkeit für reines ThO_2 und ThO_2 mit CaO-Dotierungen von 0.6, 1, 2 und 5 Mol-% CaO [79].

ThO_2 + 0.5 Gew.-% CaO-Proben zeigen nach Bestrahlung (520 Röntgen) eine wesentlich schwächere Thermolumineszenz als reines ThO_2, es wurde nur ein schwacher Peak bei 230°C beobachtet [40].

CaO-dotiertes ThO_2 zeigt praktisch die gleichen optischen Fluoreszenz- und Absorptionsbanden wie reines ThO_2 und Y_2O_3-dotiertes ThO_2 [53], wenngleich die Intensitäten der Banden bei ≈395 nm 436 nm und 464 nm stark verschieden sind. Die Thermolumineszenzspektren von CaO- und Y_2O_3-dotiertem ThO_2 zeigen jedoch stärkere Unterschiede [54].

Das Photolumineszenzspektrum und das Adsorbolumineszenzspektrum von mit 0.1 Mol-% CaO dotiertem ThO_2 unterscheiden sich von den Spektren mit z.B. Zr^{4+}-, Ce^{4+}-, Bi^{3+}- oder Pb^{2+}-dotiertem ThO_2 praktisch nicht [56].

Im Adsorbolumineszenzspektrum, das einem der Prozesse

$$2O_2\,(^1\Delta g) \rightarrow 2O_2\,(^3\Sigma g)$$

oder
$$O_2(\text{ads}) \xrightarrow{+e^-} O_2^{-*}(\text{ads}) \rightarrow O_2^-(\text{ads}) + h\nu$$
$$\downarrow -e^-$$
$$O_2^*(\text{gas}) \rightarrow O_2(\text{gas}) + h\nu'$$

zugeschrieben wird (eine Entscheidung ist nicht angegeben), wird ein breiter Peak bei etwa 650 nm beobachtet [56].

Literatur zu 2 s. S. 15/17

2.3.2 Verbindungen mit Calcium und einem weiteren Element

Compounds with Calcium and Another Element

Die polynären Verbindungen $Ca_{0.5}Th_{0.5}AsO_4$ und $Ca_{0.5}Th_{0.5}VO_4$ sind bei den Verbindungen mit As bzw. V behandelt, s. S. 33 bzw. 125.

Im System ThO_2-CaO-ZrO_2 liegt das Eutektikum bei etwa 50 Mol-% ZrO_2 + 33 Mol-% CaO + 17 Mol-% ThO_2 [27]. Neuere Untersuchungen führten zur Aufstellung des in **Fig. 2-12** gezeigten Phasendiagramms bei 1600°C [68]. Man erkennt, daß neben den Verbindungen im quasibinären Teilsystem CaO-ZrO_2 ($CaZrO_3$, $CaZr_4O_9$) im ternären System noch eine Phase 2 CaO · 2 ThO_2 · 5 ZrO_2 auftritt. Angaben über die Struktur dieser Phase fehlen noch. Aus den Daten in [68] ergab sich im Gegensatz zu älteren Angaben [27], daß im System ThO_2-CaO-ZrO_2 aus der Schmelze keine Glasbildung erfolgt.

Fig. 2-12

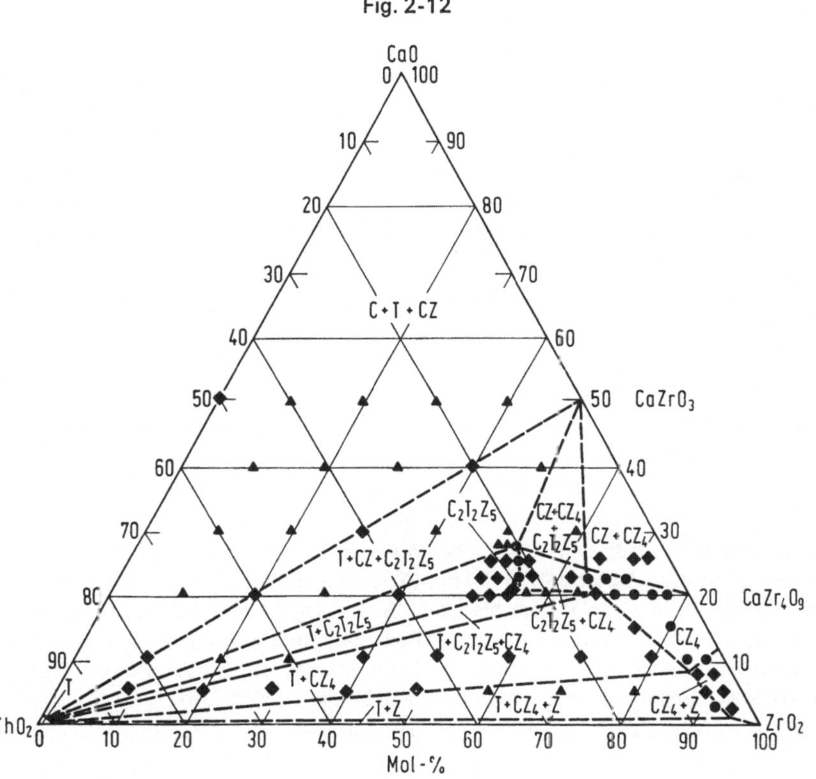

Phasendiagramm des Systems ThO_2-CaO-ZrO_2 bei 1600°C [68].
C = CaO, T = ThO_2 (ss), Z = tetragonales ZrO_2 (ss), CZ = $CaZrO_3$, CZ_4 = $CaZr_4O_9$ (ss)
$C_2T_2Z_5$ = 2 CaO · 2 ThO_2 · 5 ZrO_2 (ss).

2.4 Verbindungen mit Strontium

Compounds with Strontium

Die in [42] postulierte Verbindung $SrThO_3$ mit monoklinem Perowskitgitter konnte bei späteren detaillierten Untersuchungen [28, 69] nicht bestätigt werden, so daß ihre Existenz wohl ausgeschlossen werden kann. Der aus den Ergebnissen der Versuche in [9] getroffene Schluß, daß im System ThO_2-SrO zwei Verbindungen mit den Zusammensetzungen 0.5 SrO · 0.5 ThO_2 (= $SrThO_3$) und 0.7 SrO · 0.3 ThO_2 (≈ Sr_2ThO_4) existieren, steht im Widerspruch zu den neuen Untersuchungen in [28, 49]. Gegen eine Verbindungsbildung im System ThO_2-SrO spricht z. B. auch, daß nach Erhitzen von SrO-ThO_2-Mischungen (10 bis 15 : 1) auf 1000 bis 1600°C kein Aufschluß von ThO_2 beobachtet wurde, d. h. es bildete sich kein sauerlösliches ThO_2 [70]. Die Nichtexistenz von $SrThO_3$ ist ein charakteristischer Unterschied zu den anderen Systemen MO_2-SrO (M^{IV} = Pa, U, Np, Pu, Am), in denen eine rhombisch verzerrte Perowskitverbindung $SrMO_3$ nachgewiesen werden konnte, deren Reindarstellung aus für jedes System praktisch verschiedenen Gründen Schwierigkeiten bereitet.

Nach Untersuchungen in [69] ist das System ThO_2-SrO von einfacher eutektischer Art mit einem Eutektikum bei 2010°C und 38 Mol-% ThO_2. Oberhalb 1650°C existiert eine Löslichkeit von SrO in ThO_2, die mit der Temperatur ansteigt und bei 2000°C bei 13 Mol-% SrO liegt. Diese Werte sind etwas höher als die Angaben in [46] mit 3 bis 5 Mol-% SrO in ThO_2 bei 1800°C, stimmen aber relativ gut überein mit dem Wert von 9 Mol-% SrO, der in [46] als „übersättigte" feste Lösung angesehen wurde. Aus Dichtemessungen ist zu folgern, daß bei der festen Lösung von SrO in ThO_2 ein Mischkristall $Th_xSr_{1-x}O_{2-x}\square_x$ mit Fehlstellen im Anionenteilgitter vorliegt.

Wie CaO erhöht auch ein Zusatz geringer Mengen SrO zu ThO_2 das Sintern des ThO_2 bei 1750°C unter Helium, wenngleich nicht so stark wie CaO [40]. Ein ähnlicher, positiver Effekt auf die Sintereigenschaften von ThO_2 ruft auch ein Zusatz von 0.25 Gew.-% SrF_2 hervor [34]. Überraschend ist auch in diesem System, daß nach Sintern dunkelgefärbte Produkte erhalten wurden, wobei die stärkste Farbvertiefung bei 15 Mol-% SrO erhalten wurde [9]. Derartige Proben sind beim Liegen an Luft stabil, während Sinterkörper mit 20 bis 25 Mol-% SrO beim Lagern „zerfallen" [9].

Ein Zusatz von SrO zu ThO_2 setzt den elektrischen Widerstand von ThO_2 herab, ein Maximum der Leitfähigkeit wird bei 15 Mol-% SrO mit $\varkappa = 1.42 \times 10^{-3}\ \Omega^{-1} \cdot cm^{-1}$ bei 1000°C erreicht. Die Aktivierungsenergie für die elektrische Leitfähigkeit liegt bei 0.7 bis 1.3 eV, wobei stark streuende Werte gefunden wurden [9].

Die polynären Verbindungen $Sr_{0.5}Th_{0.5}AsO_4$ und $Sr_{0.5}Th_{0.5}VO_4$ sind bei den Verbindungen mit As bzw. V behandelt, s. S. 33 bzw. 125.

Compounds with Barium

2.5 Verbindungen mit Barium

Im System ThO_2-BaO wurde nur die Verbindung $BaThO_3$ beschrieben [9, 28, 42, 69, 71 bis 76]. Die in [9] postulierte Existenz einer Verbindung $BaTh_3O_7$ wird in neueren Arbeiten nicht bestätigt. Versuche zur Darstellung von Verbindungen mit BaO : ThO_2 > 1, d. h. z. B. einem Orthothorat Ba_2ThO_4 oder Ba_4ThO_6, waren ohne Erfolg [71 bis 73].

Das farblose $BaThO_3$ läßt sich in einfacher Weise durch Umsetzung von BaO oder $BaCO_3$ mit ThO_2 (Molverhältnis etwa 1.05 bis 1.10 : 1) bei 1100 bis 1150°C an Luft herstellen [69, 73 bis 75], der Überschuß BaO wird — im Unterschied zu z. B. $BaUO_3$ — vom $BaThO_3$-Gitter nicht in fester Lösung aufgenommen und kann daher nach der Reaktion durch Behandeln mit absolutem Methanol aus dem Reaktionsprodukt entfernt werden [73]. $BaThO_3$ bildet sich auch durch thermische Zersetzung einer Mischfällung Ba- und Th-Oxalat bei 750 bis 1000°C [76].

Über die genaue Struktur von $BaThO_3$ liegen unterschiedliche Angaben vor, bestätigt wird jedoch stets, daß $BaThO_3$ Perowskitstruktur besitzt. In [69, 74, 76] wird für $BaThO_3$ ein ideales kubisches Gitter angenommen mit einer Gitterkonstanten von a = 4.492 ± 0.003 Å [69] bzw. a = 4.497 ± 0.005 Å [76] und einer berechneten Dichte von 4.59 g/cm³ [76]. Aus dem Auftreten zusätzlicher Beugungsreflexe auf dem Röntgendiagramm von $BaThO_3$ wird in [28] eine doppelt so große Gitterkonstante (a = 8.985 Å) angenommen. Detaillierteren Untersuchungen in [75] zufolge kristallisiert $BaThO_3$ in einem rhombisch verzerrten Perowskitgitter mit den Gitterkonstanten (± 0.002 Å) a = 6.345 Å, b = 6.376 Å und c = 8.992 Å (pseudomonokline Zelle: (a' = c' = 4.498 Å, b' = 4.496 Å, β = 90.28°; a = 2 a' cos (β/2), b = 2 a' sin (β/2), c = 2 c') mit vier Formeleinheiten pro Elementarzelle.

$BaThO_3$ schmilzt unter Argon bei 2385°C [69]. Im Vakuum zersetzt es sich jedoch bereits bei 1700°C [3]. Mit kaltem Wasser erfolgt rasche Totalhydrolyse zu $Ba(OH)_2$ und $ThO_2 \cdot aq$, ein charakteristischer Unterschied zu $BaZrO_3$ [73], in kalten Mineralsäuren (HCl, HNO_3) erfolgt quantitative Auflösung. Beim Liegen an Luft tritt Zersetzung ein unter Bildung von $BaCO_3 + ThO_2$, an trockener und CO_2-freier Luft ist $BaThO_3$ dementsprechend stabil [28].

$BaThO_3$ ist nach [76] ferroelektrisch mit einer Curietemperatur von 260°C. Bei der Festkörperreaktion mit K_2O entsteht im kubischen NaCl-Gitter kristallisierendes K_2BaThO_4 mit einer Gitterkonstante von a = 5.375 ± 0.003 Å [69]. Das System $BaThO_3$-BaO ist von einfacher eutektischer Art mit einem Eutektikum bei 1800°C und 85 Mol-% BaO + 15 Mol-% $BaThO_3$ [69].

Die Löslichkeit von BaO in ThO_2 ist gering und dürfte 0.5 Mol-% BaO sicher nicht übersteigen [46].

Die elektrische Leitfähigkeit von ThO_2-BaO-Sinterproben zeigt zwei Maxima bei 25 Mol-% BaO bzw. 50 Mol-% BaO, eine graphische Darstellung der Temperaturabhängigkeit der Leitfähigkeit ist in **Fig. 2-13** wiedergegeben [9]. Angaben über die nach Einbau von ≦1 Atom-% Pr^{4+}, Tb^{4+} und Ce^{4+} in $BaThO_3$ erhaltenen Reflexionsspektren s. [77], der Einbau von Pr^{4+} und Tb^{4+} führt bei 130 bis 300 K zu zwei Schultern bei 336 nm und 400 nm, der von Ce^{4+} zu einer Absorptionsbande bei 312 nm.

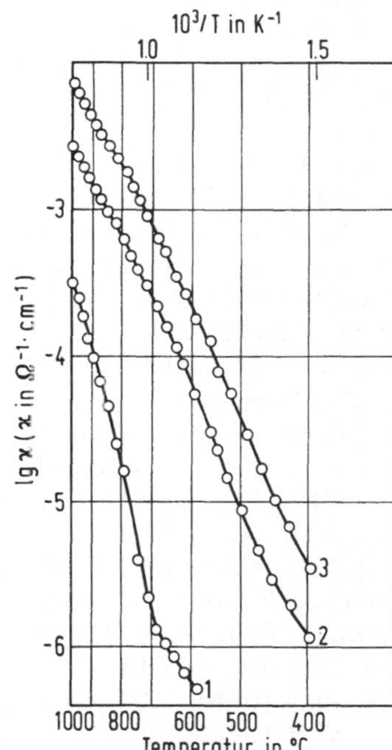

Fig. 2-13

Temperaturabhängigkeit der spezifischen elektrischen Leitfähigkeit ϰ von ThO_2 (1), 0.10 BaO−0.90 ThO_2 (2) und 0.30 BaO−0.70 ThO_2 (3) [9].

Die polynäre Verbindung K_2BaThO_4 ist bei den Verbindungen mit K abgehandelt, s. S. 2, über die Verbindungen $Ba_{0.5}Th_{0.5}AsO_4$ und $Ba_{0.5}Th_{0.5}VO_4$ s. S. 33 bzw. S. 125.

2.6 Verbindungen mit Radium

Compounds with Radium

Über das System ThO_2-RaO liegen noch keine Untersuchungen vor. Durch Vergleich mit den anderen ThO_2-Erdalkalioxid-Systemen ist zu folgern, daß eine Perowskitverbindung $RaThO_3$ existieren dürfte und daß die Löslichkeit von RaO in ThO_2 verschwindend klein sein wird.

Literatur zu 2:

[1] P. P. Budnikov, R. A. Belyaev (Zh. Prikl. Khim. **33** [1960] 1921/40 nach N. S. A. **15** [1961] Nr. 4326; J. Appl. Chem. USSR **33** [1960] 1901/19). — [2] H. E. Otto (DRI-1092-210 [1965] 6 S.; N. S. A. **19** [1965] Nr. 32728). — [3] H. E. Otto (DRI-1092-219 [1965] 18 S.; N. S. A. **20**

[1966] Nr. 7556). — [4] H. E. Otto (DRI-1092-201 [1965] 8 S.; N. S. A. **19** [1966] Nr. 22971). — [5] T. Sata, T. Takahashi (Colloq. Intern. Centr. Natl. Rech. Sci. [Paris] Nr. 205 [1972] 331/4).

[6] T. Ohta, T. Sata (Yogyo Kyokai Shi **82** [1974] 397/401). — [7] G. A. Geach, M. E. Harper (Metallurgia **47** [1953] 269/71). — [8] H. v. Wartenberg, H. J. Reusch, E. Saran (Z. Anorg. Allgem. Chem. **230** [1937] 257/76). — [9] Z. S. Volchenkova, S. F. Pal'guev (Tr. Inst. Elektrokhim. Akad. Nauk SSSR Ural'sk. Filial Nr. 4 [1963] 67/81; N. S. A. **19** [1965] Nr. 9715; übersetzt in: M. V. Smirnov, Electrochemistry of Molten and Solid Electrolytes, Bd. 2, Consultants Bureau, New York 1964, S. 53/65). — [10] A. Hough, J. A. C. Marples (J. Nucl. Mater. **15** [1965] 298/309).

[11] H. H. Möbius, H. Witzmann, W. Witte (Z. Chem. [Leipzig] **4** [1964] 152/4). — [12] United Kingdom Atomic Energy Authority (F. P. 1399882 [1964/65] nach C. A. **64** [1966] 9205). — [13] R. W. Dayton, S. J. Paprocki (in: W. M. Pardue, M. Brockway, M. S. Farkas, V. W. Storhok, BMI-1723 [1965] B-3; N. S. A. **19** [1965] Nr. 39091). — [14] R. W. Dayton, S. J. Paprocki (in: W. M. Pardue, M. Brockway, M. S. Farkas, V. W. Storhok, BMI-1717 [1965] B-2; N. S. A. **19** [1965] Nr. 32676). — [15] M. Pobereskin, W. M. Pardue, R. L. Martin, M. S. Farkas, P. J. Gripshover, V. W. Storhok, J. E. Gates (BMI-1704 [1964] B-3).

[16] R. W. Dayton, S. J. Paprocki (in: W. M. Pardue, M. Brockway, M. S. Farkas, V. W. Storhok, BMI-1711 [1965] B-3; N. S. A. **19** [1965] Nr. 22865). — [17] H. E. Otto (TID-21478 [1964] 5 S.; N. S. A. **19** [1965] Nr. 14000). — [18] W. M. Mueller, H. Otto, Ch. E. Lundin (AEC-1092-219 [1965] 15 S.). — [19] Anonyme Veröffentlichung (GA-5487 [1964], 40 S.; N. S. A. **19** [1965] Nr. 24079). — [20] K. Veevers, W. B. Rotsey (J. Mater Sci. **1** [1966] 346/53).

[21] M. D. Burdick, R. E. Moreland, R. F. Geller (NACA-TN-1561 [1949] 53 S.). — [22] W. A. Scholes (J. Am. Ceram. Soc. **33** [1950] 111/7). — [23] Z. Hashin, S. Shtrikman (J. Mech. Phys. Solids **11** [1963] 127). — [24] R. G. Grebenshchikov (Zh. Prikl. Khim. **37** [1964] 2044/5; J. Appl. Chem. USSR **37** [1964] 2020/1). — [25] P. P. Buchnikov, R. A. Belyaev (Zh. Vses. Khim. Obshchestva im. D. I. Mendeleeva **6** [1961] 629 laut [24]).

[26] S. M. Lang, L. H. Maxwell, R. F. Geller (J. Res. Natl. Bur. Std. **43** [1949] 429/47). — [27] O. Ruff, F. Ebert, W. Loerpabel (Z. Anorg. Allgem. Chem. **207** [1932] 308/12). — [28] A. J. Smith, J. E. Welch (Acta Cryst. **13** [1960] 653/6). — [29] A. Whitaker, I. A. Darby (J. Mater. Sci. **5** [1970] 1087/90). — [30] E. R. Russel, W. E. Prout, H. J. Groh, G. W. Watt (U. S. P. 3309323 [1967]; N. S. A. **21** [1967] Nr. 26883).

[31] C. A. Arenberg, H. H. Rice, H. Z. Schofield, J. H. Handwerk (Am. Ceram. Soc. Bull. **36** [1957] 302/6). — [32] St. D. Mark (J. Am. Ceram. Soc. **42** [1959] 208). — [33] J. P. West (U. S. P. 2606877 [1952]; C. A. **1952** 11664). — [34] R. C. Anderson, Thoria and Yttria (in: A. M. Alper High Temperature Oxides, Tl. II, Academic Press, New York 1970, S. 1/40). — [35] S. Peterson, C. E. Curtis (ORNL-4503 (Vol. 1) [1970] 1/60, N. S. A. **24** [1970] Nr. 46784).

[36] R. L. Coble (J. Appl. Phys. **32** [1961] 787/799). — [37] S. N. Laha, A. R. Das (J. Nucl. Mater. **39** [1971] 285/91). — [38] A. R. Das (CONF-710118 [1971] 88/103; N. S. A. **26** [1972] Nr. 31440). — [39] P. J. Jorgensen (U. S. P. 3615756 [1967/71]; N. S. A. **26** [1972] Nr. 12735). — [40] C. E. Curtis, J. R. Johnson (J. Am. Ceram. Soc. **40** [1957] 63/8).

[41] H. P. Cahoon, P. D. Johnson (J. Am. Ceram. Soc. **34** [1951] 230/5). — [42] I. Naray-Szabo (Muegyet. Kozlemen **1947** Nr. 1, 5. 30/41). — [43] A. J. Smith, J. E. Welch (Acta Cryst. **13** [1960] 653/6). — [44] E. C. Subbarao, C. B. Chaudhary, A. K. Mehrotra, R. N. Patil (Proc. 1st Symp. Mater. Sci. Res., Bangalore, India 1970; N. S. A. **25** [1971] Nr. 45146). — [45] H. v. Wartenberg, H. J. Reusch, E. Saran (Z. Anorg. Allgem. Chem. **230** [1937] 257/76).

[46] H. H. Möbius, H. Witzmann, W. Witte (Z. Chem. [Leipzig] **4** [1964] 152/4). — [47] C. E. Curtis (Progr. Nucl. Energy V **2** [1959] 223/36). — [48] J. R. Johnson, C. E. Curtis (J. Am. Ceram. Soc. **37** [1954] 611). — [49] S. M. Lang, F. P. Knudsen (J. Am. Ceram. Soc. **39** [1956] 415/24). — [50] P. J. Jorgensen (laut [34, S. 35]).

[51] C. S. Morgan, C. S. Yust (ORNL-3470 [1963] 30/2, 267; N. S. A. **18** [1964] Nr. 4212). — [52] C. S. Morgan, C. S. Yust (ORNL-3670 [1964] 3, 296; N. S. A. **18** [1964] Nr. 44045). — [53] P. J. Harvey, B. G. Childs, J. Moerman (J. Am. Ceram. Soc. **56** [1973] 134/6). — [54] P. J.

Harvey, B. G. Childs, J. Moerman (AECL-4351 [1972] 90/3). — [55] C. S. Morgan, L. L. Hall (Proc. Brit. Ceram. Soc. Nr. 6 [1966] 233/8).

[56] R. Bressat, M. Breysse, B. Claudel, H. Sautereau, R. J. J. Williams (J. Luminescence **10** [1975] 171/6). — [57] P. J. Jørgensen, R. C. Anderson (J. Am. Ceram. Soc. **50** [1967] 553/58). — [58] P. Murray, J. E. Denton, D. Wilkinson (B. P 760123 [1956]). — [59] Z. S. Volchenkova, S. F. Pal'guev (Tr. Inst. Elektrokhim. Akad. Nauk SSSR Ural'sk. Filial Nr. 1 [1960] 127, s. auch [60]). — [60] Z. S. Volchenkova, S. F. Pal'guev (in: Electrochemistry of Molten and Solid Electrolytes, Bd. 1, Consultants Bureau, New York 1961, S. 104/6).

[61] K. Kiukkola, C. Wagner (J. Electrochem. Soc. **104** [1957] 379/87). — [62] H. Peters, K. H. Radeke (Monatsber. Deut. Akad. Wiss. Berlin **10** [1968] 819/827). — [63] K. Goto, T. Ito, M. Someno (Trans. AIME **245** [1969] 1662/3). — [64] K. H. Radeke, H. Peters (Z. Chem. [Leipzig] **12** [1972] 156/7). — [65] A. K. Mehrotra, H. S. Maiti, E. C. Subbarao (Mater. Res. Bull. **8** [1973] 899/908).

[66] B. C. H. Steele, C. B. Alcock (Trans. AIME **233** [1965] 1359/67). — [67] H. Ullmann (Z. Chem. [Leipzig] **9** [1969] 39/40). — [68] E. W. F. Roeder, H. J. C. Wilson (J. Am. Ceram. Soc. **58** [1975] 161/3). — [69] J. Fava, G. LeFlem, M. Devalette, L. Rabardel, J. P. Coutures, M. Foex, P. Hagenmuller (Rev. Intern. Hautes Temp. Refract. **8** [1971] 305/10). — [70] C. Keller, U. Berndt (unveröffentlicht).

[71] R. Scholder (Angew. Chem. **70** [1958] 583/94). — [72] D. Räde (Diss. Karlsruhe T. H. 1958, S. 68/71). — [73] R. Scholder, D. Räde, H. Schwarz (Z. Anorg. Allgem. Chem. **362** [1968] 149/68). — [74] H. D. Megaw (Proc. Phys. Soc. [London] **58** [1946] 133/52). — [75] T. Nakamura (Chem. Letters **1974** 429/34).

[76] S. Bradstreet, Y. Harada (ARF-6046 [1960]). — [77] H. Hoefdraad (in: Charge-Transfer Spectra of Lanthanide Ions in Oxides, Utrecht 1975, S. 5/24; N. S. A. **32** [1975] Nr. 20225). — [78] J. B. Wachtman, D. G. Lam (J. Am. Ceram. Soc. **42** [1959] 254/60). — [79] P. J. Jorgensen, W. G. Schmidt (J. Am. Ceram. Soc. **53** [1970] 24/7). — [80] J. B. Wachtman (Phys. Rev. [2] **131** [1963] 517/27).

[81] C. S. Morgan, C. J. McHargue, C. S. Yust (ORNL-P-427 [1964] 16 S.; N. S. A. **18** [1964] Nr. 44107).

Compounds with Group IIIa Elements

3 Verbindungen mit Elementen der 3. Hauptgruppe

(B, Al, Ga, In, Tl)

Review in German

Übersicht. Eine Verbindungsbildung ist bisher nur für das System ThO_2-B_2O_3 beschrieben worden, in dem das monokline ternäre Oxid ThB_2O_5 nachgewiesen wurde.

Nur für das System ThO_2-In_2O_3 wird über eine geringe gegenseitige Löslichkeit der Endglieder berichtet. Das System ThO_2-Al_2O_3 ist erwartungsgemäß von einfacher eutektischer Art. Allgemein läßt sich sagen, daß die Literaturangaben über die in den Systemen ThO_2-M_2O_3 (M = B, Al, In) ablaufenden Reaktionen sowie über alle anderen Eigenschaften unbefriedigend, weil zu spärlich sind.

Review in English

Review. Compound formation so far has been reported only for the ThO_2-B_2O_3 system, where the monoclinic ternary oxide ThB_2O_5 was identified.

Only in the ThO_2-In_2O_3 system a low reciprocal solubility of the end members was reported. As expected, the ThO_2-Al_2O_3 system is a simple eutectic. In general, it can be stated that the literature on properties as well as on reactions occurring in the ThO_2-M_2O_3 systems (M = B, Al, In) is too scarce and therefore unsatisfactory.

Compounds with Boron

3.1 Verbindungen mit Bor

Das System ThO_2-B_2O_3 ist charakterisiert durch das Auftreten einer einzigen Verbindung, ThB_2O_5, die sich oberhalb 1483 ± 5°C zersetzt [2]. Im Phasendiagramm des Systems ThO_2-B_2O_3 (**Fig. 3-1**)

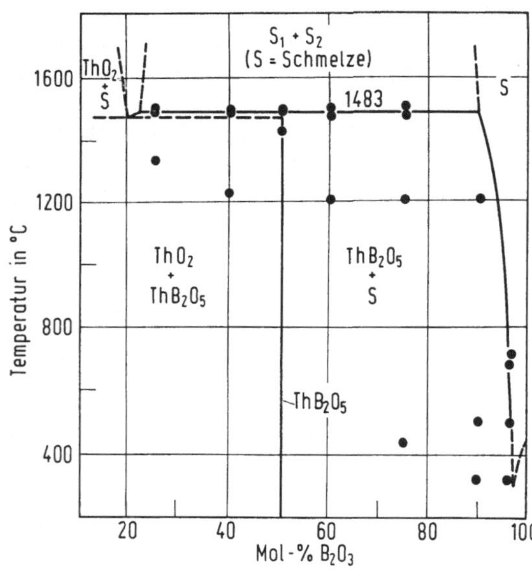

Fig. 3-1

Phasendiagramm des Systems ThO_2-B_2O_3 [2].

existieren dementsprechend noch zwei Eutektika bei ≈98 Mol-% B_2O_3 und einer Temperatur etwas unterhalb 325°C sowie bei 18 bis 20 Mol-% B_2O_3 und einer Temperatur von etwas unterhalb 1483°C. Oberhalb 1483°C existieren in einem weiten Konzentrationsbereich (von etwa 20 bis 90 Mol-% B_2O_3) zwei nicht mischbare Flüssigkeiten, die z. B. auch beim Schmelzen von ThB_2O_5 entstehen [2].

Die Verbindung ThB_2O_5 entsteht in reiner Form durch Umsetzung von ThO_2 mit überschüssigem B_2O_3 bei Temperaturen oberhalb 1000°C. Einkristalle werden aus einer B_2O_3-Schmelze bei 1300°C

Literatur zu 3 s. S. 21

(2 Wochen) erhalten nach Entfernen des überschüssigen B_2O_3 durch Auslaugen des Reaktionsprodukts mit heißem Wasser, gegen das ThB_2O_5 stabil ist [3]. Die Mehrzahl der Kristalle sind entlang der Ebene (101) verzwillingt. Bei der Herstellung von ThO_2-Einkristallen aus einer $Na_2B_2O_7$-Schmelze läßt sich die Bildung von ThB_2O_5 unterdrücken, wenn man einen großen Borüberschuß verwendet, oder wenn man bei relativ hoher Temperatur arbeitet [9]. Das farblose ThB_2O_5 kristallisiert in einem monoklinen Gitter (Raumgruppe C 2/m) mit acht Formeleinheiten pro Elementarzelle und den Gitterkonstanten a = 11.554 ± 0.006 Å, b = 6.937 ± 0.004 Å, c = 10.256 ± 0.006 Å und β = 101.47°. Dichte D(exp.) = 5.53 g/cm³, D(ber.) = 5.502 g/cm³ [3]. Atomlagen sind nicht bekannt. Die Brechungsindizes sind (für 5893 Å und 25°C): α = 1.729 ± 0.004, β = 1.750 ± 0.004, γ = 1.823 ± 0.004; optische Winkel: 2H = 67 ± 2° (exp.) und 2V = 56 ± 2° bzw. 59 ± 13 (berechnet aus β und 2H bzw. α, β, γ) [3].

Die Löslichkeit von ThB_2O_5 in Wasser ist gering: 2.4 mg/100 g H_2O bei 25°C und 4.0 mg/100 g H_2O bei 100°C [3].

Fügt man eine heiße Boraxlösung zu einer Thoriumnitratlösung, so erhält man einen Niederschlag von „Thoriumborat" mit einem B_2O_3 : ThO_2-Verhältnis von 0.197 [3]. Es liegt hier ein amorphes Gel vor und keine Verbindung wie $Th_3(BO_3)_4$, wie in [4] angegeben wurde. Erhitzt man dieses Thoriumborat-Gel auf 1100°C (1 h), so erhält man ein Gemisch von ThO_2 und ThB_2O_5 [3].

Schüttelt man das Thoriumborat-Gel mit einer $Th(NO_3)_4$-Lösung, so erhält man ein Thoriumborat-Sol, das durch Zusatz von Elektrolyten (1 M KCl bzw. 0.2 M K_2SO_4) wieder koaguliert [5]. Weitere Eigenschaften dieses Thoriumborat-Sols (Gels) s. [5 bis 7].

Bei der thermischen Umsetzung von $(U,Th)O_2$-Mischkristallen mit B_2O_3 reagiert nur der ThO_2-Anteil unter Bildung von ThB_2O_5 und eines UO_2-reicheren $(U,Th)O_2$ Mischkristalls [3]. Bei Reaktionen im ternären System ThO_2-MgO-B_2O_3 wurde die Bildung eines Thoriumborats nicht angegeben, auch die Bildung eines ternären Mg-Th-Borats wurde nicht festgestellt [5].

Optische Gläser mit einem Berechnungsindex von 1.70 ≦ n_D ≦ 1.82 und geringer optischer Dispersion liegen im Bereich 37 bis 57% La_2O_3, 31 bis 40% B_2O_3 und 5 bis 29% ThO_2 vor [8].

Ein Zusatz von ≦1.5% Li_2O ermöglicht, das Verhältnis La_2O_3 : B_2O_3 : ThO_2 in einem relativ weiten Bereich zu verändern. Ein Zusatz von ThO_2 zu Al_2O_3-B_2O_3-P_2O_5-Gläsern erhöht den Temperaturbereich, in dem eine Glasbearbeitung möglich ist, ferner setzt das ThO_2 die Entglasungsneigung herab [10].

Das Glasigkeitsgebiet des Systems ThO_2-B_2O_3-La_2O_3 erstreckt sich nur über einen sehr schmalen Bereich (**Fig. 3-2**) [11]. Ein gewichtsgleicher Ausgleich von Lanthan und Thorium, d. h. eine

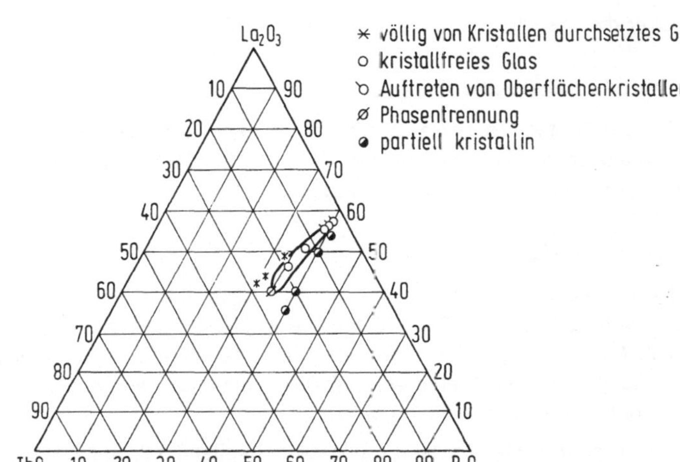

Fig. 3-2

Glasigkeitsbereich im System ThO_2-B_2O_3-La_2O_3 [11].

Literatur zu 3 s. S. 21

Verschiebung entlang Linien mit konstanter Borsäurekonzentration, verändert die Brechung nur unwesentlich. Dagegen verschiebt sich mit zunehmendem ThO_2-Gehalt das Glasgebiet deutlich in Richtung höherer Brechungskoeffizienten [11].

Zur Existenz der Verbindung $ThFeBO_5$ s. Kapitel 13, S. 145.

Compounds with Aluminum

3.2 Verbindungen mit Aluminium

Über eine Verbindungsbildung von ThO_2 mit Al_2O_3 liegen in der Literatur keine Angaben vor. Das Eutektikum wird bei etwa 20 Mol-% ThO_2 und ca. 1920°C angenommen [12]. **Fig. 3-3** enthält relativ grobe Angaben über das experimentell ermittelte und das unter Annahme einer gegenseitigen Nichtmischbarkeit berechnete Phasendiagramm [13].

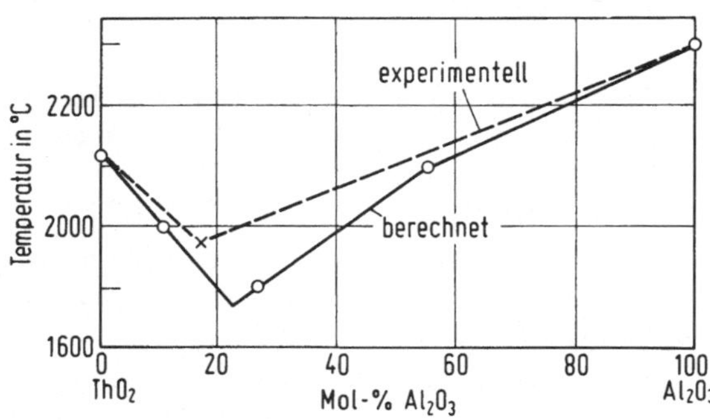

Fig. 3-3

Phasendiagramm des Systems ThO_2-Al_2O_3 [13].

Durch ThO_2-modifizierte Al_2O_3- oder Al_2O_3-haltige Katalysatoren werden gelegentlich eingesetzt. So wird ein Katalysator aus $V_2O_5/Al_2O_3/ZrO_2/ThO_2$ für die Oxidation von Naphthalin zu Naphthochinon beschrieben [14]. Ein Al_2O_3/ThO_2-Katalysator dient zur Alkylierung von Phenol und Thiophenol [15] Durch Zusatz von ThO_2 zu Al_2O_3/MgO-Katalysatoren werden die Crackeigenschaften des Katalysators modifiziert [16]. Ein Zusatz von 0.1 bis 5.0 Mol-% ThO_2 zu einem Katalysator aus $Al_2O_3/Cr_2O_3/Sb_2O_3$ verbessert die Reforming-Eigenschaften [17], ein SiO_2-freier Reforming-Katalysator mit ThO_2 s. [18]. Für die Dehydrierung von Butan bei 565°C hat sich ein Zusatz von ThO_2 zu einem $(Al,Cr)_2O_3$-Katalysator als vorteilhaft erwiesen [19]. Über die Zersetzung von H_2O_2 in Gegenwart eines ThO_2/Al_2O_3-Katalysators s. [20].

Die Herstellung von ThO_2-Microspheres, die Al_2O_3 enthalten oder mit Al_2O_3 beschichtet sind, wird in [21, 22] beschrieben, nach [22] erfolgt der Überzug unter Verwendung von Petroleum-Wachs.

Über die Systeme ThO_2-BeO-Al_2O_3 sowie ThO_2-SiO_2-Al_2O_3 s. S. 5 bzw. 26.

Compounds with Gallium

3.3 Verbindungen mit Gallium

Für das System ThO_2-Ga_2O_3 sind noch keine Angaben publiziert worden. Aus dem Vergleich mit den analogen Systemen ThO_2-Al_2O_3 und UO_2-Ga_2O_3 ist weder eine Verbindungsbildung noch eine gegenseitige Löslichkeit zu erwarten.

Compounds with Indium

3.4 Verbindungen mit Indium

Nach Untersuchungen in [1] nimmt das Gitter des In_2O_3 nicht mehr als 4 bis 5 Mol-% ThO_2 auf, weiterhin sollen in das ThO_2-Gitter maximal 3 bis 4 Mol-% Indiumoxid eingebaut werden können. Genaue Angaben liegen nicht vor, auch keine Temperaturangaben, doch überschritten die Studien in [1] nicht die Temperatur von 1400°C. Auch für den Mischkristall $Th_{0.5}Ce_{0.5}O_2$ beträgt die Löslichkeit von In_2O_3 maximal 5 Mol-%.

Zum System $ThO_2 \cdot CeO_2$-Y_2O_3-In_2O_3 s. Kapitel 8.3.2, S. 67.

3.5 Verbindungen mit Thallium

Compounds with Thallium

Für das System ThO_2-$Tl_2O(Tl_2O_3)$ sind noch keine Angaben in der Literatur zu finden. Während eine Verbindungsbildung im System ThO_2-Tl_2O_3 nicht zu erwarten ist, erscheint die Darstellung von Tl_2ThO_3 im System ThO_2-Tl_2O durchaus möglich, da die formelgleichen Verbindungen für M^I = Na, K und Rb bekannt sind.

Literatur zu 3:

[1] N. N. Padurow, C. Schusterius (Ber. Deut. Keram. Ges. **30** [1953] 251/3). — [2] D. E. Rase, G. Lane (J. Am. Ceram. Soc. **47** [1964] 48/9). — [3] Y. Baskin, Y. Harada, J. H. Handwerk (J. Am. Ceram. Soc. **44** [1961] 456/9). — [4] G. Karl (Z. Anorg. Allgem. Chem. **68** [1910] 57/62). — [5] S. P. Mushran (Nature **158** [1946] 95).

[6] A. Whitaker, I. A. Darby (J. Mater. Sci. **5** [1970] 1087/90). — [7] S. P. Mushran (Proc. Natl. Acad. Sci. India A **17** [1948] 73/81; C. A. **1951** 9337). — [8] W. Geffken, M. Faulstich, Jenaer Glaswerk Schott & Gen. (D. P. 1054209 [1959]; C. A. **1961** 14857). — [9] A. Harari, R. Collongues (Rev. Intern. Hautes Temp. Refract. **4** [1967] 207/9). — [10] F. H. Simpson (AD-728667 [1971] 71 S. nach C. A. **76** [1971] Nr. 47172).

[11] W. Geffken (Glastech. Ber. **34** [1961] 91/101). — [12] H. von Wartenberg, H. J. Reusch (Z. Anorg. Allgem. Chem. **207** [1932] 1/20, 12, 19). — [13] J. E. Antill, P. Murray (Silicates Ind. **20** [1955] 293/8). — [14] American Cyanamid Co. (B. P. 731369 [1955]; C. A. **1956** 7870). — [15] C. Hansch, D. N. Robertson (J. Am. Chem. Soc. **72** [1950] 4810/1).

[16] J. P. West, Universal Oil Products Co. (U. S. P. 2606877 [1952]; C. A. **1952** 11664). — [17] H. A. Strecker, H. M. Stine, Standard Oil Co. of Ohio (U. S. P. 2668142 [1954]; C. A. **1954** 6682). — [18] E. A. Hunter, Ch. N. Kimberlin, Standard Oil Development Co. (U. S. P. 2627506 [1953]; C. A. **1953** 4525). — [19] I. L. Fridshtein, N. A. Zimina (Nauchn. Osnovy Podbora i Proizv. Katalizatorov Akad. Nauk SSSR Sibirsk. Otd. **1964** 274/80; C. A. **63** [1965] 9100). — [20] S. P. Walvekar, A. B. Halgeri (Z. Anorg. Allgem. Chem. **400** [1973] 83/8).

[21] C. C. Haws, U. S. Atomic Energy Commission (U. S. P. 3105052 [1963]; N. S. A. **17** [1963] Nr. 35850). — [22] United Kingdom Atomic Energy Authority (F. P. 1399882 [1964/65]; C. A. **64** [1966] 9205).

Compounds with Group IVa Elements

4 Verbindungen mit Elementen der 4. Hauptgruppe

(Si, Ge, Sn, Pb)

Review in German

Übersicht. Bei den Systemen von ThO_2 mit Oxiden der Elemente der 4. Hauptgruppe wurde bisher nur das System ThO_2-SiO_2 näher untersucht, einzig für dieses System liegt auch ein zuverlässiges Phasendiagramm vor.

Eine Verbindungsbildung konnte bisher nur in den Systemen ThO_2-SiO_2 und ThO_2-GeO_2 beobachtet werden. Die in beiden Systemen auftretenden ternären Oxide mit einer 1 : 1-Stöchiometrie, $ThSiO_4$ und $ThGeO_4$, existieren in zwei polymorphen Modifikationen, wie es auch für einige andere vierwertige Actiniden bekannt ist. Über die thermodynamische Stabilität der einzelnen $ThXO_4$-Modifikationen (X = Si, Ge) liegen unterschiedliche Auffassungen vor.

Über Glasbildung in Systemen mit ThO_2 liegen nur wenige Untersuchungen vor, aus denen aber zu erkennen ist, daß ThO_2-haltige Gläser ziemlich instabil sind und, falls sie überhaupt nachgewiesen werden konnten, nur über sehr enge Konzentrationsbereiche auftreten.

Review in English

Review. In the systems ThO_2 with oxides of group IVa elements only the ThO_2-SiO_2 system has been investigated more closely and only for this system a reliable phase diagram is known.

Compound formation so far has been observed only in the ThO_2-SiO_2 and ThO_2-GeO_2 systems. Both systems form ternary oxides with a **1 : 1** stoichiometry $ThSiO_4$ and $ThGeO_4$, which exist in two polymorphic modifications, known also for some other tetravalent actinides. Opinions differ on the thermodynamic stability of the various $ThXO_4$ modifications (X = Si, Ge).

Only few investigations exist on glass formation in systems containing ThO_2, however, it is apparent that glasses containing ThO_2 are rather unstable and, in case, they could be prepared, occur only in narrow concentration ranges.

Compounds with Silicon

4.1 Verbindungen mit Silicium

The ThO_2-SiO_2 System

4.1.1 Das System ThO_2-SiO_2

Ein vorläufiges Phasendiagramm des Systems ThO_2-SiO_2 (**Fig. 4-1**) zeigt, daß (β-)$ThSiO_4$ unter Zersetzung bei 1975 ± 50°C peritektisch schmilzt. Die eutektische Temperatur liegt bei 1700 ± 10°C bei < 5 Mol-% ThO_2 [26].

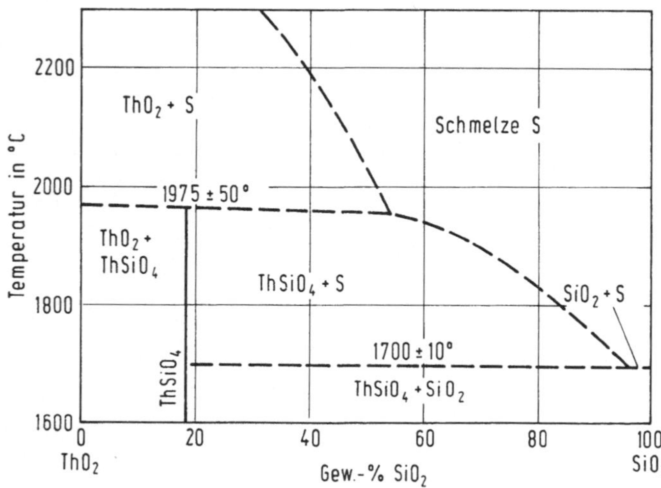

Fig. 4-1

Phasendiagramm des Systems ThO_2-SiO_2 [26].

Literatur zu 4 s. S. 29/30

Neuere Untersuchungen [29 bis 31] bestätigen dieses Phasendiagramm weitgehend, zeigen aber, daß im Bereich hoher SiO_2-Gehalte ein Gebiet zweier nicht mischbarer Phasen vorliegt (**Fig. 4-2**). Das Eutektikum liegt nahe bei der Zusammensetzung von reinem SiO_2 [29]. Der Schmelzpunkt von ThO_2 wird durch geringe Mengen SiO_2 stark herabgesetzt [32].

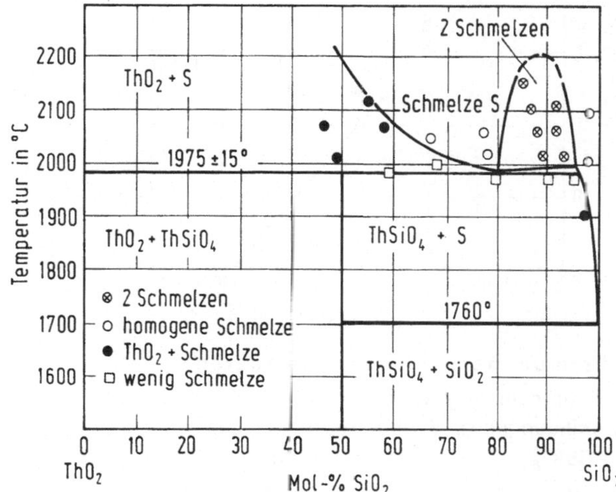

Fig. 4-2

Phasendiagramm des Systems ThO_2-SiO_2 [29].

Bezüglich der Herstellung von hitzebeständigen ThO_2-SiO_2-Fasern, die mit M^{III}-Oxiden wie Al_2O_3, Cr_2O_3 oder B_2O_3 dotiert sind, s. [58].

4.1.2 $ThSiO_4$ $ThSiO_4$

Im System ThO_2-SiO_2 konnte nur eine Verbindung nachgewiesen werden: $ThSiO_4$. Sie ist in zwei Modifikationen bekannt:

α-$ThSiO_4$ mit tetragonaler Zirkonstruktur, in der Natur kommt diese Verbindung als Mineral Thorit vor;

β-$ThSiO_4$ mit monokliner Monazit- (oder Huttonit-)struktur, in der Natur kommt diese Verbindung als Mineral Huttonit vor.

Darstellungsbedingungen

Thoriumsilikat läßt sich darstellen

a) durch Festkröperreaktion von ThO_2 und SiO_2 bei z. B. 1250°C [1]. Auf thermischem Wege wurde bisher stets nur β-$ThSiO_4$ erhalten;

b) durch Hydrothermalsynthese, z. B. bei pH 8.2 bis 8.6 und 230°C/7 d erhält man ausgehend von $ThO_2 \cdot aq$ und $SiO_2 \cdot aq$ α-$ThSiO_4$ [1]. Bei Anwendung höherer Drücke läßt sich hydrothermal jedoch auch β-$ThSiO_4$ darstellen, das Druck-Temperatur-Diagramm für die Synthese der einzelnen Modifikationen zeigt **Fig. 4-3**, S. 24, [2]. α-$ThSiO_4$ bildet sich auch beim Erhitzen von $ThCl_4$-Lösungen in Quarzampullen auf 180°C [7, 8];

c) aus Salzschmelzen. Aus einer 55 Mol-% ThF_4 + 45 Mol-% $KThF_5$-Schmelze bei 875°C erhält man α-$ThSiO_4$ [3]. Bei Verwendung einer $Li_2O(Na_2O) \cdot 2WO_3(MoO_3)$-Schmelze entsteht unterhalb 1225°C nur α-$ThSiO_4$ in gut ausgebildeten prismatischen Kristallen, oberhalb 1225°C dagegen β-$ThSiO_4$ mit gut ausgebildeten (100)-Flächen [4, 5]. Dagegen entsteht aus einer Chloridschmelze im Bereich von 750 bis 1400°C nur α-$ThSiO_4$ als stabile Form, oberhalb 1050°C α-$ThSiO_4$ als metastabile Verbindung [6].

Literatur zu 4 s. S. 29/30

Physical Properties of $ThSiO_4$

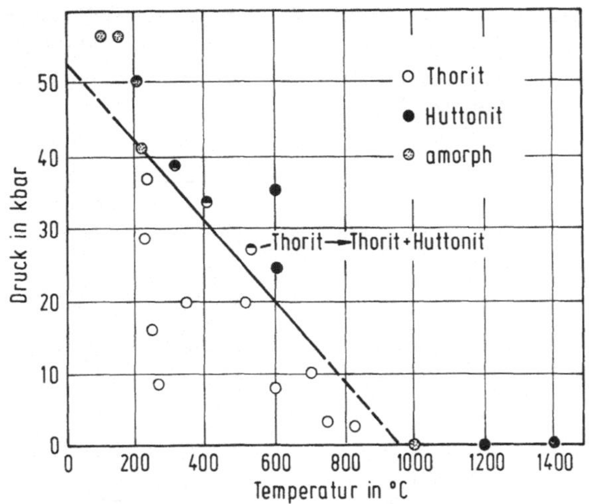

Fig. 4-3

Druck-Temperatur-Diagramm für die hydrothermale Umwandlung von Thorit (α-$ThSiO_4$) in Huttonit (β-$ThSiO_4$) [2].

Thermodynamische Bildungsdaten

Aus dem Vergleich der Festkörperreaktionen von ThO_2 mit verschiedenen, an SiO_2 „ungesättigten" Verbindungen (z. B. über Reaktionen wie $ThO_2 + CaTiO_3$, die zu einem Gemisch von ThO_2, $ThSiO_4$, $CaTiSiO_5 + CaTiO_3$ führen), wurde für $ThSiO_5$ eine freie Bildungsenthalpie von $\Delta G^\circ_{298K,\,1\,bar} = -489.67 \pm 1.04$ kcal/mol berechnet. Der Wert für $ZrSiO_4$ zum Vergleich: $\Delta G^\circ_{298K,\,1\,bar} = -459.02 \pm 1.04$ kcal/mol [57].

Stöchiometrie

Über die Zusammensetzung von natürlich vorkommenden und durch hydrothermale Synthese dargestellten $ThSiO_4$-Proben gibt es einige Diskrepanzen. So wird aufgeführt, daß ein Mineral Thorogummit eine Hydroxylgruppen enthaltende Variante der Zusammensetzung $Th(SiO_4)_{1-x}(OH)_{4x}$ des Minerals Thorit sei [8]. Üblicherweise enthält der Thorogummit jedoch noch größere Mengen Uran, so daß ein polynäres Silikat vorliegen dürfte.

Erhitzt man den wasserhaltigen Thorit auf ≈ 110°C, so wird nur ein Teil des Wassers abgespalten, erst oberhalb 750°C entsteht ein wasserfreies Produkt [8].

Nach [16] enthält „wasserhaltiger Thorit" (= Thorogummit (?)) keine OH^--Gruppen, sondern nur adsorptiv sehr fest gebundenes Wasser, besonders in metamikter Form. Da zwischen Thorogummit (mit OH-Gruppen) und Thorit (ohne OH-Gruppen) röntgenographisch nicht zu unterscheiden ist, dürfte diese Auffassung wohl am ehesten zutreffen. Zusätzliche spektroskopische Untersuchungen scheinen jedoch noch notwendig.

Struktur und Eigenschaften

$ThSiO_4$, besonders α-$ThSiO_4$, kommt natürlich meist in metamikter Form vor [21], läßt sich durch Erhitzen jedoch leicht wieder in den kristallinen Zustand zurückführen [22, 23]. Bezüglich der Korrelation optischer Eigenschaften mit der Natur des Minerals s. [24].

Allgemein herrscht die Auffassung vor, daß β-$ThSiO_4$ die thermisch stabile Modifikation von $ThSiO_4$ ist, wenngleich die Rückumwandlung β-$ThSiO_4 \rightarrow \alpha$-$ThSiO_4$ noch nicht beschrieben wurde [5, 23, 25]. In einer $Li_2O(Na_2O)$-$WO_3(MoO_3)$-Schmelze bildet sich α-$ThSiO_4$ nur bei $< 1225 \pm 10$°C, β-$ThSiO_4$ nur darüber, so daß diese Temperatur die Umwandlungstemperatur für $ThSiO_4$ bei p = 1 atm sein dürfte. Die Beobachtung, daß aus Chloridschmelzen α-$ThSiO_4$ auch noch bei wesentlich höheren und β-$ThSiO_4$ schon bei wesentlich niedrigeren Temperaturen dargestellt wurde [6], schränkt die Aussagekraft dieser Annahme wieder ein. Nach [16] geht gut kristallisierter Thorit hydrothermal erst oberhalb 1400°C in β-$ThSiO_4$ über. Es wird daher nicht ausgeschlossen, daß β-$ThSiO_4$ über den

Tabelle 4/1
Gitterkonstanten und weitere Eigenschaften von α-$ThSiO_4$.

Darstellungsbedingungen	Gitterkonstanten		weitere Eigenschaften	Lit.
	a (Å)	c (Å)		
Thorogummit (Texas)	7.068	6.295		[9]
Thorogummit (Sizilien)	7.03	6.25	doppelbrechend, $\omega_{Na} = 1.837$, $\varepsilon_{Na} = 1.898$	[10]
$ThO_2 + SiO_2 + ThF_4/H_2O$, 140°C	7.117	6.295		[9]
$ThCl_4$ in Pyrexglas/H_2O, 180°C	7.148	6.309	D(exp.) = 6.71 g/cm³	[7, 11, 17, 18]
	7.104	6.296		[12]
hydrothermal	7.142 ± 0.004	6.327 ± 0.003		[13]
$ThO_2 + SiO_2/H_2O$, 230°C, nachbehandelt	7.135 ± 0.005	6.318 ± 0.006		[1]
$Li_2O \cdot 2WO_3$-Schmelze (<1225°C)			opt. Eigenschaften: $\omega = 1.827$, $\varepsilon = 1.885$ D(exp.) = 6.63 g/cm³	[5]
$ThF_4 + KThF_5$-Schmelze, 850°C	7.142 ± 0.004	6.327 ± 0.003	opt. Eigenschaften: $\omega = 1.823$, $\varepsilon = 1.888$	[3]
Mineral Orangit, 1100°C	7.104	6.296		[19]

Literatur zu 4 s. S. 29/30

Tabelle 4/2
Gitterkonstanten und weitere Eigenschaften von β-$ThSiO_4$.

Darstellungsbedingungen	Gitterkonstanten				weitere Eigenschaften	Lit.
	a (Å)	b (Å)	c (Å)	β		
Mineral Huttonit (Neuseeland)	6.80	6.96	6.54	104.92°	opt. Eigenschaften: $\alpha = 1.898$, $\beta = 1.900$ $\gamma = 1.922$; 2V = 25°, Y‖b D(exp.) = 7.1 g/cm³	[14, 15]
α-$ThSiO_4$, 1400°C, 8 h	6.77 ± 0.01	6.98 ± 0.02	6.51 ± 0.02	104.78° ± 0.2°	opt. Eigenschaften: α=1.900, $\beta = 1.930$; D(exp.) = 7.20 g/cm³	[1]
$Li_2O \cdot 2WO_3$-Schmelze, >1225°C						[5]

Physical Properties of $ThSiO_4$

gesamten Temperaturbereich bis zur Zersetzungstemperatur von 1975°C [26] die einzige stabile Modifikation des $ThSiO_4$ ist und α-$ThSiO_4$ stets eine metastabile Modifikation. Es wird allerdings auch nicht ausgeschlossen, daß β-$ThSiO_4$ unter z. B. 1000°C auch nicht stabil ist, da es beim Eintragen in eine LiF-Schmelze bei 900°C in ThO_2 übergeht [16]. Bei <1000°C wären demnach nur ThO_2 + SiO_2 und kein Silikat stabil. Dieser Annahme widersprechen jedoch die Ergebnisse von [2], die zeigen, daß bei tieferen Temperaturen je nach angewandtem Druck beide $ThSiO_4$-Modifikationen entstehen können. Letztlich wird in [27] noch aufgeführt, daß α-$ThSiO_4$ nur unter Druck oder in Gegenwart von Verunreinigungen gebildet wird, wobei zumindest die erstere Annahme experimentell widerlegt wurde.

Man erkennt, daß das Problem der thermischen und thermodynamischen Stabilität der $ThSiO_4$-Modifikationen noch offen ist.

Zwischen den Strukturen von α-$ThSiO_4$ und β-$ThSiO_4$ besteht eine enge Verwandtschaft, diejenige von β-$ThSiO_4$ ergibt sich dabei durch eine Deformation der tetragonalen Zelle von α-$ThSiO_4$ [20].

α-$ThSiO_4$ kristallisiert in der tetragonalen Zirkon-($ZrSiO_4$)-Struktur mit vier Formaleinheiten pro Elementarzelle in der Raumgruppe D_{4h}^{19}-$I4_1/amd$. Die Gitterkonstanten von α-$ThSiO_4$ verschiedener Herstellung sind in Tabelle 4/1 zusammengestellt. Die Atomlagen sind

4 Th in 4 (b)
4 Si in 4 (a)
16 O in 16 (h)

mit x = 0.169 und z = 0.357 [7] bzw. x = 0.166 und z = 0.347 [13]. Die Atomabstände betragen Th-4O_I = 2.45 Å, Th-4O_{II} = 2.51 Å und Si-4O = 1.56 Å [7].

β-$ThSiO_4$ kristallisiert in der monoklinen Monazit-(Huttonit-)Struktur mit ebenfalls vier Formeleinheiten pro Elementarzelle in der Raumgruppe C_{2h}^5-$P2_1/n$ [14]. Die Gitterkonstanten verschiedener Präparate sind in Tabelle 4/2 zusammengestellt. Nähere Angaben zur Struktur liegen noch nicht vor.

Zur Mischkristallbildung von α-$ThSiO_4$ mit β-$ThGeO_4$ s. Kapitel 4.1.3, unten.

Optische Eigenschaften von α-$ThSiO_4$ und β-$ThSiO_4$ sind, soweit bekannt, mit in den Tabellen 4/1 und 4/2 (S. 25) aufgeführt. Bezüglich der katalytischen Eigenschaften von $ThSiO_4$ hinsichtlich der Zersetzung von H_2O_2 s. [28].

$ThSiO_4$-Einkristalle werden in [34] zur Registrierung der Spaltprodukte beim Beschuß mit 400 MeV Ar-Ionen verwendet.

Compounds with Silicon and Another Element

4.1.3 Verbindungen mit Silicium und einem weiteren Element

α-$ThSiO_4$ bildet mit β-$ThGeO_4$ eine lückenlose Mischkristallreihe, wenn die Proben hydrothermal dargestellt werden [1]. Auch mit α-$USiO_4$ bildet α-$ThSiO_4$ eine lückenlose Mischkristallreihe [13]. Auch β-$(Th_{0.5}Pu_{0.5})Si_{0.5}Ge_{0.5}O_4$ besitzt Zirkonstruktur mit den Gitterkonstanten a = 7.075 ± 0.007 Å und c = 6.415 ± 0.006 Å [1].

Die gegenseitige Löslichkeit der beiden im tetragonalen Zirkongitter kristallisierenden Verbindungen $ThSiO_4$ und $ZrSiO_4$ ist relativ gering. Im Bereich 300°C < t < 1400°C löst $ThSiO_4$ maximal 6 ± 2 Mol-% $ZrSiO_4$ und $ZrSiO_4$ maximal 4 ± 2 Mol-% $ThSiO_4$. Hydrothermal konnten in mehreren Fällen auch an $ZrSiO_4$ übersättigte, bis 25 Mol-% $ZrSiO_4$ enthaltende $ThSiO_4$-Proben dargestellt werden [16].

Im System ThO_2-SiO_2-BeO wird die Verbindung $ThBe_2Si_2O_8$ gefunden, s. 2.1.2, S. 4. Im System ThO_2-SiO_2-Al_2O_3 existiert ein ausgedehnter Bereich der Bildung homogener Gläser, im System ThO_2-SiO_2-MgO nur ein eng begrenzter Bereich, während im System ThO_2-SiO_2-ZrO_2

Fig. 4-4

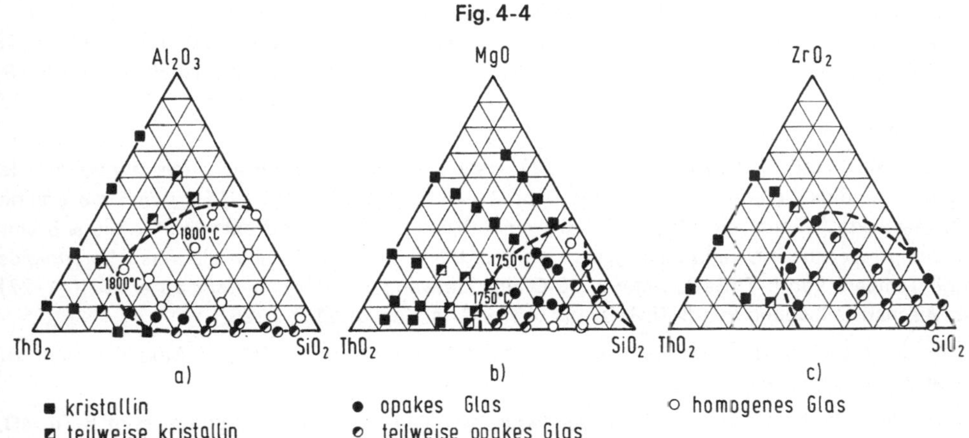

Glasbildungsbereiche in den Systemen ThO_2-SiO_2-Al_2O_3 (a), ThO_2-SiO_2-MgO (b) und ThO_2-SiO_2-ZrO_2 (c) [35].

keine homogenen Gläser erhalten werden konnten (**Fig. 4-4**) [35]. Untersuchungen über die Abhängigkeit der Bindungsenergie vom elektrischen Widerstand an einem ThO_2-SiO_2-PbO-Glas s. [53]. Bezüglich des Einflusses von ThO_2-Zusätzen auf die Wasserbeständigkeit von SiO_2-(87 Mol-%)-Na_2O-(13 Mol-%)-Gläsern s. [36].

Ein Zusatz von $ThSiO_4$ zu Al-Silikat erhöht die Aktivität des letzteren beim Cracken von Alkylphenolen [37]. Ein Zusatz von NiO zu ThO_2-SiO_2-Katalysatoren erhöht dessen Aktivität bei der Umwandlung von N-(2-Hydroxy-äthyl)anilin zu N,N'-Diphenyläthylamin [38].

4.2 Verbindungen mit Germanium

Compounds with Germanium

Für das System ThO_2-GeO_2 ist bisher nur die Verbindung $ThGeO_4$ beschrieben worden, die in zwei Modifikationen auftreten kann [1, 20, 27, 39]:

α-$ThGeO_4$ mit der tetragonalen Struktur des Scheelits und

β-$ThGeO_4$ mit der tetragonalen Struktur des Zirkons.

Über eine gegenseitige Löslichkeit von ThO_2 und GeO_2 finden sich in der Literatur keine Angaben. Auch ist noch kein Phasendiagramm des Systems ThO_2-GeO_2 publiziert worden.

Untersuchungen über die Glasbildung von ThO_2-GeO_2 bei Zusatz anderer Oxide s. [43].

$ThGeO_4$

$ThGeO_4$

Darstellungsverfahren. Zur Darstellung von $ThGeO_4$ werden in der Literatur zwei Verfahren erwähnt:

Preparation Methods

a) durch thermische Umsetzung von ThO_2 und GeO_2 unterhalb ≈1150°C erhält man α-$ThGeO_4$, bei höheren Temperaturen β-$ThGeO_4$. Maximale Reaktionstemperatur ist ≈1250°C, da bei höheren Temperaturen Zersetzung von $ThGeO_4$ unter Sublimation von GeO_2 erfolgt [1, 30];

b) durch Hydrothermalsynthese bei ≈230°C und pH 8.2 bis 8.6 erhält man von $ThO_2 \cdot aq + GeO_2 \cdot aq$ ausgehend β-$ThGeO_4$ [1].

Eigenschaften. α-$ThGeO_4$ kristallisiert im tetragonalen Scheelitgitter mit vier Formeleinheiten pro Elementarzelle in der Raumgruppe $I4_1a$-C_{4h}^6. Die Gitterkonstanten betragen: a = 5.140 Å und c = 11.531 Å [27], a = 5.140 Å und c = 11.540 Å [19, 39] bzw. a = 5.137 ± 0.001 Å und c = 11.53 ± 0.01 Å [1]. Angaben über die Atomlagen liegen noch nicht vor.

Properties

Literatur zu 4 s. S. 29/30

Properties of $ThGeO_4$

β-$ThGeO_4$ kristallisiert im tetragonalen Zirkongitter mit vier Formeleinheiten pro Elementarzelle in der Raumgruppe D_{4h}^{19}-$I4_1$/amd. Die Gitterkonstanten betragen: a = 7.234 ± 0.003 Å und c = 6.526 ± 0.008 Å [1], a = 7.231 Å und c = 6.548 Å [27] bzw. a = 7.238 Å und c = 6.520 Å [19, 20, 39] für die thermisch dargestellten Verbindungen sowie a = 7.238 ± 0.006 Å und c = 6.530 ± 0.006 Å [1] für ein hydrothermal dargestelltes Präparat.

Oberhalb 1150°C [1] bzw. 1180°C [19, 27] geht α-$ThGeO_4$ in β-$ThGeO_4$ über, wobei aus der dichteren Modifikation des α-$ThGeO_4$ mit D(ber.) = 8.05 g/cm^3, D(exp.) = 7.98 g/cm^3, die weniger dicht gepackte β-Form mit D(ber.) = 7.16 g/cm^3, D(exp.) = 7.08 g/cm^3 entsteht. Ob die α-β-Umwandlung reversibel ist, kann nicht gesagt werden. Bisher waren jedenfalls alle Versuche erfolglos, durch Tempern von β-$ThGeO_4$ unter 1150°C eine Umwandlung in die α-Form zu erzielen [1, 27]. Zur Mischkristallbildung von β-$ThGeO_4$ mit α-$ThSiO_4$ s. Kapitel 4.1.3, S. 26.

In der Klassifizierung der Germanate nach [40] gehören beide $ThGeO_4$-Modifikationen zur Klasse der Nesogermanate mit inselartigen GeO_4^{4-}-Tetraederanionen.

Von allen Verbindungen mit Scheelitstruktur, die in [42] untersucht wurden, zeigt β-$ThGeO_4$ die geringste thermische Ausdehnung. Die Ausdehnungskoeffizienten β betragen:

Für α-$ThGeO_4$ im Bereich 20°C < t < 520°C $\beta_a = (3.1 \pm 0.2) \times 10^{-6}\ K^{-1}$
$\beta_c = (7.3 \pm 0.5) \times 10^{-6}\ K^{-1}$
im Bereich 20°C < t < 1020°C $\beta_a = (3.4 \pm 0.3) \times 10^{-6}\ K^{-1}$
$\beta_c = (7.5 \pm 0.5) \times 10^{-6}\ K^{-1}$
Für β-$ThGeO_4$ im Bereich 20°C < t < 520°C $\beta_a = (2.1 \pm 0.2) \times 10^{-6}\ K^{-1}$
$\beta_c = (4.2 \pm 0.3) \times 10^{-6}\ K^{-1}$
im Bereich 20°C < t < 1020°C $\beta_a = (2.3 \pm 0.2) \times 10^{-6}\ K^{-1}$
$\beta_c = (5.0 \pm 0.4) \times 10^{-6}\ K^{-1}$

IR-Spektrum von (α-)$ThGeO_4$ im Vergleich zu den Spektren anderer Nesogermanate im Bereich von 200 bis 1000 cm^{-1} s. [40], IR-Spektren nach Einbau einiger Lanthaniden in das $ThGeO_4$-Gitter s. [41].

Über einen Mischkristall β-$(Th_{0.5}Pu_{0.5})Si_{0.5}Ge_{0.5}O_4$ s. 4.1.3, S. 26.

Compounds with Tin

4.3 Verbindungen mit Zinn

Über die Systeme ThO_2-SnO und ThO_2-SnO_2 liegen noch keine Angaben vor. Es ist aber nicht damit zu rechnen, daß in beiden Systemen eine Verbindungsbildung erfolgt, auch eine merkliche Löslichkeit von Zinn- und Thoriumoxid untereinander ist auszuschließen.

Ein aus Th-Salzlösungen mit wäßriger Na-Stannatlösung gefälltes „Th-Stannat" zersetzt sich bei zweistündigem Erhitzen auf 900°C unter Abscheidung von SnO_2 [56].

Compounds with Lead

4.4 Verbindungen mit Blei

Im System ThO_2-PbO(PbO_2) konnte weder die Bildung eines ternären Oxids, z. B. $PbThO_3$ mit vermuteter Perowskitstruktur [44], noch eine merkliche gegenseitige feste Löslichkeit der Grenzglieder nachgewiesen werden, s. auch [55]. Nach älteren Angaben [54] soll $PbThO_3$ monoklin mit Z = 8 kristallisieren.

Geringe Mengen Blei werden jedoch in ThO_2 eingebaut, wenn ThO_2-Einkristalle aus PbF_2-B_2O_3-ThO_2-Schmelzen bei ≈1620 K gewonnen werden. Die orange-gefärbten Kristalle enthalten nach spektrographischen Analysen ≈500 ppm Pb [45, 46]. Bestrahlt man diese Kristalle mit Elektronen oder γ-Strahlen, so erhält man ESR-Spektren, die das Vorliegen von Pb^{3+} anzeigen. Das Spektrum von Pb^{3+} auf kubischer Atomlage besteht aus einer einzigen Linie mit g = 1.9666 ± 0.0006 (A = 1.230 ± 0.005 cm^{-1}), der g-Faktor ist dabei auf das Pb-Isotop ^{207}Pb zurückzuführen. Ein zweites Spektrum mit Pb^{3+} mit ⟨111⟩axialer Symmetrie deutet auf eine Wechselwirkung mit in das

Gitter eingebauten F^--Atomen. Die g-Faktoren sind: $g_{\parallel} = 1.9704 \pm 0.0007$ und $g_{\perp} = 1.9637 \pm 0.007$ bei A-Werten von $A_{\parallel} = 1.194 \pm 0.010$ cm^{-1} und $A_{\perp} = 1.181 \pm 0.010$ cm^{-1}. Es wird angenommen, daß Pb^{2+} in das ThO_2-Gitter eingebaut wird, das dann durch die Bestrahlung in Pb^{3+} übergeführt wird [45].

Im Photolumineszenzspektrum von mit 0.1 Mol-% Pb^{2+} dotiertem ThO_2 beobachtet man bei Raumtemperatur zwei Peaks bei 393 nm und 440 nm [7]. Das Adsorbolumineszenzspektrum zeigt eine breite Bande mit einem Maximum bei ≈650 nm [50].

Ein Ersatz von 0.5 bis 4 Atom-% Th für Pb in $PbTiO_3$, $PbZrO_3$ und $Pb(Ti,Zr)O_3$ verbessert die Dielektrizitätskonstante und die planare piezoelektrische Kopplung [47 bis 49]. Nach röntgenographischen Untersuchungen keramischer Präparate existieren nur bei sehr niedrigen $PbThO_3$-Konzentrationen Mischkristalle mit $PbZrO_3$ [55].

Aus einer V_2O_5-PbO-Schmelze (Zusammensetzung 112 g V_2O_5 + 238 g PbO) bei 1320°C erhält man nach Zusatz von 14 g ThO_2 und Abkühlen auf 750°C (Abkühlgeschwindigkeit 1.3 grd/h) dünne gelbliche Einkristallblättchen der Verbindung $PbThV_2O_8$ [8]. Diese Verbindung kristallisiert im monoklinen Monazitgitter (= Huttonitgitter) und statistischer Verteilung von Th^{4+} und Pb^{2+} gemäß $Pb_{0.5}Th_{0.5}VO_4$ mit Gitterkonstanten von a = 6.96 Å, b = 7.25 Å, c = 6.75 Å und β = 105° [51]. Nach [52] existiert diese Verbindung jedoch in drei Modifikationen (s. Kapitel 10.1.4, S. 126), auch die entsprechenden Phosphor- und Arsenverbindungen (s. Kapitel 5.1.2, S. 33) sind bekannt [52].

Über ein ThO_2-SiO_2-PbO-Glas s. Kapitel 4.1.3, S. 27.

Literatur zu 4:

[1] C. Keller (Nukleonik **5** [1963] 41/8). — [2] F. Dachille, R. Roy (J. Geol. **72** [1964] 243/7). — [3] L. H. Fuchs (Am. Mineralogist **43** [1958] 367/8). — [4] G. W. Clark (ORNL-3670 [1964] 7; N. S. A. **18** [1964] Nr. 44046). —[5] C. B. Finch, L. A.Harris, G. W. Clark (Am. Mineralogist **49** [1964] 782/5).

[6] L. A. Harris, C. B. Finch (ORNL-4820 [1972] 1/207, 3). — [7] D. P. Sinha, R. Prasad (J. Inorg Nucl. Chem. **35** [1973] 2612/4). — [8] R. Prasad (Rev. Chim. Minerale **5** [1968] 1183/90). — [9] C. Frondel (Am. Mineralogist **38** [1953] 1007/18). — [10] S. Bonatti, P. Gallitelli (Atti Soc. Toscana Sci. Nat. Pisa Mem. Proc. Verbali A **57** [1950] 182/3).

[11] D. P. Sinha, R. Prasad (Indian J. Phys. **45** [1971] 90/1). — [12] F. Bertaut, A. Durif (Compt. Rend. **238** [1954] 2173/5). — [13] L. H. Fuchs, E. Gebert (Am. Mineralogist **43** [1958] 243/8). — [14] A. Pabst (Am. Mineralogist **36** [1951] 60/5). — [15] A. Pabst (Nature **166** [1950] 157).

[16] F. A. Mumpton, R. Roy (Geochim. Cosmochim. Acta **21** [1961] 217/38). — [17] D. P. Sinha, R. Prasad (Indian J. Phys. **45** [1971] 435/7). — [18] D. P. Sinha, R. Prasad (Trans. Indian Ceram. Soc. **30** [1971] 96/8). — [19] A. Durif-Varambon (Bull. Soc. Franc. Mineral. Crist. **82** [1959] 285/314). — [20] R. Collongues, J. Lefèvre, H. Mondange, M. Perez Y Jorba (Silicates Ind. **26** [1961] 284/9).

[21] A. Pabst (Am. Mineralogist **37** [1952] 137/57). — [22] C. Frondel, R. L. Colette (RME-3048 [1953] 27 S.; C. A. **1955** 4433). — [23] N. I. Zyuzin (Dokl. Akad. Nauk SSSR **154** [1964] 1094/5). — [24] A. S. Povarennykh (Zap. Vses. Mineralog. Obshchestva **87** [1958] 348/59; C. A. **1958** 19726). — [25] C. Frondel, R. Colette (Am. Mineralogist **42** [1957] 759/65).

[26] L. A. Harris (J. Am. Ceram. Soc. **42** [1959] 74/7). — [27] M. Perez Y Jorba, H. Mondange, R. Collongues (Bull. Soc. Chim. France **1961** 79/81) .— [28] S. P. Walvekar, A. B. Halgari (Z. Anorg. Allgem. Chem. **400** [1973] 83/8). — [29] S. N. Lungu (J. Nucl. Mater. **19** [1966] 155/9). — [30] S. N. Lungu (Studii Cercetari Fiz. **21** [1969] 389/427).

[31] S. N. Lungu (Acad. Rumanian People's Rep. Inst. Ab. Phys. FP 32 [1965] 8 S.; C. A. **64** [1966] 18502). — [32] E. Ryschkewitsch (Oxid-Keramik, Springer-Verlag, Berlin 1948 laut [33]). — [33] C. E. Curtis (Progr. Nucl. Energy V **2** [1959] 233/36). — [34] R. L. Fleischer, P. B. Price,

R. M. Walker, E. L. Hubbard (Phys. Rev. [2] **143** [1966] 943/6). — [35] M. S. R. Heynes, H. Rawson (Phys. Chem. Glasses **2** [1961] 1/11).

[36] T. M. Makarova, V. S. Molchanov (Tr. Gos. Opt. Inst. **39** [1972] 154/8; C. A. **79** [1973] Nr. 9071). — [37] Kh. T. Raudsepp, Kh. A. Karik (Tr. Tallinsk. Politekhn. Inst. A Nr. 185 [1960] 72/81; C. A. **58** [1963] 3249). — [38] L. I. Zamyshlyaeva, N. N. Mitina, N. N. Suvorov (Khim. Geterotsikl. Soedin. **6** [1970] 766/9; C. A. **73** [1970] Nr. 109620). — [39] F. Bertaut, A. Durif (Compt. Rend. **238** [1954] 2173/5). — [40] J. P. Labbé (Ann. Chim. [Paris] [13] **10** [1965] 317/44).

[41] H. Hoefdraad (in: Charge-Transfer Spectra of Lanthanide Ions in Oxides, Utrecht 1975, S. 5/24; N. S. A. **32** [1975] Nr. 20225). — [42] G. Bayer (J. Less-Common Metals **26** [1972] 255/62). — [43] M. Imaoka, T. Yamazaki (Rept. Inst. Ind. Sci. Univ. Tokyo **19** [1969] 161/93; C. A. **71** [1969] Nr. 95630). — [44] A. J. Smith, J. E. Welch (Acta Cryst. **13** [1960] 653/6). — [45] J. L. Kolopus, C. B. Finch, M. M. Abraham (Phys. Rev. B [3] **2** [1970] 2040/5).

[46] J. L. Kolopus, C. B. Finch, M. M. Abraham (ORNL-4669 [1971] 14; N. S. A. **25** [1972] Nr. 33402). — [47] F. Kulcsar, Clevite Corp. (U. S. P. 3264217 [1962/66]; C. A. **65** [1966] 10314). [48] Japan Electric. Co. Ltd. (B. P. 1063804 [1963/67]; C. A. **67** [1967] Nr. 14579; B. P. 1063805 [1963/67]; C. A. **67** [1967] Nr. 14580). — [49] K. Kulcsar (J. Am. Ceram. Soc. **48** [1965] 54). — [50] R. Bressat, M. Breysse, B. Claudel, H. Sautereau, R. J. J. Williams (J. Luminescence **10** [1975] 171/6).

[51] G. Garton, S. H. Smith, B. M. Wanklyn (J. Cryst. Growth **13/14** [1972] 588/92). — [52] H. Schwarz (Z. Anorg. Allgem. Chem. **334** [1964/65] 261/71). — [53] S. W. Strauss, D. G. Moore, W. N. Harrison, L. E. Richards (J. Res. Natl. Bur. Std. **56** [1956] 135/42, 136). — [54] I. Náray-Szabó (Muegyet. Kozlemen. **1947** Nr. 1, S. 30/41; C. A. **1947** 6102). — [55] N. N. Krainik (Izv. Akad. Nauk SSSR Ser. Fiz. **21** [1957] 411/22; Bull. Acad. Sci. USSR Phys. Ser. **21** [1957] 412/22, 413, 418).

[56] I. K. Taimni, I. S. Ahuja (Anal. Chim. Acta **20** [1959] 119/21). — [57] R. D. Schniling, L. Vergouwen, H. van der Rijst (Am. Mineralogist **61** [1976] 166/8). — [58] Minnesota Mining and Mfg. Co. (Neth. Appl. 7416506 [1974]).

5 Verbindungen mit Elementen der 5. Hauptgruppe

(As, Sb, Bi)

Compounds with Group Va Elements

Review in German

Übersicht. Eine Verbindungsbildung konnte bisher nur im System ThO_2-As_2O_5 nachgewiesen werden. Durch thermische Zersetzung von $Th(AsO_3)_4$ entstehen mit steigender Temperatur die Verbindungen $ThAs_2O_7$, $Th_4As_6O_{23}$ und $Th_3(AsO_4)_4$, die allein durch ihre analytische Zusammensetzung und — bei den beiden erstgenannten Verbindungen — durch ihre Isotypie mit den entsprechenden Phosphaten charakterisiert wurden. Aus wäßriger Lösung konnten die Hydrogenarsenate $Th(HAsO_4)_2 \cdot nH_2O$ (n = 1, 2, 4 und 8) ausgefällt und röntgenographisch charakterisiert werden.

Im System ThO_2-$BiO_{1.5}$ existiert eine Fluoritphase, über deren Breite allerdings verschiedene Interpretationsmöglichkeiten existieren.

Für keines der Systeme von ThO_2 mit Oxiden der Elemente der fünften Hauptgruppe ist ein Phasendiagramm beschrieben worden.

Review in English

Review. Compound formation so far could only be detected in the ThO_2-As_2O_5 system. By thermal decomposition of $Th(AsO_3)_4$ the following compounds form with increasing temperature: $ThAs_2O_7$, $Th_4As_6O_{23}$ and $Th_3(AsO_4)_4$, whose composition was identified by elemental analysis only and—in the case of the first two compounds—by their isostructural similarity with the corresponding phosphates. The hydrogen arsenates $Th(HAsO_4)_2 \cdot nH_2O$ (n = 1, 2, 4, and 8) could be precipitated from aqueous solutions and identified by X-rays.

A fluorite phase exists in the ThO_2-$BiO_{1.5}$ system, whose width is open to various ways of interpretation.

Phase diagrams of ThO_2 with any of the oxides of group Va elements have not been published.

5.1 Verbindungen mit Arsen

Compounds with Arsenic

Über das System ThO_2-As_2O_3 liegen keine Untersuchungen vor.

5.1.1 Thoriumarsenate

Thorium Arsenates

Im System ThO_2-As_2O_5 konnten durch Festkörperreaktionen die Verbindungen $Th(AsO_3)_4$, $ThAs_2O_7$, $Th_4As_6O_{23}$ und $Th_3(AsO_4)_4$ dargestellt werden. Daneben wurde noch das aus wäßriger Lösung durch Fällungsreaktionen erhältliche $Th(HAsO_4)_2 \cdot nH_2O$ (n = 1, 2, 4 und 8) kristallographisch näher charakterisiert.

Durch Erhitzen eines $ThO_2 \cdot aq + As_2O_5 \cdot aq$-Gels auf 600 bis 630°C bildet sich rhombisches, mit $Th(PO_3)_4$ isostrukturelles Thoriummetaarsenat α-$Th(AsO_3)_4$ mit den Gitterkonstanten a = 14.96 ± 0.1 Å, b = 15.57 ± 0.03 Å und c = 9.41 ± 0.03 Å. Dichte D(exp.) = 4.32 g/cm³, D(ber.) = 4.39 g/cm³ [1]. Bei kurzem Erhitzen auf 650 bis 700°C bildet sich β-$Th(AsO_3)_4$, dessen Gittertyp unbekannt ist. Röntgenographische d-Werte von β-$Th(AsO_3)_4$ s. Original [1].

Erhitzt man $Th(AsO_3)_4$ auf Temperaturen oberhalb 680°C, so tritt Zersetzung ein gemäß

$$Th(AsO_3)_4 \rightarrow ThAs_2O_7 + As_2O_3\nearrow + O_2\nearrow.$$

Das gebildete Thoriumdiarsenat β-$ThAs_2O_7$ ist isotyp mit ThP_2O_7 und kristallisiert in einem rhombischen Gittertyp mit den Gitterkonstanten a = 11.95 ± 0.06 Å, b = 13.24 ± 0.06 Å und c = 7.38 ± 0.07 Å; D(exp.) = 5.60 g/cm³, D(ber.) = 5.62 g/cm³. Kubisch kristallisierendes α-$ThAs_2O_7$ das mit α-UP_2O_7 isotop ist, entsteht durch direktes Erhitzen des $ThO_2 \cdot aq + As_2O_5 \cdot aq$-Gels auf ≈650°C (7 h). Die Gitterkonstante von α-$ThAs_2O_7$ beträgt a = 9.02 ± 0.01 Å, D(exp.) = 4.41 g/cm³, D(ber.) = 4.47 g/cm³, Raumgruppe T_h^6-Pa3. α-$ThAs_2O_7$ läßt sich durch Erhitzen auf 730°C bis

Literatur zu 5 s. S. 34/5

Thorium Arsenates

750°C in die β-Modifikation umwandeln, in Rückumwandlung β-$ThAs_2O_7$ → α-$ThAs_2O_7$ konnte nicht nachgewiesen werden [1].

Das Thoriumdiarsenat ist bis ≈900°C stabil, bei ≈1000°C erfolgt Zersetzung gemäß

$$4\,ThAs_2O_7 \rightarrow Th_4As_6O_{23} + As_2O_3\nearrow + O_2\nearrow$$

unter Bildung eines Hexaarsenats, über das noch keine näheren Angaben vorliegen. Röntgenographische d-Werte s. Original [1].

Thoriumhexaarsenat geht bei 1050°C unter weiterer As_2O_3-Abspaltung in das Thoriumorthoarsenat über gemäß

$$3\,Th_4As_6O_{23} \rightarrow 4\,Th_3(AsO_4)_4 + As_2O_3\nearrow + O_2\nearrow.$$

$Th_3(AsO_4)_4$ ist mit den formelgleichen Phosphor- und Vanadinverbindungen nicht isostrukturell. Seine röntgenographischen d-Werte sind ebenfalls in [1] tabellarisch wiedergegeben. Oberhalb 1100°C zersetzt sich $Th_3(AsO_4)_4$ in die Einzelkomponenten

$$Th_3(AsO_4)_4 \rightarrow 3\,ThO_2 + 2\,As_2O_3\nearrow + 2\,O_2\nearrow.$$

Das durch Fällung aus wäßriger Lösung erhältliche $Th(HAsO_4)_2 \cdot H_2O$ kristallisiert in einem hexagonalen Gitter mit den Gitterkonstanten a = 7.64 Å und c = 14.12 Å; D(exp.) = 4.9 g/cm³, D(ber.) = 4.96 g/cm³. Es ist nicht isostrukturell mit den formelgleichen Arsenaten und Phosphaten von Ti^{4+}, Zr^{4+} und Hf^{4+} [2].

$Th(HAsO_4)_2 \cdot H_2O$ geht bei 240°C in die wasserfreie Verbindung $Th(HAsO_4)_2$ über, welches seinerseits bei 425°C in das Thoriumdiarsenat $ThAs_2O_7$ übergeht [3]. Nach [17] verläuft die Zersetzung von $Th(HAsO_4)_2 \cdot H_2O$ gemäß dem Schema

$$Th(HAsO_4)_2 \cdot H_2O \xrightarrow{190-230°C} Th(HAsO_4)_2 \xrightarrow{350-400°C} ThAs_2O_7\ \text{(amorph)}$$

$$\xrightarrow{650°C} ThAs_2O_7\ \text{(kristallin)} \xrightarrow{900°C} Th_4As_6O_{23} \xrightarrow{1100°C} ThO_2.$$

Unter speziellen Bedingungen — längeres Stehenlassen der Fällung unter der Mutterlauge — läßt sich auch noch ein Octahydrat $Th(HAsO_4)_2 \cdot 8\,H_2O$ herstellen, das an Luft instabil ist und in das Tetrahydrat $Th(HAsO_4)_2 \cdot 4\,H_2O$ übergeht [18, 19]. Bei ≈35°C geht diese Verbindung dann in das Dihydrat $Th(HAsO_4)_2 \cdot 2\,H_2O$ über, welches sich bei 40 bis 60°C direkt in die wasserfreie Verbindung zersetzt.

Folgende Gitterkonstanten werden in [19] angegeben:

$Th(HAsO_4)_2 \cdot 8\,H_2O$, hexagonal a = 11.73 ± 0.04 Å, c = 20.71 ± 0.08 Å
4 Formeleinheiten pro Elementarzelle;

$Th(HAsO_4)_2 \cdot 2\,H_2O$, tetragonal a = 8.17 ± 0.04 Å, c = 15.34 ± 0.08 Å,
2 Formeleinheiten pro Elementarzelle.

Durch potentiometrische Titration einer Thoriumnitratlösung mit einer Arsenatlösung ergeben sich Hinweise für die Bildung von Th-Arsenaten der Zusammensetzungen

$ThO_2 \cdot 2\,As_2O_5 \cdot aq$ bei pH 4.2
$ThO_2 \cdot As_2O_5 \cdot aq$ bei pH 4.9 und
$3\,ThO_2 \cdot 2\,As_2O_5 \cdot aq$ bei pH 5.6 [4].

Thoriumhydrogenarsenat $Th(HAsO_4)_2 \cdot H_2O$ zeigt besonders gute Eigenschaften als anorganischer Ionenaustauscher [3, 5, 6, 14]. Durch Behandlung mit einer LiOH/LiCl-Lösung läßt sich der gesamte Wasserstoff durch Li^+ austauschen unter Bildung von $Th(LiAsO_4)_2 \cdot H_2O$. Andere Alkali-Ionen lassen sich allerdings nicht gegen das H^+ austauschen, so daß eine selektive Li^+-Abtrennung mög-

Literatur zu 5 s. S. 34/5

lich ist [3]. Der $H^+ \rightleftharpoons Li^+$-Austausch ist streng reversibel. Röntgenographische d-Werte für getrocknetes $Th(Li_{0.941}H_{0.06}AsO_4)_2 \cdot H_2O$ und auf 250°C erhitztes $Th(Li_{0.81}H_{0.2}AsO_4)_2 \cdot 0.2\,H_2O$ sind in [3] tabelliert. Der Austauscher ist in Säuren bis etwa 0.1 n Lösungen stabil, bei höherer Säurekonzentration erfolgt eine merkliche Zersetzung, wobei As^{5+} in Lösung geht [3]. Bezüglich der Lichtstreuung von Thoriumarsenatgelen s. [7, 8].

5.1.2 Verbindungen mit Arsen und einem weiteren Element

Compounds with Arsenic and Another Element

Im System $M^I_3AsO_4$-$Th_3(AsO_4)_4$ wurden für M = Li und Na durch Festkörperreaktion die beiden Verbindungstypen $MTh_2(AsO_4)_3$ und $M_2Th(AsO_4)_2$ nachgewiesen [15]. Während über den Verbindungstyp $M_2Th(AsO_4)_2$ noch keine Angaben vorliegen, kristallisieren die Verbindungen der Zusammensetzung $MTh_2(AsO_4)_3$ in einem monoklinen Gitter (Raumgruppe C2/c) mit den Gitterkonstanten

a = 17.975 Å, b = 6.956 Å, c = 8.229 Å, β = 99.65° für $LiTh_2(AsO_4)_3$

und

a = 17.972 Å, b = 6.997 Å, c = 8.245 Å, β = 99.67° für $NaTh_2(AsO_4)_3$.

$LiTh_2(AsO_4)_3$ und $NaTh_2(AsO_4)_3$ bilden mit den formelgleichen V-Verbindungen eine Mischkristallreihe $MTh_2(V_{1-x}As_xO_4)_3$, deren Glieder bis x = 0.75 (für M = Li) bzw. x = 0.5 (für M = Na) tetragonale Zirkonüberstruktur besitzen [15].

Durch Festkörperreaktionen wurden in [9] eine Reihe polynärer Arsenate $M^{II}_{0.5}Th^{IV}_{0.5}AsO_4$ (M = Cd, Ca, Sr, Ba, Pb) mit Zirkon- und/oder Huttonitstruktur dargestellt.

$Cd_{0.5}Th_{0.5}AsO_4$ kristallisiert im tetragonalen Zirkongitter mit Gitterkonstanten von a = 7.150 Å und c = 6.420 Å, D(exp.) = 6.29 g/cm³, D(ber.) = 6.287 g/cm³. Auch $Ca_{0.5}Th_{0.5}AsO_4$ kristallisiert im tetragonalen Zirkongitter (Gitterkonstanten a = 7.197 Å und c = 6.424 Å, D(exp.) = 5.479 g/cm³, D(ber.) = 5.489 g/cm³), besitzt jedoch unterhalb ≈850°C eine 2. Modifikation mit monokliner Huttonit($ThSiO_4$)-Struktur, einem Gittertyp, der für $Ba_{0.5}Th_{0.5}AsO_4$, $Sr_{0.5}Th_{0.5}AsO_4$ und $Pb_{0.5}Th_{0.5}AsO_4$ allein beobachtet wurde [9].

Durch Fällung aus wäßriger Lösung bei pH 1 läßt sich die gelbliche Heteropolysäure $(Isochinolin)_3H_3AsTh(Mo_3O_{10})_4$ als schwerlösliche Verbindung erhalten, die sich oberhalb 290°C zersetzt [16].

5.2 Verbindungen mit Antimon

Compounds with Antimony

Über die Systeme ThO_2-Sb_2O_3 bzw. ThO_2-Sb_2O_5 liegen noch keine phasenanalytischen Untersuchungen vor. Ob es sich bei den in [10] aufgeführten Thorium(IV)-antimonaten(V) mit ThO_2-$SbO_{2.5}$-Verhältnissen zwischen 3 : 1 und 1 : 2, die durch Fällung aus wäßriger Lösung erhalten wurden, um Verbindungen handelt oder nur um Mischoxidaquate $ThO_2 \cdot aq + Sb_2O_5 \cdot aq$, ist nicht bekannt, ersteres aber auch stark zu bezweifeln. Diese gefällten Thoriumantimonate besitzen Eigenschaften eines Kationenaustauschers, wenngleich wesentlich schlechtere als z. B. Zinn(IV)-antimonat. Daher ist auch noch nichts über eine analytische Anwendung bekannt.

5.3 Verbindungen mit Wismut

Compounds with Bismuth

Bei Untersuchungen im System ThO_2-$BiO_{1.5}$ konnte gezeigt werden, daß ThO_2 Wismutoxid in fester Lösung aufnimmt unter Bildung einer Fluoritphase [11]. Nach [11] beträgt die Löslichkeit von $BiO_{1.5}$ in ThO_2 60 Mol-% $BiO_{1.5}$ (keine Temperaturangabe). Dieser Wert bedarf jedoch einer erneuten Überprüfung aus folgenden Gründen:

a) die Proben wurden an Luft auf Temperaturen von 600°C, 700°C und 800°C (je 1/2 h) erhitzt, so daß eine partielle Oxidation des Bi^{III} nicht auszuschließen ist. Dichtemessungen sprechen zwar für eine Fluoritphase mit Fehlstellen im Anionenteilgitter, diese Messungen geben aber keine Auskunft darüber, ob nicht ein Teil der Fehlstellen aufgefüllt sind unter Bildung von Bi^V;

Literatur zu 5 s. S. 34/5

The ThO_2-SiO_2 System

b) Die Gitterkonstanten der Glieder der Fluoritphase ändern sich oberhalb einer Zusammensetzung von ≈10 Mol-% $BiO_{1.5}$ praktisch nicht mehr, so daß eher eine Löslichkeit von 10 Mol-% $BiO_{1.5}$ in ThO_2 wahrscheinlich ist (**Fig. 5-1**). Dieser Wert würde der allgemeinen Systematik der Breite der Fluoritphase als Funktion des Ionenradius des gelösten Partners eher entsprechen;

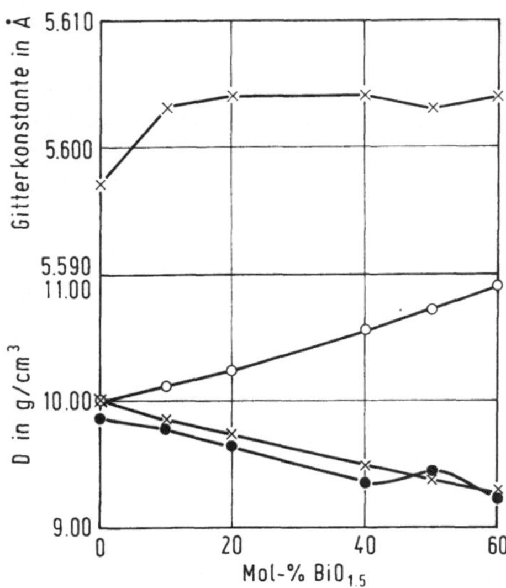

Fig. 5-1

Gitterkonstanten und Dichten D im System ThO_2-$BiO_{1.5}$ [11].
o: für ein ideales Anionengitter;
x: für ein ideales Kationengitter;
•: experimentelle Werte.

c) es erscheint zweifelhaft, ob die kurzen Reaktionszeiten bei den relativ niedrigen Temperaturen ausreichen, um eine Gleichgewichtseinstellung zu erreichen, insbesondere da von mechanisch gemischten Pulvern ThO_2 + $BiO_{1.5}$ ausgegangen wurde.

Über eine Löslichkeit von ThO_2 in $BiO_{1.5}$ liegen keine Angaben vor, auch ist noch kein Phasendiagramm der Systeme ThO_2-$BiO_{1.5}$ bzw. ThO_2-$BiO_{1.5}$-O_2 publiziert worden.

Das Photolumineszenzspektrum von ThO_2, in das 0.1 Mol-% $BiO_{1.5}$ eingebaut wurde, zeigt bei Raumtemperatur zwei Peaks bei 393 nm bzw. 440 nm. Im O_2-Adsorbolumineszenzspektrum der gleichen Probe beobachtet man bei ≈650 nm einen breiten Peak [12].

In [13] wird noch eine Verbindung der Zusammensetzung $ThBi_2Ti_2O_9$ erwähnt, über die außer den Darstellungsbedingungen (1100°C/1 h, ausgehend von einem mechanisch gemischten Oxidpulver) keine weiteren Angaben vorliegen.

Literatur zu 5:

[1] G. LeFlem, J. Lamic, P. Hagenmuller (Bull. Soc. Chim. France **1966** 1880/3). — [2] N. G. Chernorukov, E. P. Moskvichev, M. I. Zhuk (Kristallografiya **19** [1974] 1084/5; Soviet Phys.-Cryst. **19** [1975] 671). — [3] G. Alberti, M. A. Massucci (J. Inorg. Nucl. Chem. **32** [1970] 1719/27). — [4] R. S. Saxena, S. Prasad (Z. Naturforsch. **24b** [1969] 795/9). — [5] G. Alberti, S. Allulli, U. Constantino, M. A. Massucci, E. Torracca (Ion Exch. Process Ind., Papers Conf., London 1969 [1970], S. 318/21; N. S. A. **25** [1971] Nr. 48591).

[6] C. B. Amphlett (U. S. P. 3056647 [1956/62]; C. A. **58** [1963] 954). — [7] K. E. Jabalpurwala, D. M. Desai (J. Indian Chem. Soc. **35** [1958] 645/9). — [8] R. L. Desai, V. Sundaram (J. Univ. Bombay A **23** III Nr. 36 [1954] 9/17; C. A. **1955** 12085). — [9] H. Schwarz (Z. Anorg. Allgem. Chem. **334** [1964/65] 175/85). — [10] M. Qureshi, V. Kumar, N. Zehra (J. Chromatog. **67** [1972] 351/61).

[11] F. Hund (Z. Anorg. Allgem. Chem. **333** [1964] 248/255). — [12] R. Bressat, M. Breysse, B. Claudel, H. Sauterau, R. J. J. Williams (J. Luminescence **10** [1975] 171/6). — [13] E. C. Sub-

barao (J. Am. Ceram. Soc. **45** [1962] 166/9). — [14] T. D. Ionescu, Gh. Tudorache (Rev. Chim. [Bucharest] **19** [1968] 90/3). — [15] W. Freundlich, A. Erb, M. Pagès (Rev. Chim. Minerale **11** [1974] 598/606).

[16] B. Lóránt (Z. Anal. Chem. **275** [1975] 125). — [17] N. G. Chernorukov, I. A. Korshunov, G. F. Sibrina, E. P. Moskrichev (Radiokhimiya **17** [1975] 184/6; Soviet Radiochem. **17** [1975] 186/7). — [18] N. G. Chernorukov, G. F. Sibrina, E. P. Moskrichev (Radiokhimiya **16** [1974] 412/4; Soviet Radiochem. **16** [1974] 409/10). — [19] N. G. Chernorukov, I. A. Korshunov, G. F. Sibrina, E. P. Moskrichev (Radiokhimiya **17** [1975] 182/4; Soviet Radiochem. **17** [1975] 183/5).

Compounds with Group Ib Elements

6 Verbindungen mit Elementen der 1. Nebengruppe

(Cu, Ag, Au)

Über die Systeme ThO_2-Kupferoxid (Silberoxid, Goldoxid) liegen noch keine Untersuchungen vor. Aus dem Vergleich mit den analogen Systemen des Urans ist zu folgern, daß in diesen Systemen auch weder die Bildung eines ternären Oxids erfolgt noch eine gegenseitige Löslichkeit der Einzeloxide existiert.

Compounds with Group IIb Elements

7 Verbindungen mit Elementen der 2. Nebengruppe

(Zn, Cd, Hg)

Über die Systeme ThO_2-ZnO(CdO,HgO) liegt erst eine Untersuchung vor [1]. Darin wird berichtet, daß Versuche zur Darstellung der Perowskitverbindung $CdThO_3$ bei 800°C ohne Erfolg blieben. Auf Grund der Ergebnisse von Festkörperreaktionen in den analogen Systemen mit UO_2 anstelle ThO_2 ist zu folgern, daß in allen genannten Systemen weder eine nennenswerte gegenseitige Löslichkeit der binären Einzeloxide existiert noch eine Verbindungsbildung erfolgt.

In der Reihe polynärer Arsenate $M^{II}_{0.5}Th^{IV}_{0.5}AsO_4$ ist die Cd-Verbindung $Cd_{0.5}Th_{0.5}AsO_4$ dargedargestellt, s. Kapitel 5.1.2, S. 33, das entsprechende Vanadat $Cd_{0.5}Th_{0.5}VO_4$ s. 10.1.4, S. 126.

Literatur zu 7:

[1] A. J. Smith, J. E. Welch (Acta Cryst. **13** [1960] 653/6).

8 Verbindungen mit Elementen der 3. Nebengruppe

(Sc, Y, La bis Lu, Ac, Pa, U und Transurane)

Compounds with Group III b Elements

8.1 Übersicht und allgemeine Angaben

Review and General Data

Das reaktive Verhalten des Thoriumdioxids gegenüber den Elementen der dritten Nebengruppe des Periodensystems ist nicht nur von den Eigenschaften der dabei gebildeten ternären Oxidphasen her sehr interessant, sondern auch für die Kerntechnik von spezieller Bedeutung. So wird ThO_2 speziell in Hochtemperaturkernreaktoren als Brutstoff für die Erzeugung des spaltbaren ^{233}U eingesetzt, so daß von dieser Seite das System ThO_2-UO_2 und die Eigenschaften der in ihm auftretenden Phasen von Bedeutung sind. Gleichzeitig wird durch höher energetische Neutronen (die Spaltschwelle von ^{232}Th liegt bei ca. 1 MeV) während des Reaktorbetriebs auch ein, wenngleich geringer Teil des eingesetzten ^{232}Th gespalten, so daß die Kenntnis über die thermische Wechselwirkung von ThO_2 mit Spaltproduktoxiden, z. B. den Sesquioxiden der Lanthaniden, von Interesse ist. Da schon lange bekannt ist, daß UO_2 Spaltlanthanidenoxide in sein Fluoritgitter einbaut unter Änderung des Sauerstoffpotentials der festen Lösung $(U, SE)O_{2-x}$ (SE = Sc, Y, La bis Lu), ist ein gleiches Verhalten auch für ThO_2 bzw. die Mischoxide $(U, Th)O_2$ zu erwarten.

Die Festkörperreaktionen des Thoriumdioxids mit den Oxiden der Elemente der dritten Nebengruppe sind — und da liegt eine nahe Verwandtschaft zu den analogen Systemen des Urans vor — dadurch ausgezeichnet, daß einerseits die Zahl der auftretenden stöchiometrischen Verbindungen sehr beschränkt ist, andererseits aber Oxidphasen von zum Teil sehr großer Phasenbreite gebildet werden.

Ein charakteristischer Unterschied im festkörperchemischen Verhalten besteht zwischen ThO_2 und ZrO_2/HfO_2 [14]. Dies ist z. T. bedingt durch das Auftreten zahlreicher Ordnungsphasen in den Systemen $ZrO_2(HfO_2)$-$SEO_{1.5}$, z. B. mit Pyrochlorstruktur $M_2^{III}M_2^{IV}O_7$, die oberhalb bestimmter Temperaturen in Phasen mit statistischer Verteilung der Metallionen übergehen, ein Verhalten, das in den entsprechenden Actiniden(IV)-Lanthaniden-Sauerstoff-Systemen nicht bekannt ist.

An ternären Oxiden definierter Struktur wurden in den ThO_2-$SEO_{1.5}$-Systemen durch Festkörperreaktion nur die sog. ψ_i-Phasen nachgewiesen, das sind Verbindungen, die sich vom hexagonalen A-$SEO_{1.5}$ ableiten lassen und in erster Näherung als Kombination der Strukturen von kubischem ThO_2 und hexagonalem A-$SEO_{1.5}$ auffassen lassen [1 bis 3]. Da sich in der Kristallstruktur dieser Verbindungen längs der c-Achse eine unterschiedliche Abfolge von Th^{4+}- und SE^{3+}-Ionen aufbaut, besitzen die ψ_i-Phasen z. T. extrem lange c-Achsen. Eine Bestimmung der Strukturparameter durch Einkristalluntersuchungen dieser ψ_i-Phasen liegt noch nicht vor. Diese ψ_i-Phasen sind bisher nur für die leichten Lanthaniden SE^{3+} = La, Pr, Nd und Sm beschrieben worden, aber nicht für Sc^{3+}, Y^{3+} und die schwereren Lanthaniden mit kleineren Ionenradien, die kein hexagonales Sesquioxid bilden. Dies bedeutet andererseits, daß das hexagonale A-$SEO_{1.5}$ durch Einbau von ThO_2 nicht stabilisiert wird. Diese ψ_i-Phasen sind auch nur bei hohen Temperaturen und da nur meist in einem engen Temperaturintervall beständig, lassen sich jedoch durch Abschrecken in thermodynamisch metastabiler Form erhalten. Auch scheint die Bildung einzelner ψ_i-Phasen durch extrem langsame Diffusionsvorgänge sehr erschwert zu sein, so daß ihre Bildung nur in erkalteten ThO_2-$SEO_{1.5}$-Schmelzen nachgewiesen werden konnte. ψ_i-Phasen mit SE^{3+} = Ce und Pm wurden noch nicht nachgewiesen, ihre Existenz ist jedoch zu fordern, da in beiden Fällen von den Nachbarelementen solche ψ_i-Phasen bekannt sind. Es ist u. U. auch noch möglich, daß eine ψ_i-Phase für SE^{3+} = Eu existiert, da für das leichtere Nachbarelement Samarium solche Phasen beschrieben wurden und sie für das schwerere Nachbarelement Gadolinium vermutlich nicht existieren, wenngleich die Angaben der gleichen Autoren in [1, 2] und [7] divergieren.

Sehr große Bereiche des Phasendiagramms der ThO_2-$SEO_{1.5}$-Systeme nehmen die Fluoritphasen ein, das sind nichtstöchiometrische ternäre Oxide, die durch Einbau von $SEO_{1.5}$ in das kubische Fluoritgitter des ThO_2 gebildet werden. Da in der Mehrzahl der Systeme ThO_2-$SEO_{1.5}$ eine Oxidation des Metallatoms ausgeschlossen werden kann (Ausnahmen sind die Systeme mit SE = Ce,

Literatur zu 8.1 s. S. 45

Compounds with Group IIIb Elements

Review and General Data

Pr und Tb), liegt in diesen Fluoritphasen ein Kristallgitter vor, das Fehlstellen im Anionenteilgitter aufweist entsprechend einer Formulierung $Th_{1-x}SE_xO_{2-x/2}$. Dichtemessungen z. B. an den Systemen ThO_2-$YO_{1.5}$ ($LaO_{1.5}$, $HoO_{1.5}$) haben eindeutig ergeben, daß die andere mögliche Variante der Formulierung der Fluoritphasen, ein vollbesetztes Anionengitter mit Kationen auf Zwischengitterplätzen, ausgeschlossen werden kann.

Die Löslichkeit von $SEO_{1.5}$ in ThO_2, d. h. die Breite der Fluoritphase ist sehr temperaturabhängig. In den meisten Fällen wird eine mit steigender Temperatur zunehmende Phasenbreite beobachtet. Eine klare Beziehung herrscht zwischen der Phasenbreite der Fluoritphasen und den Ionenradien der sie aufbauenden Elemente. Aus **Fig. 8-1**, in der die Phasenbreiten der Fluorit- und der C-Typ-Phase als Funktion des Lanthanidenelements für eine Temperatur von 1 550°C aufgetragen ist, geht dies deutlich hervor.

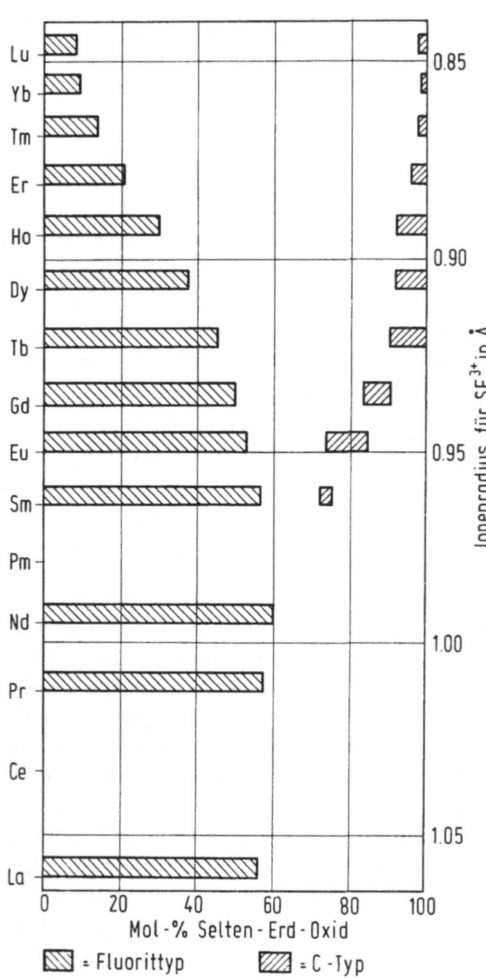

Fig. 8-1

Breite der Fluoritphase und der kubischen C-Typ-Phase in den Systemen Thoriumdioxid-Lanthanidenoxid bei 1550°C [5].

Width of the fluorite and C-type phases in the thorium dioxide-lanthanide oxide systems at 1550°C [5].

Man erkennt hier sehr schön, wie vom Lu^{3+} ausgehend, der Ausdehnungsbereich der Fluoritphase mit steigendem SE^{3+}-Ionenradius, d. h. mit abnehmender Differenz $|r_{Th^{4+}}-r_{SE^{3+}}|$, zunimmt. Beim System ThO_2-$NdO_{1.5}$ gleichen sich die beiden Radien am meisten; hier ist auch das Maximum der Phasenbreite festzustellen. Bei den Systemen ThO_2-$PrO_{1.5}$ bzw. ThO_2-$LaO_{1.5}$ ist dann die Lös-

Literatur zu 8.1 s. S. 45

lichkeit von $SEO_{1.5}$ in ThO_2 wegen des wieder größeren Unterschieds der Ionenradien von Th^{4+} und SE^{3+} erwartungsgemäß wieder geringer. Auf Grund der Systematik lassen sich auch die Phasenbreiten in den Systemen ThO_2-$CeO_{1.5}$ und ThO_2-$PmO_{1.5}$ relativ genau vorhersagen.

Die Löslichkeit von ThO_2 in den $SEO_{1.5}$-Modifikationen — entsprechend der Nomenklatur für die einzelnen binären Oxide als A-Typ-Phase, B-Typ-Phase, C-Typ-Phase, H-Typ-Phase und X-Typ-Phase bezeichnet — ist wesentlich geringer. Angenäherte Zahlenwerte für die Breite der H-Typ-Phase + X-Typ-Phase wurden bisher für die Systeme mit SE = La bis Ho aufgeführt, in den Systemen mit SE = Y und Er wurde eine H-Typ-Phase beobachtet.

Relativ ausführliche, wenngleich nicht immer übereinstimmende Untersuchungen liegen über die Tieftemperaturphasen A-Typ-Phase, B-Typ-Phase und C-Typ-Phase vor. Dies gilt besonders für die beiden erstgenannten Phasen. Während für von den hohen Temperaturen abgeschreckten Proben in [5] keine die Fehlergrenze von 0.3 Mol-% übersteigende Löslichkeit von ThO_2 in A-$SEO_{1.5}$ bzw. B-$SEO_{1.5}$ gefunden wurde, wird in [1] eine bis gegen 20 Mol-% betragende Löslichkeit von ThO_2 aufgeführt. Beide Ansichten lassen sich nicht vereinbaren. Ein möglicher Grund für diese unterschiedlichen Angaben könnte in den angewandten Untersuchungsverfahren liegen: in [1] wurde die Phasenbreite aus thermischen Abkühlungskurven ermittelt, in [5] über die Änderung der Gitterkonstanten von A-$SEO_{1.5}$ bzw. B-$SEO_{1.5}$ in Gegenwart von ThO_2. Hochtemperaturröntgenaufnahmen bewiesen, daß bei raschem Abschrecken die bei den hohen Temperaturen vorliegenden Löslichkeiten und Phasengleichgewichte bis auf Raumtemperatur eingefroren wurden.

Durch Einbau von ThO_2 wird kubisches C-$SEO_{1.5}$ stabilisiert. Dies hat zur Folge, daß z. B. im System ThO_2-$EuO_{1.5}$ oberhalb 1250°C eine C-$(Eu,Th)O_{1.5+x}$-Phase auftritt, obwohl bei diesen Temperaturen C-$EuO_{1.5}$ keine stabile Modifikation von $EuO_{1.5}$ ist (C-$EuO_{1.5}$ ist nur bis 1050 ± 20°C die thermodynamisch stabile Modifikation des Europiumsesquioxids [6]). Eine entsprechende Stabilisierung der C-$SEO_{1.5}$-Modifikation über die eigentliche Umwandlungstemperatur in B-$SEO_{1.5}$ wurde auch für SE^{3+} = Gd, Tb und Dy beobachtet. Für SE^{3+} = Gd ist die C-Typ-Phase bis etwa 2000°C stabil, d. h. bis zu einer ≈ 1000°C höheren Temperatur, als der thermodynamischen Stabilität des reinen C-$GdO_{1.5}$ entspricht.

Dichtemessungen, z. B. an der C-Typ-Phase im System $HoO_{1.5}$-ThO_2, belegen eindeutig, daß in diesen Phasen ein vollbesetztes Kationengitter des C-$SEO_{1.5}$-Typs mit Sauerstoff-Ionen auf Zwischengitterplätzen gemäß der Schreibweise $SE_{1-x}Th_xO_{1.5+x/2}$ vorliegt. Die andere Alternative, ein vollbesetztes Anionengitter mit Kationenfehlstellen, kann eindeutig ausgeschlossen werden.

Über die Anordnung der über das Verhältnis O:M < 1.5 hinausgehenden Sauerstoffatome in den A-, B-, H- und X-Typ-Phasen existieren noch keine Angaben, d. h. es ist noch nicht bekannt, ob wie bei der C-Typ-Phase ein vollbesetztes Kationengitter oder — bisher bei den Fluorit- und ähnlichen Phasen im System ThO_2-$SEO_{1.5}$ noch nicht bekannt — ein Gitter mit Kationenfehlstellen vorliegt. Letztere Alternative scheint z. B. bei der B-Typ-Phase mit ihrer dichten Anionenpackung nicht ausgeschlossen (falls sich die z. B. in [1] aufgeführten Löslichkeitswerte für ThO_2 in B-$SEO_{1.5}$ wirklich bestätigen).

Zur Darstellung der ThO_2-$SEO_{1.5}$-Phasen werden hauptsächlich folgende Verfahren benutzt:

a) Sinterung mechanisch gemischter Pulver aus ThO_2 + $SEO_{1.5}$ (CeO_2, Pr_6O_{11}, Tb_4O_7) an Luft oder Sauerstoff bzw. unter Wasserstoff- oder Wasserstoff/Helium(Argon)-Gas, gelegentlich auch im Vakuum (für SE^{3+} = Ce, Pr, Tb bzw. Eu^{2+}). Vorteilhaft ist es dabei, von sehr feinen Pulvern (unter 300 mesh Korngröße) auszugehen. Bei diesem Vorgang ergeben sich jedoch z. T. extrem lange Sinterzeiten bis zur Gleichgewichtseinstellung, wie **Fig. 8-2**, S. 40, am Beispiel der Fluoritphase des Systems ThO_2-$HoO_{1.5}$ bei 1400°C Reaktionstemperatur zeigt. Daher werden mechanisch gemischte Pulver meist nur dann eingesetzt, wenn sich während der Festkörperreaktion das vorgegebene O:M-Verhältnis nicht ändern darf, z. B. bei Studien im System ThO_2-EuO in evakuierten Quarzampullen.

Literatur zu 8.1 s. S. 45

Fig. 8-2

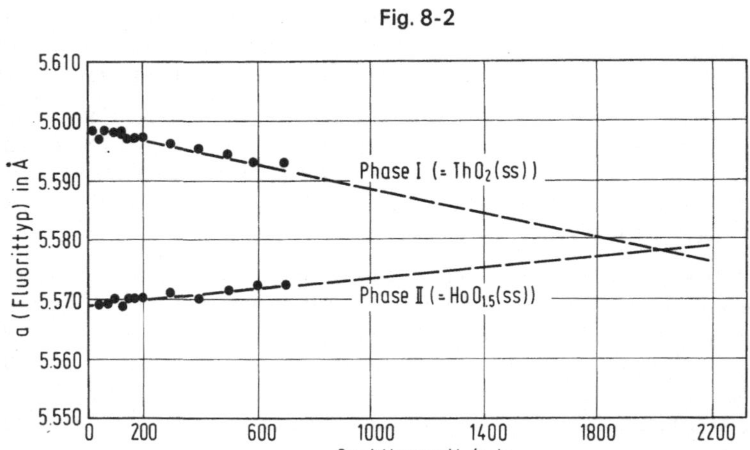

Änderung der Gitterkonstanten von ThO_2 und $HoO_{1.5}$ (a/2) als Funktion der Reaktionszeit bei 1400°C und $p(O_2)$ = 1 atm [5]. (ss = feste Lösung)

b) Sinterung von Mischhydroxidfällungen, die durch eine NH_3-Fällung aus Lösungen von $Th(NO_3)_4$ + $SE(NO_3)_3$ erhalten wurden. Um eine partielle Trennung von Thorium und den Lanthaniden zu vermeiden, gibt man die Lösung mit den Metallen in eine heiße, karbonatfreie Ammoniaklösung. Trocknen und Kalzinieren des abfiltrierten Niederschlags bei 600°C gibt ein ausgezeichnetes Ausgangsmaterial. Dieses Verfahren ist besonders für kleinere Substanzmengen im Labormaßstab gut geeignet.

   Anstelle der Mischhydroxidfällung ist auch eine Mischoxalatfällung möglich [8]. Allerdings ist es hierbei auch zweckmäßiger, die Metallsalzlösung in die Oxalatlösung zu geben als umgekehrt, um eine partielle Trennung der zu fällenden Metalle auf Grund unterschiedlicher Fällungsbereiche zu vermeiden.

c) Gelegentlich wird auch von einem Rückstand ausgegangen, der durch Einengen einer $Th(NO_3)_4$- + $SE(NO_3)_3$-Lösung erhalten und vor der eigentlichen Festkörperreaktion bei Temperaturen von 1 000 bis 1 200°C vorkalziniert wurde.

d) Andere Verfahren werden nur in einzelnen Arbeiten erwähnt.
   So ist es möglich, hochdisperse feste Lösungen durch Pyrolyse von Gemischen organischer Metallsalze bei niedrigen Temperaturen zu erzielen [9]. Eine sehr rasche Gleichgewichtseinstellung erreicht man, wenn man das ThO_2 + $SEO_{1.5}$-Gemisch über den Schmelzpunkt hinaus erhitzt und die verfestigte flüssige Phase bei der Reaktionstemperatur tempert [1, 2, 7]. Es ist auch möglich durch Zusatz eines Schmelzmittels wie LiF, Borsäure oder Borat eine relative Homogenisierung zu erreichen; nur ist in diesem Falle jeweils nachzuprüfen, ob nicht durch einen spurenweisen Einbau des Flußmittels die Phasenverhältnisse verändert werden.

Da sich bei den Festkörperreaktionen in den meisten Fällen das eingesetzte Th:SE-Verhältnis nicht ändert, ist eine Analyse nach der Umsetzung häufig nicht nötig. Diese Aussage gilt jedoch nicht, wenn z. B. eine Reaktion eines der Partner mit dem Tiegelmaterial erfolgt (besonders bei geschmolzenen Proben zu erwarten) bzw. eine Komponente leichtflüchtig ist (z. B. EuO). In diesen Fällen ist eine Analyse nach der Festkörperreaktion meist nicht zu umgehen. Da die Sinterprodukte ThO_2 + $SEO_{1.5(+x)}$ ähnlich wie reines ThO_2 auch in konzentrierten Mineralsäuren auch beim Erwärmen nicht in Lösung gebracht werden können, ist ein Aufschluß notwendig, wobei normalerweise ein Aufschluß mit $KHSO_4$ sich am zweckmäßigsten gezeigt hat. Nach dem Aufschluß ist dann eine Bestimmung des

Literatur zu 8.1 s. S. 45

Thoriums und der Lanthaniden nach den üblichen Methoden für diese Elemente möglich. Eine Bestimmung geringer Mengen oder auch Spuren Lanthaniden erfolgt dabei zweckmäßigerweise durch Isotopenverdünnung [11] oder spektrochemisch, s. z. B. [12 bis 14, 18, 19].

Ein noch nicht zufriedenstellend gelöstes Problem ist die Bestimmung des das Verhältnis O:SE = 1.5 überschreitenden bzw. unterschreitenden Sauerstoffs, da z. B. beim Aufschluß dieses Verhältnis nicht konstant bleibt. In den Systemen mit SE = Pr und Tb benutzt man normalerweise die Gewichtsabnahme der Probe nach Erhitzen im Wasserstrom auf ≈ 1000 bis 1200°C, bei SE = Eu^{2+} die Gewichtszunahme nach Erhitzen im Sauerstoffstrom bei ≈ 1000°C, beides keine zufriedenstellenden Verfahren. Für die Bestimmung der Oxidationsstufe des Cers in ThO_2-CeO_2-$CeO_{1.5}$-Mischoxiden scheint auch nur die Oxidation des $Ce^{<IV}$ zu Ce^{IV} mit Bestimmung der Gewichtsänderung anwendbar zu sein. Sehr ungenaue Angaben über den Wert von x in ThO_2-$SEO_{1.5\pm x}$- bzw. ThO_2-SEO_{2-x}-Systemen erzielt man dann, wenn die Absolutwerte von x, d. h. die erzielten Gewichtsänderungen, sehr gering sind.

Die bisherigen Untersuchungen über ThO_2-Systeme mit Oxiden der dritten Nebengruppe des Periodensystems erfolgten praktisch vollkommen durch Festkörperreaktionen, Hydrothermalsynthesen wurden nur in zwei Arbeiten erwähnt. So erfolgte die Darstellung von $UThO_5$ durch hydrothermale Behandlung eines Gemisches von $ThO_2 \cdot aq$ und UO_3-Pulvern im Molverhältnis 1:1 im Temperaturbereich von 230 bis 250°C [15]. In [16] wurden Untersuchungen über die Gleichgewichtseinstellung in den Fluoritphasen der Systeme ThO_2-La_2O_3 (Gd_2O_3, Yb_2O_3) ebenfalls hydrothermal durchgeführt, wobei bei der Interpretation der Ergebnisse Vorsicht zu walten hat, da nicht sicher ist, ob Hydroxylgruppen bei der Löslichkeit von $SEO_{1.5}$ in ThO_2 eine Rolle spielen können.

Untersuchungen über ThO_2-$SEO_{1.5}$-Systeme sind in zahlreichen Arbeiten verstreut zu finden, mehrere Systeme zusammenfassend werden in [1 bis 5, 7, 10, 17] beschrieben, wobei in [4] eine Diskussion über Fluoritphasen allgemein zu finden ist.

Eine Einteilung der verschiedenen Fluoritphasen mit den Actinidenelementen Thorium und Uran in deren verschiedenen Oxiden als Wirtsgitter wird in [20] beschrieben. Da es für eine rein phänomenologische Betrachtung von Oxidphasen mit relativ großen Phasenbreiten, wie sie in den Fluoritphasen und in kleinerem Ausmaß auch in den Rutil- und den komplizierter aufgebauten Apatitphasen vorliegen, ohne Bedeutung ist, welches die Ausgangsstrukturen der die Phasen aufbauenden binären Oxide sind (im Falle der Fluoritphasen z. B. unabhängig davon, ob Uran in der Oxidationsstufe +4 (als UO_2), +5 (als „U_2O_5"), +6 (als UO_3) oder in gemischter Oxidationsstufe (als „U_3O_8") vorliegt), erscheint eine Einteilung speziell der Fluoritphasen in — bezüglich des Anionen: Metall-Verhältnisses — stöchiometrische, substöchiometrische und überstöchiometrische Phasen vollkommen ausreichend, wenn gleichzeitig noch unterschieden wird hinsichtlich einer statistischen Verteilung der Metallatome bzw. der Anionenzwischengitterplätze und der Anionenfehlstellen. In eine derartige Klassifizierung, die in [21] erstmals erwähnt wurde, lassen sich dann nicht nur Fluoritphasen mit Sauerstoff als Anion einordnen, sondern auch solche mit Fluor (z. B. SrF_2-YF_3), mit Stickstoff (z. B. UN_2-U_2N_3) oder mit gemischten Anionen (z. B. UO_2-U_2N_3 oder UO_2-UF_3).

Für die hier interessierenden Systeme des ThO_2 mit Fluoritstruktur ergibt dies folgende Einteilung:

I. Fluoritphasen mit Sauerstoffüberschuß $Th_x M^{n+}_{1-x} O_{2+(n-4)(1-x)/2}$ für n > 4:

Derartige Phasen sind bisher nur bekannt für n = 5 ($PaO_{2.5}$):

A) mit geordneter Verteilung von Th^{4+} und M^{n+} auf die Kationenplätze:

a) mit geordneter Verteilung des das Verhältnis O:(Th + M) = 2 übersteigenden Sauerstoffs auf Zwischengitterplätze (entspricht Ba),

b) mit statistischer Verteilung des das Verhältnis O:(Th + M) = 2 übersteigenden Sauerstoffs auf Zwischengitterplätze.

Beispiele für diese Möglichkeiten sind noch nicht beschrieben worden.

Literatur zu 8.1 s. S. 45

B) mit geordneter Verteilung des überschüssigen Sauerstoffs (O:(Th + M) > 2) auf die Zwischengitterplätze:

a) mit geordneter Verteilung der Metallatome (entspricht Aa). Beispiele dafür sind noch nicht beschrieben worden,

b) mit statistischer Verteilung der Metallatome. Beispiele dafür sind die sich vom U_4O_9 ableitenden Phasen, bei denen U^{4+} durch Th^{4+} bzw./und U^{5+} durch Pa^{5+} ersetzt sind: $Th_2^{IV}U_2^{V}O_9$ und $Th_2^{IV}Pa_2^{V}O_9$.

C) mit statisticher Verteilung der Metallionen auf die Kationenplätze und der überschüssigen Anionen auf die Zwischengitterplätze.
Beispiele dafür sind die Fluoritphasen in den Systemen ThO_2-UO_{2+x} und ThO_2-$PaO_{2.5}$. Da eindeutig bisher nur Fluoritphasen beschrieben wurden, bei denen das Sauerstoff: Metall-Verhältnis den Wert von 2.25 nicht überschreitet, ist die Existenz von kubischem $PaO_{2.5}$ und der lückenlosen Mischkristallreihe ThO_2-$PaO_{2.5}$ [22] in Frage zu stellen bzw. eindeutig zu beweisen.

II. Stöchiometrische Fluoritphasen

$$Th_xM_{1-x}^{n+}O_2 \text{ für } n = 4.$$

A) mit geordneter Verteilung von Th^{4+} und M^{4+} auf die Kationenplätze.
Beispiele dafür sind noch nicht beschrieben worden.

B) mit statistischer Verteilung von Th^{4+} und M^{4+} auf die Kationenplätze.
Beispiele dafür sind die lückenlosen Mischkristallreihen in den Systemen ThO_2-PaO_2(UO_2, NpO_2, PuO_2).

III. Fluoritphasen mit Sauerstoffunterschuß

$$Th_xM_{1-x}^{n+}O_{2+(n-4)(1-x)/2} \text{ für } n < 4.$$

Derartige Phasen sind bisher bekannt für n = 3 ($SEO_{1.5}$, $YO_{1.5}$, $ScO_{1.5}$, $AmO_{1.5}$ usw.) und für n = 2 (CaO, SrO).

A) mit geordneter Verteilung von Th^{4+} und M^{n+} auf die Kationenplätze:

a) mit geordneter Verteilung des das Verhältnis O:(Th + M) = 2 unterschreitenden Sauerstoffs (entspricht Ba).
Beispiele dafür sind noch nicht bekannt, mögliche Vertreter wären die in Pyrochlorgitter kristallisierenden Verbindungen $M_2^{3+}M_2^{4+}O_7$, die jedoch für M^{4+} = Actiniden nicht zu existieren scheinen.

b) mit statistischer Verteilung der das Verhältnis O:(Th + M) = 2 unterschreitenden Sauerstoffs.
Beispiele hierfür sind noch nicht bekannt.

B) mit geordneter Verteilung der Leerstellen im Anionengitter:

a) mit geordneter Verteilung der Metallatome (entspricht Aa),

b) mit statistischer Verteilung der Metallatome.

Beispiele dafür sind noch nicht beschrieben worden.

C) mit statistischer Verteilung der Metall-Ionen auf die Kationenplätze und statistischer Verteilung der Anionenfehlstellen.

Beispiele dafür sind die Fluoritphasen in den Systemen ThO_2-$SEO_{1.5}$($ScO_{1.5}$,$YO_{1.5}$,$AmO_{1.5}$) und ThO_2-CaO(SrO). Der Grenzwert des Sauerstoffdefizits liegt — entsprechend einer Löslichkeit von ≈ 70 Mol-% $SEO_{1.5}$ in ThO_2 — bei $Th_{0.30}SE_{0.70}O_{1.65}$. Dieser Wert ist etwas höher als in den entsprechenden Systemen mit Uran, hier wurde der untere Grenzwert für das Sauerstoffdefizit zu $U_{0.20}Nd_{0.80}O_{1.60}$ festgestellt.

Es soll jedoch nicht unerwähnt bleiben, daß das Postulat „statistische Verteilung von überschüssigem Sauerstoff bzw. von Anionenfehlstellen" besonders für kleine Werte von y in $M_xM'_{1-x}O_{2\pm y}$

Literatur zu 8.1 s. S. 45

eventuell nicht streng gilt. So lassen sich thermodynamische Messungen an PuO_{2-y} und Neutronenbeugungsmessungen an UO_{2+y} zufriedenstellend unter der Annahme interpretieren, daß lokale Bereiche existieren, in denen keine statistische Anordnung vorliegt, selbst wenn sie für größere Kristallbereiche zu fordern ist. Eine nähere Untersuchung dieses Phänomens, das natürlich auch auf die Systeme mit ThO_2 anzuwenden wäre, erscheint dringend notwendig, um auch die Fluoritphasen in den postulierten Mikrobereichen verstehen zu können.

8.1 Review and General Data

Review in English

The reactive behavior of thorium dioxide with group IIIb elements is of interest not only because of the properties of the resulting ternary oxide phases, but also because it is of particular significance in nuclear technology. Thus, ThO_2 is used especially in high temperature nuclear reactors as fertile material for the production of fissionable ^{233}U, consequently the system ThO_2-UO_2 and the properties of phases occurring within this system are of importance. Simultaneously a part, albeit small, of the charged ^{232}Th undergoes a fission reaction by higher energetic neutrons (the fission threshold of ^{232}Th is approx. 1 MeV) during the operation of the reactor. Therefore, knowledge about thermal interaction of ThO_2 with fission product oxides, e. g., sesquioxides of lanthanides, is of interest. It has been known for some time that UO_2 takes up fission product lanthanide oxides into its fluorite lattice with a change in the oxygen potential of the solid solution $(U,RE)O_{2-x}$, where RE (Rare Earth) = Sc, Y, La through Lu. Therefore, a similar behavior is to be expected for ThO_2 or the mixed oxide $(U,Th)O_2$.

The solid state reactions of thorium dioxide with oxides of group IIIb elements are characterized on one hand by the rather limited number of stoichiometric compounds and on the other by the formation of oxide phases, partly with a wide phase width—in close relationship with corresponding systems of uranium.

The only ternary oxides of defined structure identified in the ThO_2-$REO_{1.5}$ systems by solid state reactions are the so-called ψ_i-phases. These are compounds which can be derived from hexagonal A-$REO_{1.5}$ and, in first approximation, may be considered as a combination of the structures of cubic ThO_2 and hexagonal A-$REO_{1.5}$ [1 to 3]. The crystal lattice of these compounds consists of differing sequences of Th^{4+} and RE^{3+} ions along the c-axis, therefore, the ψ_i-phases have on occasion extremely long c-axes. A determination of the structural parameters of these ψ_i-phases by single crystal investigations is not yet available. These ψ_i-phases have so far been described only for the light lanthanides RE^{3+} = La, Pr, Nd, and Sm, but not for Sc^{3+}, Y^{3+} and the heavier lanthanides with smaller ionic radii that do not form a hexagonal sesquioxide. This means, in turn, that the hexagonal A-$REO_{1.5}$ is not stabilized by the introduction of ThO_2. These ψ_i-phases are stable only at high temperatures and only in a narrow temperature range, but may be obtained in a thermodynamically metastable form by quenching. In addition, the formation of certain ψ_i-pases appears to be impeded by extremely slow diffusion processes, so that their formation could be identified only in solidified ThO_2-$REO_{1.5}$ melts. ψ_i phases for RE^{3+} = Ce and Pm have not been detected, however, their existence must be deduced, because ψ_i-phases of both the neighboring elements are known. The existence of a ψ_i-phase for RE^{3+} = Eu is eventually possible, since such phases have been reported for the lighter neighboring element samarium, but do probably not form with the heavier neighbor element gadolinium, although there are conflicting results from the same authors [1, 2] and [7].

Large regions in the phase diagram of the ThO_2-$REO_{1.5}$ systems are occupied by fluorite phases, these are non-stoichiometric ternary oxides which are formed by

Review in English

the introduction of $REO_{1.5}$ into the cubic fluorite lattice of ThO_2. These fluorite phases represent a crystal structure with vacancies in the anion sublattice according to the formula $Th_xRE_{1-x}O_{2-x/2}$, because the oxidation of the metal ions is considered unlikely in the majority of cases for the systems ThO_2-$REO_{1.5}$ (exceptions are the systems with RE = Ce, Pr, and Tb). Density measurements, for instance in the ThO_2-$YO_{1.5}$($LaO_{1.5}$,$HoO_{1.5}$) systems have unequivocally shown that the opposite possibility, a fully occupied anion lattice with interstitial cations can be discarded. The solubility of $REO_{1.5}$ in ThO_2, and therefore the width of the fluorite phase, is highly temperature dependent. In most cases the phase width increases with increasing temperature. There exists a definite correlation between the width of the fluorite phases and the ionic radii. This is clearly manifested in **Fig. 8-1**, which shows the phase width of the fluorite and C-type phases as a function of the lanthanide elements at a temperature of 1550°C.

The solubility of ThO_2 in $REO_{1.5}$ modifications—according to nomenclature for the individual binary oxides referred to as A-type phase, B-type phase, C-type phase, H-type phase, and X-type phase—is considerably smaller. Approximate values for the width of the H-type phase + X-type phase have so far been reported for the systems RE = La through Ho, an H-type phase has been observed for the systems RE = Y and Er.

Relatively extensive if not always consistent studies exist on the low temperature phases: the A-type phase, B-type phase, and C-type phase. This is true in particular for the two former phases. While samples in [5] quenched from high temperatures showed a solubility of ThO_2 in A-$REO_{1.5}$ or B-$REO_{1.5}$ respectively, not higher than the limit of error of 0.3%, a solubility of ThO_2 of close to 20% is reported in [1]. The two views are not in acoord. A possible reason for the discrepancy may be found in the different experimental techniques: In [1] the phase width was determined from thermal cooling curves, in [5] from the change in the lattice constant of A-$REO_{1.5}$ and B-$REO_{1.5}$ respectively, in the presence of ThO_2. High temperature X-ray studies show that high temperature solubilities and phase equilibria can be frozen-in down to room temperature during rapid quenching.

Cubic C-$REO_{1.5}$ is stabilized by the introduction of ThO_2. As a consequence the ThO_2-$EuO_{1.5}$ system occurs in a C-(Eu,Th)$O_{1.5+x}$ phase above 1250°C, although C-$EuO_{1.5}$ is not a stable modification of $EuO_{1.5}$ at these temperatures (C-$EuO_{1.5}$ is a thermodynamically stable modification of europium sesquioxide only up to 1050 ± 20°C). A corresponding stabilization of the C-$REO_{1.5}$ modification above the actual transition temperature into B-$REO_{1.5}$ has also been observed for RE^{3+} = Gd, Tb and Dy. The C-type phase for RE^{3+} = Gd is stable up to about 2000°C, that is about 1000°C above the temperature that corresponds to the thermodynamic stability of C-$GdO_{1.5}$.

Density measurements, for instance, of the C-type phase in the ThO_2-$HoO_{1.5}$ system proof conclusively that the crystal lattice of these phases comprises a fully occupied cation lattice of the C-$REO_{1.5}$ type with oxygen ions in interstitial positions according to the formula $Th_xRE_{1-x}O_{1.5+x/2}$. The alternative, a fully occupied anion lattice with cation vacancies may positively be excluded.

Nothing has been reported so far about the arrangement of the oxygen atoms in the A-, B-, H-, and X-type phases, where the ratio of O : M < 1.5; in other words, it is as yet unknown whether there exists similar to the C-type phase a fully occupied cation lattice or whether there are cation vacancies, a structure that is so far unknown in fluorite and similar phases of the system ThO_2-$REO_{1.5}$. The latter alternative, however, cannot be completely rejected, for instance, in the B-type phase with its dense anion packing (in case e. g., the solubility values for ThO_2 in B-$REO_{1.5}$ reported in [1] should be confirmed).

Literatur zu 8.1:

[1] F. Sibieude, M. Foex (J. Nucl. Mater. **56** [1975] 229/38). — [2] F. Sibieude (J. Solid State Chem. **7** [1973] 7/16). — [3] C. Keller (Proc. 10th Rare Earth Res. Conf., Carefree, Ariz., 1973, Bd. II, S. 861/70; CONF-730402-P2 [1973]). — [4] C. Keller (MTP [Med. Tech. Publ. Co.] Intern. Rev. Sci. Inorg. Chem. Ser. Two **2** [1975] 1/39). — [5] C. Keller, U. Berndt, H. Engerer, L. Leitner (J. Solid State Chem. **4** [1972] 453/65).

[6] U. Berndt, R. Tanamas, D. Maier, C. Keller (Inorg. Nucl. Chem. Letters **10** [1974] 315/21). — [7] F. Sibieude, A. Rouanet (Colloq. Intern. Centre Nat. Rech. Sci. [Paris] Nr. 205 [1972] 459/68). — [8] C. Greskovich, K. N. Woods (Am. Ceram. Soc. Bull. **52** [1973] 473/8). — [9] Ph. Courty, H. Ajot, Ch. Marcilly, B. Delman (Powder Technol. **7** [1973] 21/38). — [10] F. Hund (Ber. Deut. Keram. Ges. **42** [1965] 215/8).

[11] K. Takuji, T. Shuzo, O. Misao, G. Katsubumi, H. Hiroshi, Y. Hiroyuki (Bunseki Kagaku **13** [1964] 32/8 nach C. A. **60** [1964] 12653). — [12] J. R. Nelms, R. S. Vogel (Appl. Spectry. **21** [1967] 242/5). — [13] R. Avni, A. Boukolza (Spectrochim. Acta B **24** [1969] 515/31). — [14] A. K. Trofimov (Izv. Akad. Nauk SSSR Ser. Fiz. **25** [1961] 460/1; Bull. Acad. Sci. USSR Phys. Ser. **25** [1961] 453/4). — [15] H. J. C. Boekschoten, N. V. Kema (J. Inorg. Nucl. Chem. **30** [1968] 119/26).

[16] A. M. Diness, R. Roy (J. Mater. Sci. **4** [1969] 613/24). — [17] F. Sibieude (CONF-730571 [1973] 253/9; N.S.A. **32** [1975] Nr. 9327). — [18] T. R. Saranathan, V. A. Fassel, E. L. Dekalb (Anal. Chem. **42** [1970] 325/9). — [19] R. Avni, A. Boukobza (Spectrochim. Acta B **24** [1969] 515/31). — [20] W. Trzebiatowski, R. Horýn (Bull. Acad. Polon. Sci. Ser. Sci. Chim. **15** [1967] 191/5).

[21] Gmelin-Handbuch „Uran" Erg.-Bd. C 3, Kapitel 8.1, S. 197. — [22] Gmelin-Handbuch „Protactinium", Kapitel 12.2, erscheint in Kürze.

8.2 Verbindungen mit Scandium

Compounds with Scandium

Im System Thoriumoxid-Scandiumoxid konnte keine Verbindungsbildung beobachtet werden. Es wurde nur die Existenz einer Fluoritphase nachgewiesen, während eine C-Typ-Phase, d. h. eine Löslichkeit von ThO_2 in kubischem C-Sc_2O_3, nicht gefunden werden konnte [1 bis 7]. Das Phasendiagramm des Systems ThO_2-$ScO_{1.5}$ ist bekannt (Fig. 8-3) ebenso wie ein Subliquidusdiagramm mit Angaben der Phasenbreite (Fig. 8-4). Weder ausgehend von Mischhydroxidfällungen noch von Mischungen feinstgepulverter und homogenisierter Einzeloxide ergaben sich Hinweise auf die Bildung intermediärer ternärer Oxide im System ThO_2-$ScO_{1.5}$ [3]. Die Löslichkeit von $ScO_{1.5}$ in ThO_2 ist sehr gering und nimmt mit steigender Temperatur zu [1, 3]:

Temperatur in °C	1100	1500	1750	1900	2100
Löslichkeit von $ScO_{1.5}$ in ThO_2 in Mol-%	0.4	0.6	0.9(1)	1.2	1.5

Diese Löslichkeit ist merklich geringer als diejenige von $ScO_{1.5}$ in ZrO_2 und CeO_2 [1] bzw. UO_2, NpO_2, PuO_2 und AmO_2 [3]. $ScO_{1.5}$ nimmt innerhalb einer Nachweisgrenze von < 0.1 Mol-% kein ThO_2 in sein Gitter auf [3].

Nach dem in [2] aufgeführten Phasendiagramm des Systems ThO_2-$ScO_{1.5}$ besitzt dieses System ein Eutektikum bei 83 Mol-% $ScO_{1.5}$ und einer Temperatur von 2220°C (**Fig. 8-3**, S. 46). Da hierbei von einer Nichtlöslichkeit des $ScO_{1.5}$ in ThO_2 ausgegangen wurde, ist dieses Phasendiagramm unterhalb des Eutektikums gemäß den Angaben in **Fig. 8-4** (S. 46) zu modifizieren [3].

Literatur zu 8.2 s. S. 46

The ThO_2-$ScO_{1.5}$ System

Fig. 8-3 Fig. 8-4

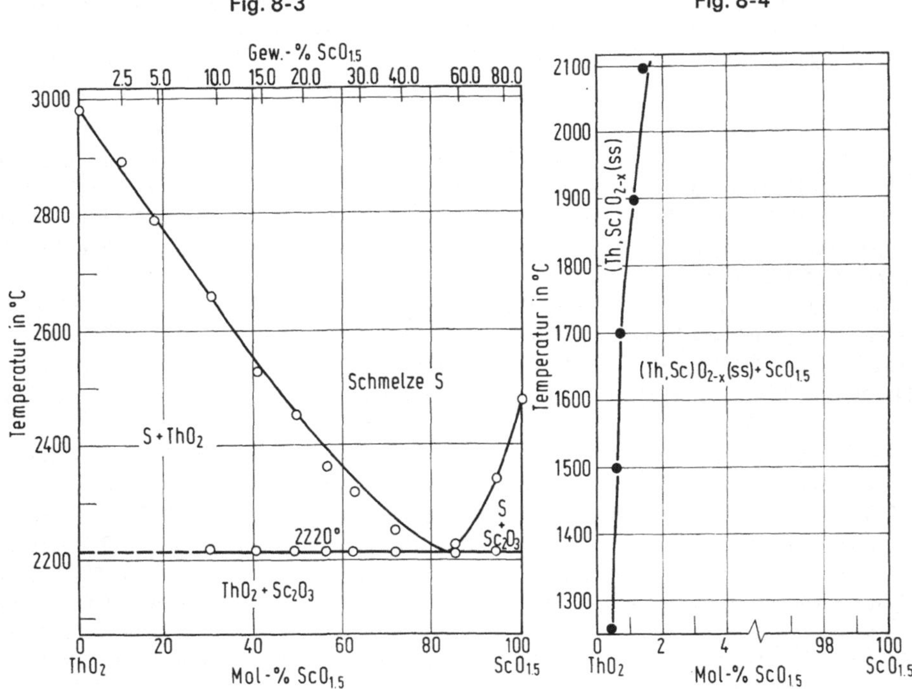

Phasendiagramm des Systems ThO_2-$ScO_{1.5}$ [2].

Phasenbeziehungen im System ThO_2-$ScO_{1.5}$ unterhalb der eutektischen Temperatur [3].

Zur Überführung von Aldehyden in Ketone wird in [8] ein Katalysator aus 1 bis 30% ThO_2 und Sc_2O_3 + Y_2O_3 verwendet, bei dem der ThO_2-Anteil den von Sc_2O_3 + Y_2O_3 übersteigt.

Literatur zu 8.2:

[1] H. H. Möbius, H. Witzmann, F. Zimmer (Z. Chem. [Leipzig] **4** [1964] 194/5). — [2] W. Trzebiatowski, R. Horýn (Bull. Acad. Polon. Sci. Ser. Sci. Chim. **13** [1965] 303/9). — [3] C. Keller, U. Berndt, M. Debbabi, H. Engerer (J. Nucl. Mater. **42** [1972] 23/31). — [4] L. N. Komissarova, B. J. Pokrovskii, F. M. Spiridonov (in: N. A. Toropov, Chemistry of High-Temperature Materials, Consultants Bureau, New York 1969, S. 104/7 nach N. S. A. **23** [1969] Nr. 39050). — [5] H. Engerer (KFK-597 [1967] 59 S.).

[6] A. A. Ogorodnikova, L. M. Lopato (Dopovidi Akad. Nauk Ukr. RSR B **34** [1972] 542/5; C. A. **77** [1972] Nr. 80592). — [7] W. Trzebiatowski, R. Horýn (Z. Chem. [Leipzig] **5** [1965] 347). — [8] T. Inoi, T. Okamoto (D. P. 2056544 [1969/70] nach C. A. **75** [1971] Nr. 48438).

Compounds with Yttrium

8.3 Verbindungen mit Yttrium

Im System ThO_2-$YO_{1.5}$ treten keine Verbindungen auf, sondern drei nichtstöchiometrische Oxidphasen. ThO_2-$YO_{1.5}$-Mischkristalle sind für einen weiten Sauerstoffpartialdruck- und Temperaturbereich ausgezeichnete Ionenleiter (Sauerstoff-Ionen-Überführungszahl t_{ion} = 1) mit breitem Anwendungsbereich, was besonders zu ausführlichen Untersuchungen über das elektrische Verhalten einzelner Mischoxide dieses Systems führte.

Literatur zu 8.3 s. S. 68/70

8.3.1 Das System ThO_2-$YO_{1.5}$

The ThO_2-$YO_{1.5}$ System

8.3.1.1 Phasendiagramm

Phase Diagram

Im System Thoriumoxid-Yttriumoxid wurde keine Verbindungsbildung beobachtet, wohl aber die Bildung von drei nichtstöchiometrischen Oxidphasen:

a) eine Fluoritphase, d. h. eine feste Lösung von $YO_{1.5}$ im Fluoritgitter des ThO_2,

b) eine C-$YO_{1.5}$-Phase, d. h. eine feste Lösung von ThO_2 im kubischen C-$YO_{-1.5}$, und

c) eine H-$YO_{1.5}$-Phase, d. h. eine feste Lösung von ThO_2 in der Hochtemperaturmodifikation H-$YO_{1.5}$.

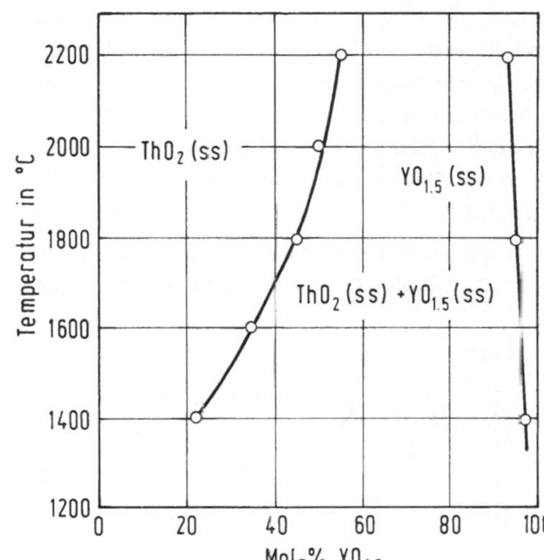

Fig. 8-5

Phasendiagramm des Systems ThO_2-$YO_{1.5}$ im Subliquidusbereich [11].

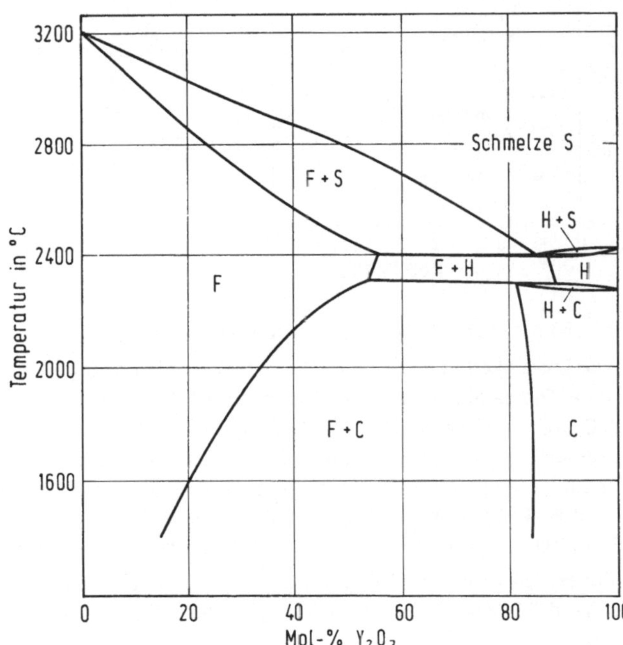

Fig. 8-6

Phasendiagramm des Systems ThO_2-Y_2O_3 [14].
F = Fluoritphase $(Th,Y)O_{2-x}$ (ss);
C = C-Typ-Phase C-$(Y,Th)O_{1.5+x}$ (ss);
H = H-Typ-Phase H-$(Y,Th)O_{1.5+x}$ (ss).

Literatur zu 8.3 s. S. 68/70

Phase Diagram ThO_2-$YO_{1.5}$

Die Breite aller drei Phasen ist stark temperaturabhängig, wobei mit steigender Temperatur eine Zunahme der Phasenbreite zu erkennen ist. Für das System ThO_2-$YO_{1.5}$ wurde in [11] ein Phasendiagramm für den Subliquidusbereich aufgestellt (**Fig.** 8-**5**, S. 47), ein vollständiges Phasendiagramm des Systems wurde in [9, 14] beschrieben (**Fig.** 8-**6**, S.47). Danach findet sich in diesem System das Eutektikum bei 2400°C und ≈15 Mol-% ThO_2 + 85 Mol-% Y_2O_3.

Die Fluoritphase (Th, Y)O_{2-x}(ss)

Zwischen ThO_2 und $YO_{1.5}$ besteht eine begrenzte Mischbarkeit, die stark temperaturabhängig ist [7 bis 14, 55]. Nach den ersten quantitativen Untersuchungen in [13] nimmt ThO_2 bis zu 46.2 Mol-% $YO_{1.5}$ (≙ 30 Mol-% Y_2O_3) in sein Gitter auf, wobei dieser Wert vermutlich für eine Temperatur von 1200°C gilt. Eine Überprüfung der in [13] aufgeführten Zahlenwerte macht allerdings einen Wert von etwa 40 Mol-% $YO_{1.5}$ (≙ 25 Mol-% Y_2O_3) für die Grenzlöslichkeit in ThO_2 wahrscheinlicher, der auch besser mit neueren Studien [11, 14] übereinstimmen würde. Untersuchungen in [11] führten zu Werten zwischen 20 und 25 Mol-% $YO_{1.5}$ bei 1400°C und 50 bis 55 Mol-% $YO_{1.5}$ bei 2200°C (Fig. 8-5). Diese Werte sind in guter Übereinstimmung mit Angaben in [14], nach denen sich die Breite der Fluoritphase bei 1400°C bis 26.1 Mol-% $YO_{1.5}$ (≙ 15 Mol-% Y_2O_3) und bei 2200°C bis 55.6 Mol-% $YO_{1.5}$ (≙ 40 Mol-% Y_2O_3) erstreckt.

In diesen Mischkristallen liegt ein vollständig besetztes Kationengitter mit Leerstellen auf den Anionengitterplätzen vor, wie sich aus Dichtemessungen ableiten läßt (s. **Fig.** 8-**7**) [11 bis 13].

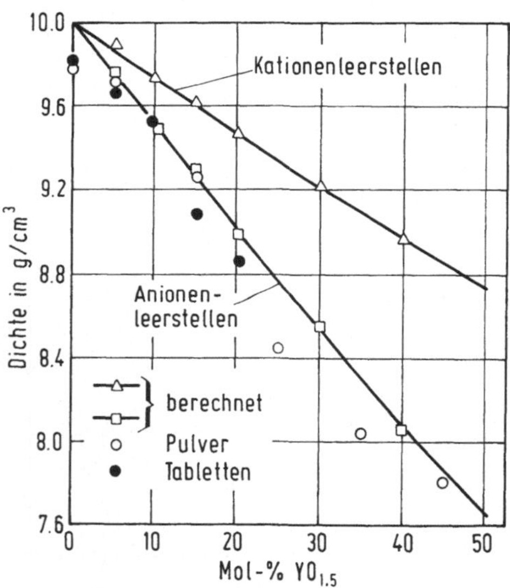

Fig. 8-7

Dichten für feste Lösungen von $YO_{1.5}$ in ThO_2, gemessen an pulverförmigen Proben und gesinterten Tabletten sowie berechnet für ein Modell mit Kationen auf Zwischengitterplätzen bzw. ein Modell mit Anionenfehlstellen [11].

Löslichkeit von ThO_2 in C-$YO_{1.5}$ und H-$YO_{1.5}$

Die Löslichkeit von ThO_2 in $YO_{1.5}$ ist wesentlich geringer als die von $YO_{1.5}$ in ThO_2. In [14] wird für eine Temperatur von 2300°C eine maximale Löslichkeit von ≈ 20 Mol-% ThO_2 in kubischem C-Y_2O_3 (entsprechend 11.1 Mol-% ThO_2 in C-$YO_{1.5}$) aufgeführt. Dabei steigt die Löslichkeit mit der Temperatur stark an von z. B. ≈ 3 Mol-% ThO_2 in $YO_{1.5}$ bei 1400°C auf 7 Mol-% ThO_2 in $YO_{1.5}$ bei 2200°C [11]. Die in [4] aufgeführten Werte liegen bei 12 Mol-% ThO_2 in Y_2O_3 (entsprechend 6.4 Mol-% ThO_2 in $YO_{1.5}$) bei 1800°C und 15 Mol-% ThO_2 in Y_2O_3 (entsprechend 8.1 Mol-% ThO_2 in $YO_{1.5}$) bei 2000°C, wie aus röntgenographischen Untersuchungen klar zu erkennen ist.

Für H-$YO_{1.5}$ wird in [14] bei ≈ 2300°C eine Löslichkeit von ≈ 13 Mol-% ThO_2 in H-Y_2O_3 (entsprechend 6.9 Mol-% ThO_2 in H-$YO_{1.5}$) festgestellt, die geringer ist als die Löslichkeit von ThO_2 in C-$YO_{1.5}$.

Literatur zu 8.3 s. S. 68/70

8.3.1.2 Darstellungsverfahren

Preparation Methods

Zur Herstellung der ThO_2-$YO_{1.5}$-Mischoxidproben werden überwiegend die in Kapitel 8.1 (S. 39/40) aufgeführten Herstellungsverfahren verwendet: Sintern von Pulvern, die entweder durch Mischhydroxidfällung oder durch mechanisches Mischen der Ausgangskomponenten erhalten wurden. Um hochdichte Sinterkörper zu erhalten, wie sie für die elektrochemischen Messungen eingesetzt werden, sind jedoch besondere Vorkehrungen bei der Präparation notwendig. Es ist dabei wichtig, von einem Ausgangsmaterial mit kleinen Teilchen, d. h. „aktivem" Material mit möglichst großer Oberfläche auszugehen und die Sinterung bei möglichst niedrigen Temperaturen durchzuführen [1, 2, 23].

Dabei hat sich gezeigt, daß ein Zusatz von 5 bis 10 Mol-% ThO_2 zu Y_2O_3 die Sintereigenschaften des letzteren stark verbessert, schon 3 min langes Sintern unter Wasserstoff bei 2000°C führt zu einem Produkt mit 100% theoretischer Dichte (**Fig. 8-8**) [3]. Nach den in [4] aufgeführten Ergebnissen

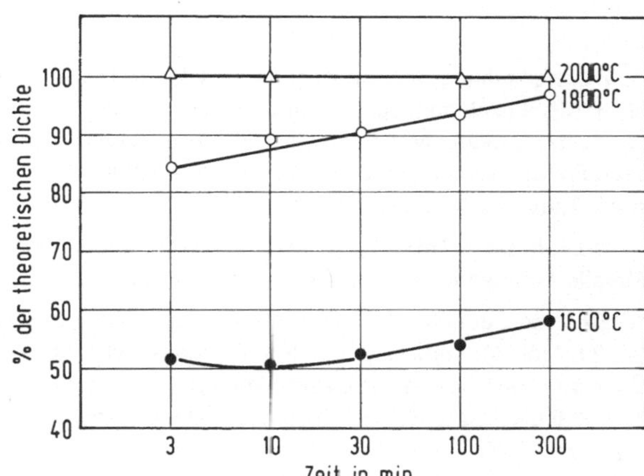

Fig. 8-8

Verdichtung von Y_2O_3-ThO_2-Sinterproben mit 11 Mol-% ThO_2 im Wasserstoffstrom in Abhängigkeit von der Temperatur [3].

ist der die Sintereigenschaften verbessernde Zusatz von ThO_2 darauf zurückzuführen, daß die Segregation von ThO_2 an den Korngrenzen die Geschwindigkeit des Korngrenzenwachstums herabsetzt, wodurch eine obere Grenze für die Korngröße auf etwa 50 Å festgelegt wird. Die Abhängigkeit des Kornwachstums von Y_2O_3 und Y_2O_3-ThO_2-Mischoxiden bei 2000°C von der Zeit ergibt sich aus **Fig. 8-9** [4]. Die ThO_2-Segregation an den Korngrenzen läßt sich auch deutlich aus dem Mikrohärteprofil erkennen (**Fig. 8-10**, S. 50) [4].

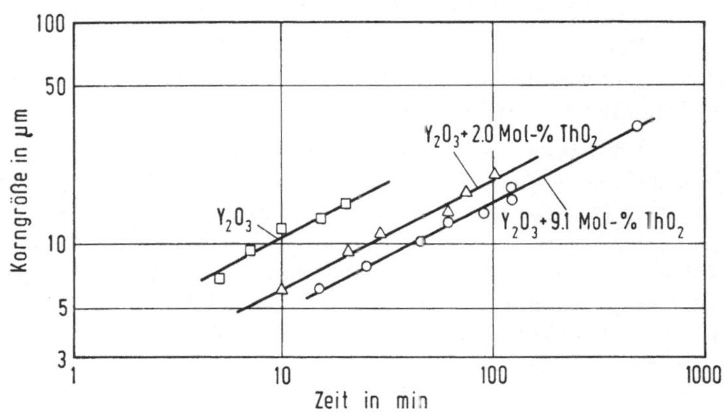

Fig. 8-9

Kornwachstum von Y_2O_3 und Y_2O_3-ThO_2-Sinterproben im Wasserstoffstrom in Abhängigkeit von der Temperzeit bei 2000°C [4].

Literatur zu 8.3 s. S. 68/70

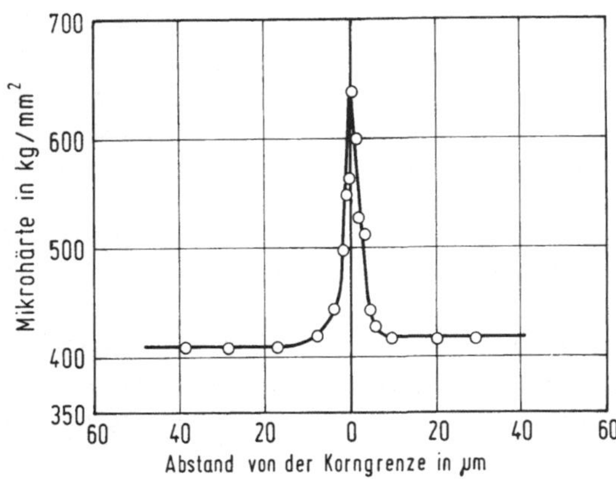

Fig. 8-10

Mikrohärteprofil über die Korngrenze einer Y_2O_3-ThO_2-Sinterprobe mit 10 Mol-% ThO_2 [4].

Zur Herstellung von transparentem (0.4 bis 8 µm), Y_2O_3-dotiertem ThO_2 wird in [5, 25] von einer Mischoxalatfällung aus nitrathaltiger Lösung ausgegangen. Nach Trocknen bei 110°C/24 h wurde das Oxalatpulver durch ein 100-mesh Nylonsieb gesiebt, das Pulver 4 h auf 800°C erhitzt und nach Pressen zu Grünlingen mit 53% theoretischer Dichte bei einem Druck von 38 kpsi unter Wasserstoff (Taupunkt ≈ −70°C) 20 h auf 2380°C erhitzt.

Hochdisperse ThO_2-Y_2O_3-feste Lösungen lassen sich durch Pyrolyse organischer Salze beider Metalle bei niedrigen Temperaturen erzielen [6].

Ein Zusatz geringer Mengen ZnO, CuO bzw. CoO, aber besonders NiO in Mengen bis 0.8 Gew.-% (≙ 2.5 Mol-%), verbessert das Sinterverhalten von ThO_2-Y_2O_3-Mischoxiden beträchtlich [19, 20]. Über die Begründung für dieses Verhalten gibt es jedoch noch keine einheitliche Meinung [21]. Auch 0.5 bis 5 Gew.-% CaO rufen eine Verbesserung des Sinterverhaltens hervor [22].

Properties of the ThO_2-$YO_{1.5}$ System

8.3.1.3 Eigenschaften des Systems ThO_2-$YO_{1.5}$

Diffusion

Diffusion

Für die Diffusion von ^{133}Xe wurden folgende Werte ermittelt [24]:

Für ThO_2 + 10 Mol-% Y_2O_3 bei Meßtemperaturen von 1000 bis 1600°C:

Diffusionskoeffizient D (1400°C) = 3×10^{-16} cm²/s, Aktivierungsenergie E_A = 75 kcal/mol;

für ThO_2 + 30 Mol-% Y_2O_3 bei 900 bis 1600°C: D(1400°C) = 7×10^{-15} cm²/s, E_A = 90 kcal/mol;
im Vergleich dazu für ThO_2 bei 800 bis 1600°C: D(1400°C) = 3×10^{-16} cm²/s, E_A = 50 kcal/mol.

Ein Zusatz von Y_2O_3 zu ThO_2 erhöht dementsprechend den Diffusionskoeffizient und die Aktivierungsenergie. Die Werte für das System ThO_2-Y_2O_3 sind dabei wesentlich niedriger als für das analoge System UO_2-Y_2O_3 [24].

Bei Untersuchungen über die Wanderung von Xenon, das durch Ionenbeschuß in ThO_2 eingeführt wurde, zeigte sich, daß eine Dotierung mit Y_2O_3 bzw. Nb_2O_5 die Gasabgabe nicht wesentlich beeinflußt [41]. Das deutet darauf hin, daß das Xenon nicht über einzelne Leerstellen im Kationen- oder Anionengitter diffundiert. Eine verzögerte Abgabe des Xenons, d. h. zeitweises Einfangen, wurde bei hoher Dosis (2×10^{16} Xe-Ionen/cm² mit 40 keV Energie) beobachtet, ein Effekt, der durch Nb_2O_5-Zusätze herabgesetzt wird, während Y_2O_3-Zusätze ihn erhöhen [41]. Vergleicht man die isotherme Xenonabgabe von ThO_2 und mit Nb_2O_5 bzw. Y_2O_3-dotiertem ThO_2 bei 1375°C, so erkennt man deutlich, daß das mit 0.1 Mol-% Y_2O_3 dotierte ThO_2 (Qualität: reactor grade) die geringste Xenonabgabe zeigt, s. Figur im Original [41].

Literatur zu 8.3 s. S. 68/70

Die Diffusion von ^{233}U erfolgt bei 1400 bzw. 1550°C in mit 0.1 Mol-% Nb_2O_5 dotiertem ThO_2 schneller, in mit 0.1 Mol-% Y_2O_3 dotiertem ThO_2 langsamer als in reinem ThO_2. Für das Verhältnis $D_u(ThO_2$ dotiert$)/D_u(ThO_2)$ ergaben sich folgende Werte [41]:

Substanz	Verhältnis $D_u(ThO_2$ dotiert$)/D_u(ThO_2)$		
	1400°C	1425°C	1550°C
ThO_2 + 0.1 Mol-% Y_2O_3	<0.25	—	0.04
ThO_2 + 0.1 Mol-% Nb_2O_5	340	290	205

Der Wert des Diffusionskoeffizienten D_u für reactor-grade ThO_2 beträgt D_u (1400°C) = 2×10^{-14} cm²/s und D_u (1550°C) = 3×10^{-13} cm²/s [41].

Mechanische und thermische Eigenschaften

Mechanical and Thermal Properties of the ThO_2-$YO_{1.5}$ System

Über Dichtebestimmungen an festen Lösungen von $YO_{1.5}$ in ThO_2 s. Fig. 8–7, S. 48.

Der Young-Modul für einphasiges Y_2O_3 mit 9 Mol-% ThO_2 wurde zu 25.2×10^6 psi gemessen. Dieser Wert für eine Probe mit weniger als 1% Porosität ist geringer als aus den einzelnen Anteilen ThO_2 und Y_2O_3 berechnet. Zahlenwerte für den Young-Modul und den Scher-Modul s. Tabelle 8/1 [53].

Ein Zusatz von 5% Y_2O_3 zu ThO_2 erhöht die mechanische Stabilität von ThO_2-Heizelementen bis gegen 1800°C. Derartige Heizelemente werden in elektrischen Widerstandsöfen eingesetzt [62].

Für eine Yttralox-Keramik nicht näher beschriebener Zusammensetzung werden in [86] folgende mechanische Eigenschaften beschrieben:

Vickers-Härte:	600 bis 750 kg/mm²
Elastizitätsmodul:	25×10^6 psi
Bruchmodul:	17000 psi
Poisson-Verhältnis:	0.295 bei 25°C, 0.298 bei 1000°C
Thermischer Ausdehnungskoeffizient:	7.87×10^{-6} grd^{-1} für 25°C < t < 900°C

Nach qualitativen Untersuchungen verbessert ein Zusatz von 0.1 Mol-% Yttriumoxid die Wärmeleitfähigkeit von ThO_2 [61].

Tabelle 8/1
Elastizitätsmoduln von Y_2O_3 + 9 Mol-% ThO_2 [53].

Temperatur t in °C	Young-Modul E_Y in 10^{11} N/m²	Verhältnis $E_Y(t)/E_Y$ (25°C)	Scher-Modul G_S in 10^{11} N/m²	Verhältnis $G_S(t)/G_S$ (25°C)	Poission-Verhältnis $\mu = (E/2G) - 1$
25	1.736	1.000	0.6702	1.000	0.295
100	1.723	0.993	0.6654	0.993	0.295
200	1.705	0.982	0.6584	0.982	0.295
300	1.685	0.971	0.6508	0.971	0.295
400	1.664	0.959	0.6426	0.959	0.295
500	1.643	0.946	0.6340	0.946	0.295
600	1.620	0.933	0.6252	0.933	0.296
700	1.598	0.920	0.6162	0.919	0.297
800	1.575	0.907	0.6071	0.906	0.297
900	1.553	0.894	0.5982	0.893	0.298
1000	1.530	0.881	0.5895	0.880	0.298
1087	1.511	0.871	0.5822	0.869	0.298

Literatur zu 8.3 s. S. 68/70

Electrical Properties of the ThO_2-$YO_{1.5}$ System

Elektrische Eigenschaften

Über die elektrischen Eigenschaften von ThO_2-$YO_{1.5}$-Mischoxiden liegen zahlreiche Untersuchungen vor, die ein relativ gutes Bild abgeben [11 bis 13, 26 bis 40, 42 bis 52, 71 bis 77, 81 bis 85, 87]. Während ThO_2 und Y_2O_3 in reiner Form elektronische Leiter sind, führt der Einbau von Y_2O_3 oder anderen Oxiden mit einem Sauerstoff: Metall-Verhältnis von unter zwei, z. B. La_2O_3 oder CaO, zu Strukturen, deren Anionen-(Sauerstoffionen-)Leitfähigkeit vergleichbar oder größer ist als die elektronische Leitfähigkeit.

Fundamentals

Grundlagen

Die gesamte Leitfähigkeit $\varkappa$ einer Substanz ist gegeben durch (Ableitung der folgenden Beziehungen im wesentlichen nach [32]):

$$\varkappa = \sum_i n_i q_i u_i = \sum_i \varkappa_i, \quad (1)$$

hierbei ist n_i die Zahl der Ladungsträger der Spezies i pro Einheitsvolumen,

q_i die Ladung der Spezies in Coulomb,
u_i die Beweglichkeit der Spezies in $cm \cdot s^{-1}/V \cdot cm^{-1}$ und
$\varkappa_i$ die partielle Leitfähigkeit der Spezies i.

In nichtstöchiometrischem ThO_2 beobachtet man Defektelektronenleitfähigkeit als Folge eines Gleichgewichts zwischen dem Sauerstoff der umgebenden Atmosphäre und Sauerstoff-Ionen auf Zwischengitterplätzen O_i^{2-} im Kristallgitter:

$$1/2\, O_2(gas) \rightleftharpoons O_i^{2-} + 2\oplus.$$

Für eine unendliche geringe Anzahl an solchen Defekten gilt:

$$K_1 = [O_i^{2-}]p^2 p(O_2)^{-1/2}, \quad (2)$$

hierbei bedeuten $[O_i^{2-}]$ und p die Zahl der Sauerstoffzwischengitterionen und der Defektelektronen (positive Löcher) pro Einheitsvolumen. Nach [32] gilt:

$$\varkappa_\oplus \approx p(O_2)^{1/4}, \quad (3)$$

während ältere Angaben [46] eine Abhängigkeit

$$\varkappa_\oplus \approx p(O_2)^{1/6} \quad (4)$$

postulieren.

Bei sehr niedrigem Sauerstoffpartialdruck bildet sich sauerstoffunterschüssiges ThO_2 mit Anionenfehlstellen, die elektrisch durch Überschußelektronen e ausgeglichen werden, wobei Fehlstelle und Überschußelektron bei hoher Temperatur getrennt werden. Daher gilt für niedrige Sauerstoffpartialdrücke und hohe Temperaturen

$$O_O = 1/2\, O_2(gas) + V_O^{2+} + 2e,$$

hierbei bedeuten O_O ein Sauerstoff-Ion auf einem Sauerstoffgitterplatz und V_O^{2+} eine doppelt positiv geladene Sauerstoffleerstelle. Über das Massenwirkungsgesetz gilt:

$$K_2 = [V_O^{2+}]n^2 p(O_2)^{1/2}, \quad (5)$$

wobei n die Zahl der Überschußelektronen im Einheitsvolumen ist.

Nach [32] gilt

$$\varkappa_\ominus \approx p(O_2)^{-1/4}. \quad (6)$$

Literatur zu 8.3 s. S. 68/70

Bei einem beliebigen Sauerstoffpartialdruck gilt

$$O_O \rightleftharpoons V_O^{2+} + O_i^{2-}$$

mit

$$K_3 = [V_O^{2+}][O_i^{2-}]. \tag{7}$$

Die partielle Ionenleitfähigkeit gibt sich dann zu

$$\varkappa_{ion} = 2|e|([V_O^{2+}]u_v + [O_i^{2-}]u_i), \tag{8}$$

wobei $|e|$ die Elektronenladung und u_v bzw. u_i die Beweglichkeiten von Sauerstoffehlstellen bzw. Zwischengitteratomen sind. Für genügend kleine Defektkonzentrationen sind $u_\oplus$, $u_\ominus$, u_v und u_i voneinander unabhängig.

Für z. B. Y_2O_3-dotiertes ThO_2 gilt

$$[V_O^{2+}] = \tfrac{1}{2}[YO_{1.5}]. \tag{9}$$

Da für kleine Y_2O_3-Zusätze $[V_O^{2+}] = \tfrac{1}{2}[YO_{1.5}] \gg [O_i^{2-}]$

gilt

$$\varkappa_{ion} = |e|u_v[YO_{1.5}]. \tag{10}$$

Für niedrige Werte von $p(O_2)$, wo nur $\varkappa_{ion}$ und $\varkappa_\ominus$ vorliegt, gilt für die Sauerstoffionenüberführungszahl

$$t_{ion} = \varkappa_{ion}/(\varkappa_{ion} + \varkappa_\ominus) = |e|u_v[YO_{1.5}]/\{|e|u_v[YO_{1.5}] + 2^{1/2}K_2^{1/2}|e|u_\ominus p(O_2)^{-1/4}[YO_{1.5}]^{-1/2}\}. \tag{11}$$

Vereinfacht ergibt sich

$$t_{ion} = \{1 + a \cdot p(O_2)^{-1/4}[YO_{1.5}]^{-3/2}\}^{-1} \text{ mit } a = 2^{1/2}K_2^{1/2}u_\ominus/u_v. \tag{12}$$

Für hohen Sauerstoffpartialdruck gilt entsprechend

$$t_{ion} = \{1 + b \cdot p(O_2)^{1/4}[YO_{1.5}]^{-1/2}\}^{-1} \text{ mit } b = \left(\frac{K_1}{2K_3}\right)^{1/2} \cdot \frac{u_\oplus}{u_v}. \tag{13}$$

Werte für b s. Tabelle 8/2 [32, 11].

Tabelle 8/2

Zahlenwerte für t_{ion} bei $p(O_2) \approx 0.6$ atm [32], Werte nach [11] in Klammern. Zwischen b von Gleichung (13) und dem hier aufgeführten b′ existiert die Beziehung

$$b' = b \cdot p(O_2)^{1/4} = (1 - t_{ion})/(t_{ion}[YO_{1.5}]^{-1/2})$$

Elektrolyt	Temperatur in °C										
	800		1000				1200		1400		
	t_{ion}	b′	t_{ion}		b′		t_{ion}	b′	t_{ion}	b′
ThO_2 + 1 Mol-% $YO_{1.5}$	0.22	0.35	0.34	(0.25)	0.19	(0.30)	(0.40)	(0.15)	(0.45)	(0.12)
ThO_2 + 2 Mol-% $YO_{1.5}$	0.39	0.22	0.47	(0.44)	0.16	(0.18)	(0.50)	(0.14)	(0.54)	(0.12)
ThO_2 + 5 Mol-% $YO_{1.5}$	0.56	0.18	0.60	(0.63)	0.15	(0.13)	(0.69)	(0.10)	(0.69)	(0.10)

Für den gesamten Bereich des Sauerstoffpotentials gilt

$$t_{ion} = \varkappa_{ion}/(\varkappa_{ion} + \varkappa_\ominus + \varkappa_\oplus) = \{1 + ap(O_2)^{-1/4}[YO_{1.5}]^{-3/2} + bp(O_2)^{1/4}[YO_{1.5}]^{-1/2}\}^{-1}. \tag{14}$$

Literatur zu 8.3 s. S. 68/70

Electrical Conductivity of the ThO_2-$YO_{1.5}$ System

Eine graphische Darstellung dieser Beziehung gibt **Fig. 8-11** [29, 32]. Für die sauerstoffionenleitenden Festelektrolyte ist der Bereich von Bedeutung, in dem $\varkappa$ von $p(O_2)$ unabhängig ist. Dabei gilt, daß dieser Bereich für die Festelektrolyte auf ThO_2-$YO_{1.5}$-Basis merklich breiter ist als für die

Fig. 8-11

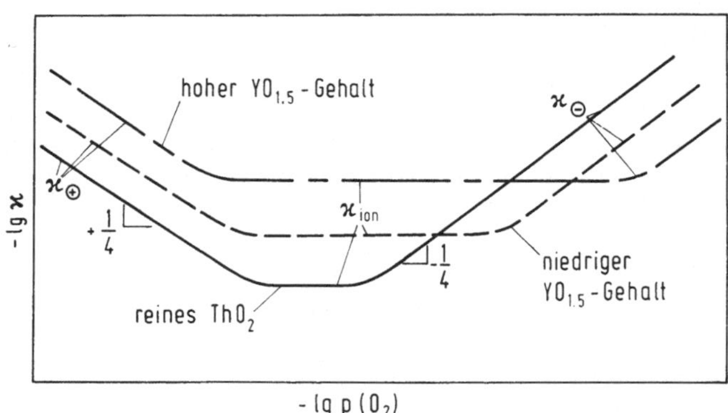

Schematische Darstellung der elektrischen Leitfähigkeit $\varkappa$ von ThO_2-$YO_{1.5}$-Festelektrolyten in Abhängigkeit vom Sauerstoffpartialdruck für verschiedene $YO_{1.5}$-Gehalte [29, 32].

ZrO_2-CaO-Festelektrolyte. Nachteilig ist jedoch die Radioaktivität des Thoriums (^{232}Th mit ^{228}Th und Folgeprodukten), die gelegentlich auf Grund der gesetzlichen Strahlenschutzbestimmungen ihren Einsatz erschwert.

Zur Bestimmung der Überführungszahlen benutzt man normalerweise eine Sauerstoffkonzentrationskette der Art

$$-Pt|p'(O_2)|\text{Festelektrolyt}|p''(O_2)|Pt-$$

mit Platin als Zuleitung, deren Zellspannung U gegeben ist durch

$$U = \frac{RT}{4F} \int_{p'(O_2)}^{p''(O_2)} t_{ion}\, d[\ln p(O_2)], \tag{15}$$

hierbei sind $p(O_2)$ = Sauerstoffpartialdruck mit $p'(O_2) > p''(O_2)$, F = Faradaykonstante, R = Gaskonstante und T in K [34]. Daraus ergibt sich

$$U = (RT/4F) \cdot \bar{t}_{ion} \ln [p''(O_2)/p'(O_2)] = \bar{t}_{ion} \cdot U_{rev}, \tag{16}$$

hierbei sind $\bar{t}_{ion}$ die mittlere Ionenüberführungszahl, $U_{rev} = -EMK$ die Zellspannung bei $\bar{t}_{ion} = 1$.

Nach [56] gilt auf der Basis des Anionenleerstellenmodells zwischen der Überführungszahl t_{ion} und dem Sauerstoffdruck die Beziehung

$$t_{ion} = [1 + (p(O_2)/p_\oplus)^{1/4} + (p(O_2)/p_\ominus)^{-1/4}]^{-1}, \tag{17}$$

hierbei entsprechen die Parameter der elektronischen Leitung $p_\oplus$ bzw. $p_\ominus$ dem Sauerstoffdruck, bei dem die Ionenüberführungszahl t_{ion} gleich der Überführungszahl der Defektelektronen $t_\oplus$ bzw. der Elektronen $t_\ominus$ ist.

Mit $2(p_\ominus/p_\oplus)^{1/4} \ll 1$ ergibt sich [34]:

$$\bar{t}_{ion} = \frac{4[\ln\{(p_\oplus^{1/4} + p''(O_2)^{1/4})\,(p_\ominus^{1/4} + p'(O_2)^{1/4})\} - \ln\{(p_\oplus^{1/4} + p'(O_2)^{1/4})\,(p_\ominus^{1/4} + p''(O_2)^{1/4}\}]}{\ln p'(O_2) - \ln p''(O_2)} \tag{18}$$

Literatur zu 8.3 s. S. 68/70

Die Größen $p_\oplus$ und $p_\ominus$ können nun durch die Überführungszahlen ersetzt werden. Dabei sind zwei Fälle zu unterscheiden:

a) der Sauerstoffdruck des einen Elektrodenraums $p'(O_2)$ liegt im Bereich der p-Mischleitung, der des anderen im Bereich der n-Mischleitung, d. h.

$$p_\ominus \ll p'(O_2) \text{ und } p''(O_2) \ll p_\oplus;$$

es folgt dann

$$\bar{t}_{ion} = 1-4\,(\ln t'_{ion} + \ln t''_{ion})/(\ln p''(O_2) - \ln p'(O_2)), \tag{19}$$

hierbei sind t'_{ion} und t''_{ion} die Überführungszahlen bei den Drücken $p'(O_2)$ und $p''(O_2)$;

b) der Sauerstoffdruck beider Elektrodenräume liegt im gleichen Bereich der Mischleitung, d. h.

$$p'(O_2),\, p''(O_2) \gg p_\ominus \text{ für die p-Mischleitung und}$$
$$p'(O_2),\, p''(O_2) \ll p_\oplus \text{ für die n-Mischleitung.}$$

Es folgt daraus

$$\bar{t}_{ion} = 1-4\,|(\ln t'_{ion} - \ln t''_{ion})/(\ln p''(O_2) - \ln p'(O_2))|. \tag{20}$$

Die Gleichungen (19) und (20) sind gleichwertig für den Fall, daß nur der Sauerstoffdruck eines Elektrodensystems im Bereich der Mischleitung, der des anderen dagegen im Bereich reiner Ionenleitung liegt [34].

Aus Gleichung (18) läßt sich bei Kenntnis der Parameter $p_\oplus$ und $p_\ominus$, die für jeden Festelektrolyten temperaturabhängige Stoffkonstanten darstellen, die mittlere Überführungszahl galvanischer Ketten berechnen. Insbesondere kann für ein gegebenes Elektrodensystem durch Variieren des Sauerstoffdruckes der anderen Elektrode dasjenige Bezugssystem ermittelt werden, bei dem $\bar{t}_{ion}$ einen maximalen Wert erreicht. Mit den Gleichungen (19) und (20) lassen sich aus den durch Leitfähigkeits- oder Polarisationsmessungen bestimmbaren Überführungszahlen mittlere Überführungszahlen galvanischer Ketten berechnen. Umgekehrt lassen sich aus mittleren Überführungszahlen, die außer durch Zellspannungs- auch durch Permeabilitätsmessungen [37] erhalten werden können, die Überführungszahlen bei diskreten Sauerstoffdrücken bestimmen [34].

Der Bereich, in dem ionische und p-Leitfähigkeit gleich groß sind, liegt für ThO_2 + 20 Mol-% $YO_{1.5}$ bei $p_\oplus$ = 16 atm [34], für ThO_2 + (10 bis 20) Mol-% $YO_{1.5}$ und 700 bis 1600°C bei $p_\oplus \approx 63$ atm [39], wobei die stark unterschiedlichen Werte überraschen.

Der Bereich, in dem ionische und n-Leitfägigkeit übereinstimmen, läßt sich nach [39] für ThO_2 + (10 bis 20) Mol-% $YO_{1.5}$ und 700 ≦ t ≦ 1600°C durch die Beziehung

$$\lg p(O_2)\ (p \text{ in atm}) = 12.4 - 57.9 \times 10^3/T$$

ermitteln. In [34] konnten keine genauen Zahlenwerte für diesen Bereich angegeben werden, da die Werte für $p_\ominus$ über einen Bereich von mehr als 30 Größenordnungen schwanken. In [34] wurde als mögliche Ursache für dieses Verhalten Verunreinigungen des Festelektrolyten angegeben, deren Oxidationsstufe sich unter den experimentellen Bedingungen bei dem niedrigen Sauerstoffpotential ändert. Für eine Temperatur von 350°C wird ein Wert von $p_\ominus = 10^{-60}$ atm als am wahrscheinlichsten angenommen.

Eine andere Erklärung für die Nichtkonstanz von $p_\ominus$ bei extrem niedrigem Sauerstoffpotential könnte auch durch chemische Reaktionen bedingt sein. In [57, 58] wurde nachgewiesen, daß in Wasserstoffatmosphäre bei sehr niedrigem Sauerstoffpotential zwischen ThO_2 und Edelmetallen, z. B. Platin eine gekoppelte Reduktion unter Bildung von intermetallischen Verbindungen bzw. festen Lösungen von Thorium im Edelmetall stattfindet, z. B.

$$ThO_2 + 5Pt + 2H_2 \rightarrow ThPt_5 + 2H_2O.$$

Literatur zu 8.3 s. S. 68/70

Electrical Conductivity of the ThO_2-$YO_{1.5}$ System

Diese Reaktion führt zur Bildung einer elektronenleitenden Intermetallphase und zur Erhöhung des Sauerstoffpartialdrucks, was eine mögliche Erklärung für das beobachtete Verhalten von $p_{\ominus}$ in ThO_2-$YO_{1.5}$-Festelektrolyten ist [59]. Eine Überprüfung der Ergebnisse unter Berücksichtigung dieser Befunde erscheint dringend notwendig.

Dabei sei nochmals auf folgendes hingewiesen: Platin ist als Edelmetall bekannt und ThO_2 als chemisch sehr beständiges und reaktionsunfreudiges Oxid. Beide Aussagen gelten nicht, wenn die Substanzen miteinander in Kontakt sind und ein sehr niedriges Sauerstoffpotential vorliegt. In diesem Falle darf die Zuleitung zur Meßkette nicht aus Edelmetall hergestellt sein, sondern muß aus Molybdän, Rhenium, Tantal oder einem anderen Metall bestehen, das keine gekoppelte Reduktion mit ThO_2 eingeht.

In den oxidischen Festelektrolyten erfolgt die Ionenleitfähigkeit durch Sauerstoffionenwanderung. Dies konnte in [60] an Proben aus 85 Mol-% ZrO_2 + 15 Mol-% CaO gezeigt werden. Massenspektrometrisch wurde nachgewiesen, daß bei Stromdurchgang anodisch Sauerstoff entwickelt wird und somit Sauerstoffionen durch das stabilisierte Zirkonoxid transportiert werden.

Elektrischer Widerstand, Leitfähigkeit

Die ersten genaueren Untersuchungen an ThO_2-Y_2O_3-Sinterproben ergaben eindeutig, daß der elektrische Widerstand des dotierten ThO_2 merklich geringer ist als der des reinen ThO_2 (Tabelle 8/3).

Fig. 8-12

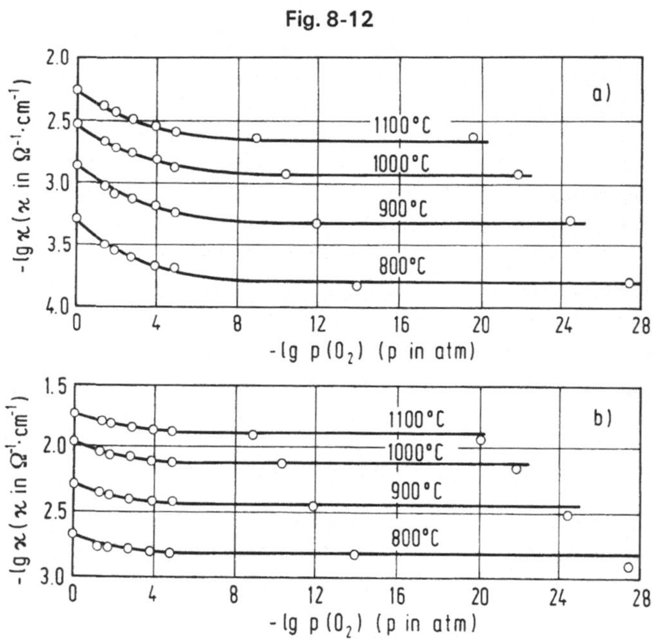

Spezifische elektrische Leitfähigkeit ϰ von ThO_2-$YO_{1.5}$-Sinterproben mit 1.5 Mol-% $YO_{1.5}$ (a) bzw. 15 Mol-% $YO_{1.5}$ (b) für verschiedene Temperaturen als Funktion des Sauerstoffpartialdrucks [32].

Dabei unterscheiden sich Proben mit 8.0 bzw. 22 Mol-% Y_2O_3 nur geringfügig [13]. Detaillierte Untersuchungen ergaben, daß die mit Wechselstrom gemessene elektrische Leitfähigkeit unterhalb $p(O_2) \approx 10^{-8}$ atm ungefähr konstant ist (**Fig. 8-12**) [32]. Die Abhängigkeit der spezifischen elektrischen Leitfähigkeit vom Sauerstoffdruck bei einer konstanten Temperatur von 1000°C zeigt, daß

Literatur zu 8.3 s. S. 68/70

diese mit steigendem Y_2O_3-Gehalt zunimmt (**Fig. 8-13**) [32, 38, 31]. Man erkennt deutlich, daß schon ein geringer Zusatz von $YO_{1.5}$ die Leitfähigkeit von ThO_2 stark verbessert.

Fig. 8-13

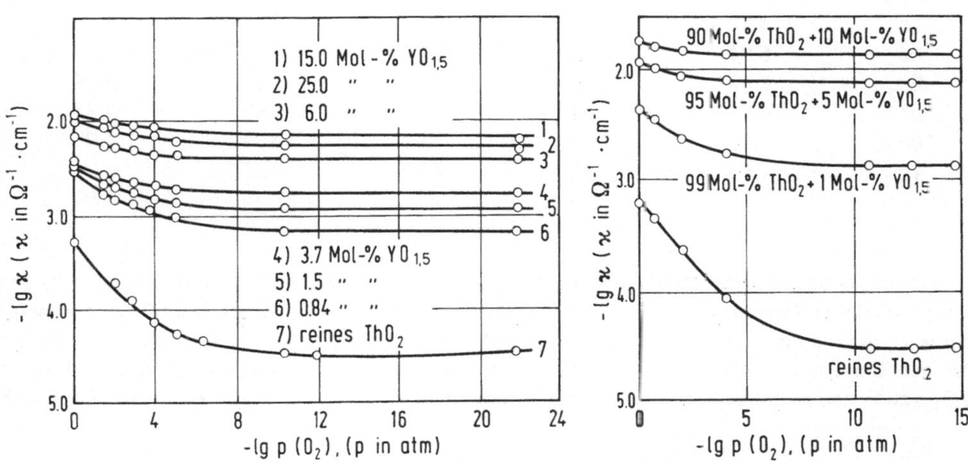

Spezifische elektrische Leitfähigkeit $\varkappa$ verschiedener ThO_2-$YO_{1.5}$-Sinterproben bei 1000°C in Abhängigkeit vom Sauerstoffpartialdruck. Linke Figur: Werte nach [32], rechte Figur: nach [38, 31].

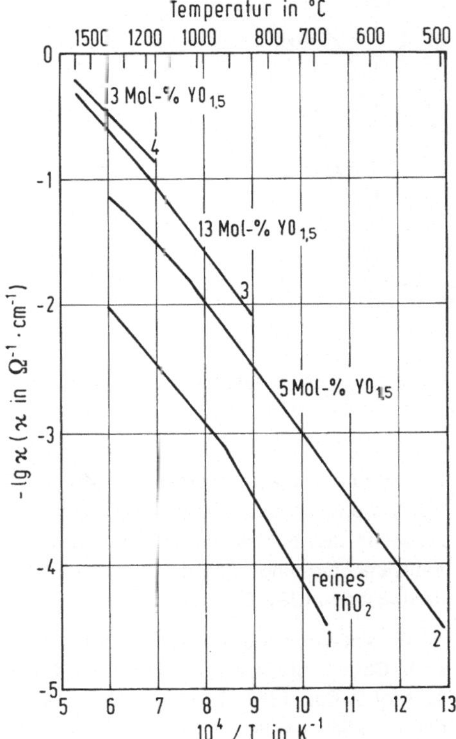

Fig. 8-14

Spezifische elektrische Leitfähigkeit $\varkappa$ von ThO_2 und ThO_2-$YO_{1.5}$-Proben zwischen 500 und 1500°C [31].

Kurven 1 und 2: bei $p(O_2) = 0.21$ atm [11];
Kurve 3: bei $p(O_2) = 0.01$ atm und 50 kHz [12];
Kurve 4: bei $p(O_2) = 1$ atm und 50 kHz [12].

Literatur zu 8.3 s. S. 68/70

Electrical Conductivity of the ThO_2-$YO_{1.5}$ System

Tabelle 8/3

Temperaturabhängigkeit des spezischen elektrischen Widerstandes ρ (in Ω · cm) [13].

ThO_2		ThO_2 + 8 Mol-% $YO_{1.5}$		ThO_2 + 22.0 Mol-% $YO_{1.5}$	
$10^5/T$ in K^{-1}	lg ρ	$10^5/T$ in K^{-1}	lg ρ	$10^5/T$ in K^{-1}	lg ρ
74	4.59	76	3.05	75	3.03
80	5.04	79	3.17	78	3.20
89	5.52	85	3.55	86	3.54
101	6.34	94	4.07	92	3.93
106	6.65	108	4.88	109	4.85
112	7.04	131	6.38	122	5.51
				144	6.69

Für höhere Sauerstoffdrücke beobachtet man den in **Fig. 8-14**, S. 57, aufgeführten Anstieg der Leitfähigkeit mit der Temperatur [31, 11, 12]. Vergleicht man die Ionenleitfähigkeit für Proben verschiedener Dotierung bzw. unterschiedlicher Anionenfehlstellenkonzentration miteinander, so ergibt sich für den Bereich reiner Ionenleitfähigkeit, daß ein Maximum der Ionenleitfähigkeit bei 15 Mol-% $YO_{1.5}$ zu finden ist entsprechend 3.75% Anionenfehlstellen im Fluoritgitter (**Fig. 8-15**) [32, 38, 43].

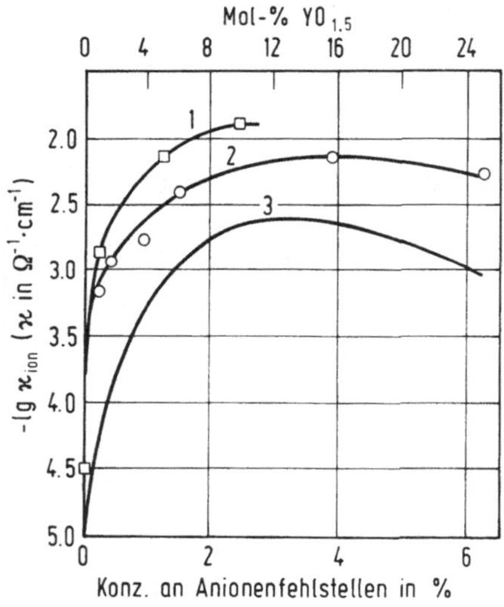

Fig. 8-15

Ionenleitfähigkeit $\varkappa_{ion}$ von ThO_2-$YO_{1.5}$-Mischoxiden bei 1000°C als Funktion des $YO_{1.5}$-Gehalts bzw. der Anionenfehlstellenkonzentration [29]. Kurve 1 nach [38], 2 nach [32], 3 nach [43].

Der Abfall von $\varkappa_{ion}$ oberhalb 15 Mol-% $YO_{1.5}$ wird darauf zurückgeführt, daß bei diesen hohen $YO_{1.5}$-Gehalten das Massenwirkungsgesetz nicht mehr streng gültig ist und eine Wechselwirkung zwischen den Fehlstellen im Fluoritgitter auftritt. Dabei werden folgende Mechanismen diskutiert: Fehlstellenordnung, Fehlstellenclusterbildung und Wechselwirkung von Fehlstelle mit dem Dotierungsatom [29]. Eine befriedigende Erklärung steht aber noch aus [47].

Ein entsprechendes Maximum der Ionenleitfähigkeit wird auch für die Systeme ZrO_2-$YO_{1.5}$ und ZrO_2-CaO beobachtet, im System ZrO_2-CaO liegt das Ionenleitfähigkeitsmaximum bei 12 bis 13 Mol-% CaO [35]. Derartige Mischoxide ThO_2-15 Mol-% $YO_{1.5}$ und ZrO_2-12 Mol-% CaO werden daher üblicherweise in den praktischen Messungen zur Bestimmung von Sauerstoffpotentialen eingesetzt. Die Leitfähigkeit von ZrO_2-CaO ist dabei bei gleicher Dotierung (in Mol-% ausgedrückt) größer als die von ThO_2-$YO_{1.5}$-Proben (**Fig. 8-16**) [29].

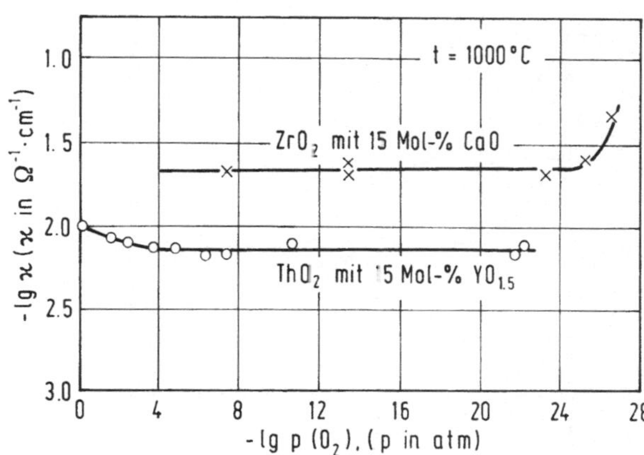

Fig. 8-16

Spezifische elektrische Leitfähigkeit von ZrO_2 mit 15 Mol-% CaO und ThO_2 mit 15 Mol-% $YO_{1.5}$ bei 1000°C (nach [32]) als Funktion des Sauerstoffpartialdrucks [29].

Da bei niedrigen Gehalten von $YO_{1.5}$ in ThO_2 die ionische Leitfähigkeit bei logarithmischer Auftragung proportional der Dotierung ist, läßt sich aus **Fig. 8-17** deutlich erkennen, daß die in einigen Publikationen angegebenen Leitfähigkeitswerte für ThO_2 nicht reinem ThO_2 zukommen, sondern einem ThO_2 mit 0.02 bis 0.04 Mol-% an $SEO_{1.5}(YO_{1.5})$-Verunreinigungen [29]. Leitfähigkeitsmessungen bis zu hohen Sauerstoffugazitäten von 500 atm werden in [64, 70] aufgeführt. Aus **Fig. 8-18**, S. 60, läßt sich ableiten, daß bei den höchsten Drücken die Leitfähigkeit der ThO_2 + (0 bis 15) Mol-% $YO_{1.5}$-Festelektrolyte etwa proportional der Wurzel aus der Sauerstoffugazität ist. Die $\varkappa \sim p(O_2)^{1/4}$-Abhängigkeit wird nur in einem Zwischenbereich der Sauerstoffugazität bis ca. 100 atm beobachtet, wobei dieser Zwischenbereich für unterschiedliche Dotierungen bei verschiedenen Sauerstoffugazitäten liegt [64]. Eine Erklärung für diese $\varkappa \sim p(O_2)^{1/4}$-Abhängig-

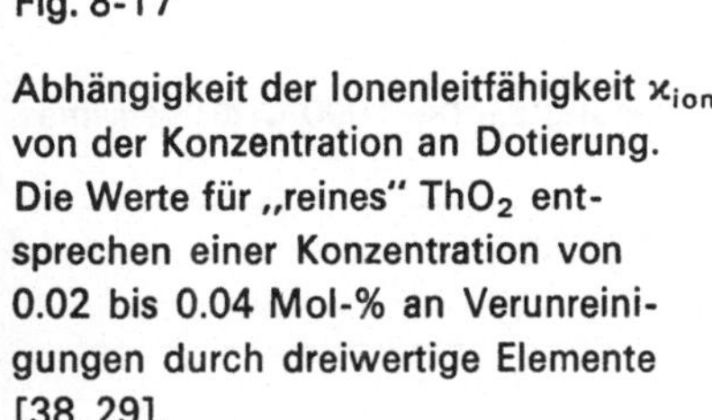

Fig. 8-17

Abhängigkeit der Ionenleitfähigkeit $\varkappa_{ion}$ von der Konzentration an Dotierung. Die Werte für „reines" ThO_2 entsprechen einer Konzentration von 0.02 bis 0.04 Mol-% an Verunreinigungen durch dreiwertige Elemente [38, 29].

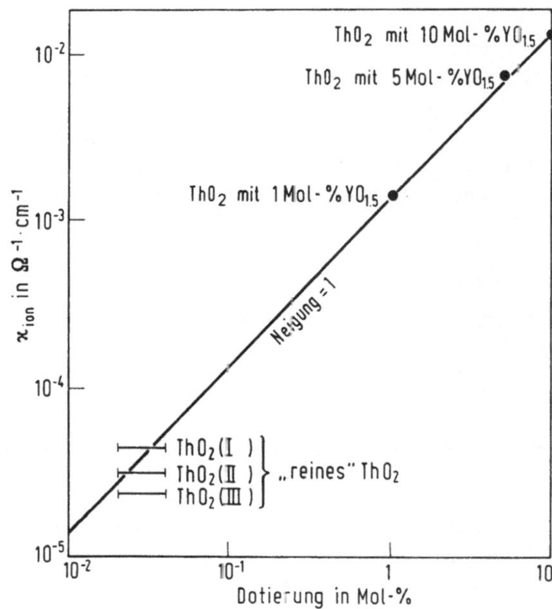

Literatur zu 8.3 s. S. 68/70

Electrical Conductivity of the ThO_2-$YO_{1.5}$ System

Fig. 8-18

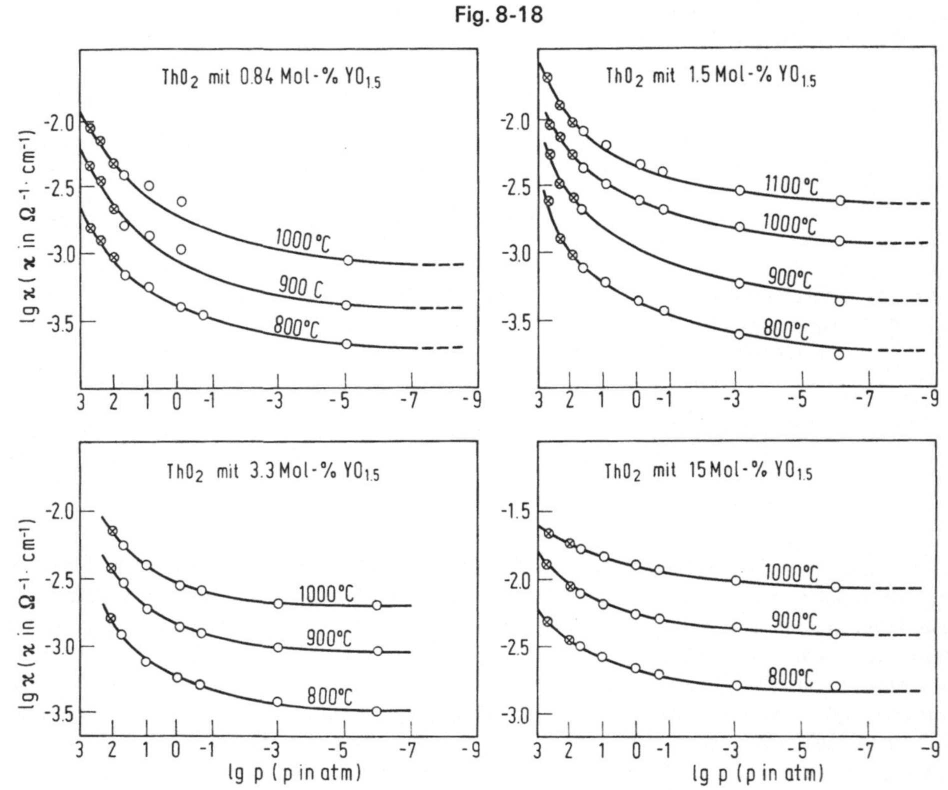

Wechselstromleitfähigkeit von festen Lösungen ThO_2 + $YO_{1.5}$ als Funktion der Sauerstoffugazität p bei verschiedenen Temperaturen und Zusammensetzungen [64].

keit ist unter der Annahme von Vielfachfehlstellen in dotiertem ThO_2-Gitter möglich, die in konstanter Zahl zusätzlich zu den Einzelfehlstellen auftreten [34]. Nimmt man noch zusätzlich geladene Fehlstellen an, wie sie etwa in [65] für ZrO_2 postuliert werden, so ergibt sich eine Abhängigkeit $\varkappa \sim p(O_2)^{(1/n+1)}$ mit $1 \leq n \leq 4$, d. h. eine Abhängigkeit zwischen $p(O_2)^{1/2}$ und $p(O_2)^{1/5}$, die die normale $p(O_2)^{1/4}$-Abhängigkeit der Leitfähigkeit einschließt. Die Aktivierungsenergien für die Ionen- und Defektelektronenleitung bei verschiedenen Sauerstoffugazitäten sind in Tabelle 8/4

Tabelle 8/4

Aktivierungsenergie für Ionenleitung E_{ion} und Defektelektronenleitung $E_{\oplus}$ bei 1000°C für verschiedene Sauerstoffugazitäten [64].

$YO_{1.5}$ (Mol-%)	E_{ion} 10^{-11} atm	$E_{\oplus}$ (eV) 10^{-8} atm	1 atm	100 atm	500 atm
0	1.45		1.23	1.23	1.20
0.84		1.00	1.00	0.88	0.88
1.5		1.08	0.95	0.85	0.85
3.3		1.05	0.95	0.82	—
15		1.02	1.00	0.87	0.87

Literatur zu 8.3 s. S. 68/70

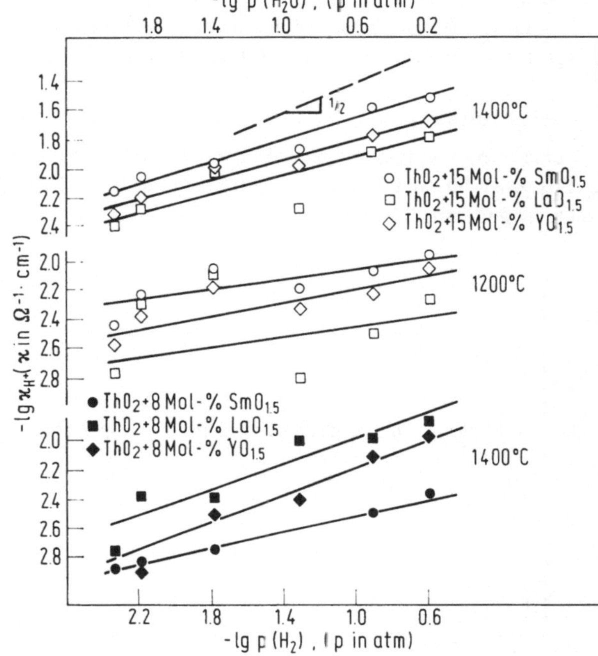

Fig. 8-19

Protonenleitfähigkeit $\varkappa_{H^+}$ von ThO_2-$YO_{1.5}$($LaO_{1.5}$, $SmO_{1.5}$)-Festelektrolyten mit 8 bzw. 15 Mol-%$MO_{1.5}$ bei 1400°C ($p(O_2) = 10^{-8.8}$ atm) und 1200°C ($p(O_2) = 10^{-10.9}$ atm) als Funktion des Wasserstoffpartialdrucks [28].

zusammengestellt [64]. Diese Werte sind etwa gleich wie die in [66] aufgeführten Daten, wo für Festelektrolyte ThO_2-Y_2O_3 bei 400 bis 1 000°C eine Aktivierungsenergie von $E_A \approx 1.04$ bis 1.16 eV angegeben wird.

Untersuchungen über die Leitfähigkeit von ThO_2-$YO_{1.5}$-Mischkristallen mit 1, 8 und 15 Mol-% $YO_{1.5}$ bei verschiedenen Wasserstoff- und Wasserdampfpartialdrücken (**Fig. 8-19**) lassen sich unter der Annahme erklären, daß unter diesen Versuchsbedingungen ein signifikanter Anteil Pro-

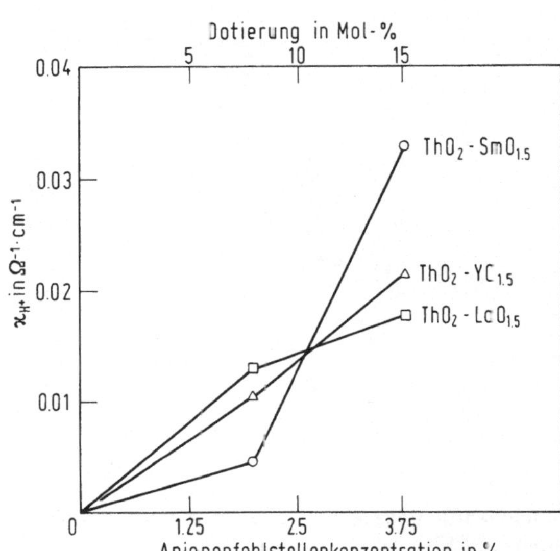

Fig. 8-20

Protonenleitfähigkeit $\varkappa_{H^+}$ von ThO_2-$YO_{1.5}$($LaO_{1.5}$, $SmO_{1.5}$)-Festelektrolyten bei 1400°C und einem Wasserstoffpartialdruck von $p(H_2) = 10^{-0.59}$ atm als Funktion der Dotierungskonzentration [28].

Literatur zu 8.3 s. S. 68/70

Electrical Properties of the ThO_2-$YO_{1.5}$ System

tonenleitfähigkeit vorliegt [28]. Dabei zeigt sich, daß mit zunehmender Dotierung von ThO_2 durch $YO_{1.5}$($LaO_{1.5}$, $SmO_{1.5}$) die Protonenleitfähigkeit zunimmt (**Fig. 8-20**, S. 61); dabei überrascht allerdings der unstetige Verlauf der einzelnen Systeme als Funktion der Dotierungskonzentration [28].

Überführungszahl

Transference Number

Eine reine Ionenleitfähigkeit entspricht einer Ionenüberführungszahl $t_{ion} = \varkappa_{ion}/(\varkappa_{ion} + \varkappa_{\oplus}^{-}) = 1$, s. **Fig. 8-21** für eine schematische Darstellung $t_{ion} = f(p(O_2))$ [37]. Entsprechende Werte wurden auch in anderen Arbeiten gewonnen. So ergibt sich nach [26, 27] für ThO_2 + 0.15% Y_2O_3 eine

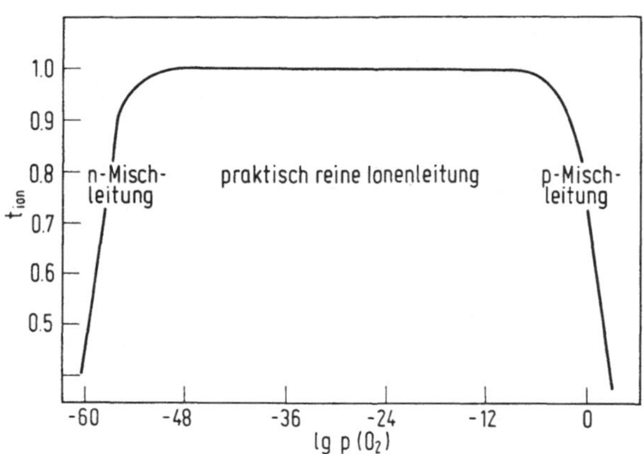

Fig. 8-21

Ionenüberführungszahl t_{ion} von ThO_2 + 20 Mol-% $YO_{1.5}$ bei ≈350°C in Abhängigkeit vom Sauerstoffpartialdruck [37].

Sauerstoffüberführungszahl t_{ion} > 0,99 für den Bereich lg $p(O_2)$ (p in atm) >$(-6.5 \times 10^4/T) + 29$. In [32] wurde t_{ion} in Abhängigkeit vom Sauerstoffpartialdruck für verschiedene $YO_{1.5}$-Dotierungen bestimmt (**Fig. 8-22**). Für $YO_{1.5}$-Gehalte > 3.7 Mol-% und eine Temperatur von 1000°C ist bei $p(O_2) \leqq 10^{-8}$ $\bar{t}_{ion} = 1$ [32].

Fig. 8-22

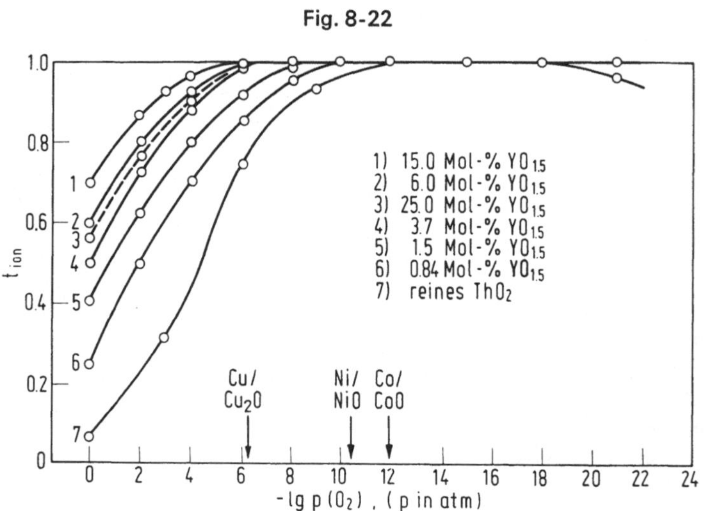

Ionenüberführungszahl t_{ion} von ThO_2-$YO_{1.5}$-Festelektrolyten bei 1000°C als Funktion des Sauerstoffdrucks [32].

Literatur zu 8.3 s. S. 68/70

Für einen Sauerstoffpartialdruck von $p(O_2) = 0.08$ atm wird nach [12] eine Sauerstoffionenüberführungszahl von $t_{ion} = 0.7$ gefunden, der sich im Temperaturbereich 900 bis 1 550°C nicht ändert. Dieser Wert stimmt mit Angaben in [11, 40] gut überein. Für die Berechnung der Sauerstoffionenüberführungszahl bei hohen Sauerstoffaktivitäten von nahe eins wurde in [40] folgende Gleichung aufgestellt

$$t_{ion} = [1 + 8.3 \times 10^{-2} p^{1/4} \exp(3420/RT)]^{-1},$$

die durch Messungen mit dem Festelektrolyt ThO_2 + 15 Gew.-% Y_2O_3 erhalten wurde.

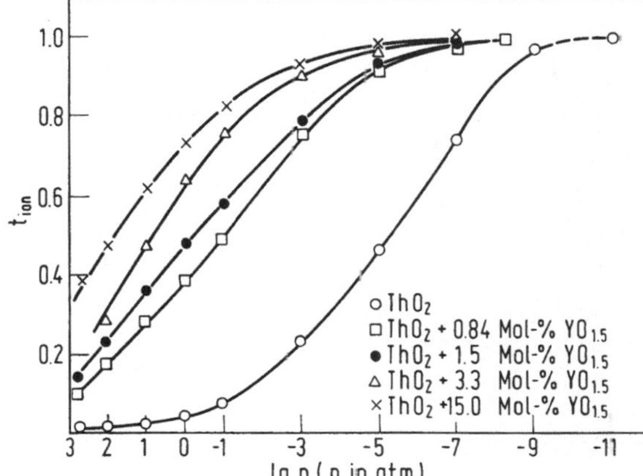

Fig. 8-23

Ionenüberführungszahl t_{ion} für verschiedene Sauerstoffugazitäten p bei 1000°C [64].

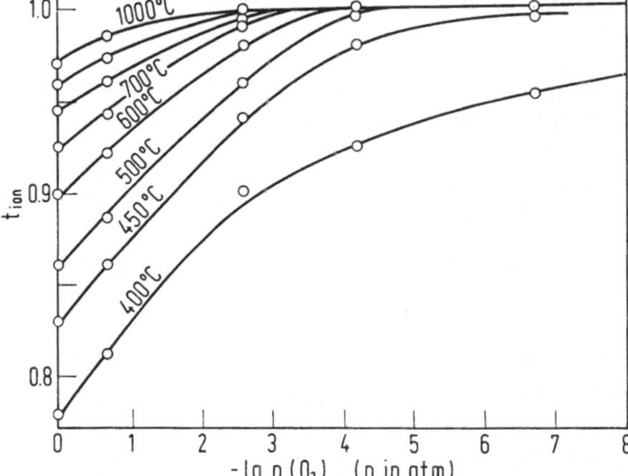

Fig. 8-24

Ionenüberführungszahl t_{ion} einer Zelle des Typs Pt | H_2, H_2O (20°C) | $Th_{0.8}Y_{0.2}O_{1.9}$ | O_2 | Pt als Funktion von Temperatur und Sauerstoffpartialdruck [34].

Ionenüberführungszahlen für hohe Sauerstoffugazitäten bei Drücken bis zu 500 atm und einer Temperatur von 1 000°C sind in **Fig.** 8-**23** aufgeführt. Man erkennt deutlich, daß die Überführungszahl für Sauerstoff bei hohen Fugazitäten für alle untersuchten Proben ThO_2 + (0 bis 15) Mol-% $YO_{1.5}$ abnimmt [64, 70].

Arbeitsbereich der ThO_2-$YO_{1.5}$-Festelektrolyte

Operating Conditions of ThO_2-$YO_{1.5}$ Solid Electrolytes

Für den Arbeitsbereich von ThO_2 + $YO_{1.5}$-Festelektrolyten gibt es obere und untere Temperaturgrenzen. So zeigt **Fig.** 8-**24**, daß man für $p(O_2) < 10^{-4}$ atm erst oberhalb 500°C den Wert $t_{on} = 1$

Operating Conditions of ThO_2-$YO_{1.5}$ Solid Electrolytes

erreicht [33]. Die minimale Arbeitstemperatur für verschiedene Ketten läßt sich entsprechend auch aus **Fig. 8-25** ablesen [30]. Der EMK-Abfall unterhalb $E/E_0 = t_{ion} = 1$ (Tabelle 8/5) ergibt sich aus einer Änderung des Leitungsmechanismus. Es ist zu folgern, daß unterhalb der minimalen Arbeitstemperatur überwiegend elektronische Leitfähigkeit vorliegt.

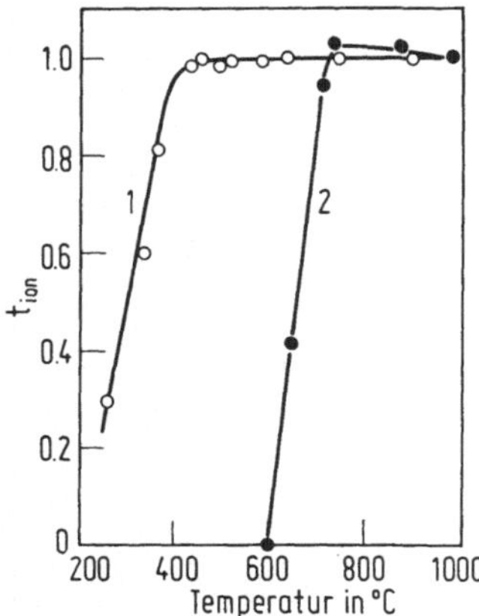

Fig. 8-25

Abhängigkeit von $E/E_0 = t_{ion}$ von der Temperatur für die beiden Festelektrolyte:

1) ThO_2 mit 20 Mol-% $YO_{1.5}$;
2) ThO_2 mit 6.2 Mol-% CaO, 1.2 Gew.-% Al_2O_3 und 1.4% SiO_2 [30].

Tabelle 8/5

Minimale Temperaturen für die Anwendung von sauerstoffionenleitenden Festelektrolyten [30].

Festelektrolyt	beobachtete Temperaturen in °C für EMK-Abfall	Änderung des Leitungsmechanismus
1. ThO_2 + 20 Mol-% $YO_{1.5}$	410	380
2. ThO_2 + 6.2 Mol-% CaO (+ 1.2 Gew.-% Al_2O_3		740
+ 1.4% SiO_2)	730	
3. ZrO_2 + 11 Mol-% MgO	450	420
4. ZrO_2 + 5 Gew.-% CaO + MgO *)	520	550

*) Die genaue Zusammensetzung ist nicht bekannt.

Entsprechende Einschränkungen gelten auch bei hohen Temperaturen. So wird bei 1600°C für ThO_2 + (10 bis 20) Mol-% $YO_{1.5}$ der Wert $t_{ion} = 1$ nicht erreicht, hier ist t_{ion} (max) ≈ 0.99 für $p(O_2) \approx 10^{-10}$ atm [39]. Diese Beobachtung über die Abweichung von reiner Ionenleitfähigkeit in ThO_2-Y_2O_3-Mischoxiden bei sehr hohen Temperaturen stimmt mit der Angabe in [38] überein, daß in ThO_2 + (1 bis 10) Mol-% $YO_{1.5}$-Proben bei sehr hohen Temperaturen und hohen Sauerstoffpartialdrücken Defektelektronenleitfähigkeit vorliegt. Auch Probleme der Zuleitung — Wechselwirkung Pt-Zuleitung mit dem ThO_2 + $YO_{1.5}$ — schränken bei hohen Temperaturen die Verwendung ein.

Ergebnisse von Wechselstrompolarisationsmessungen zeigen, daß bis zum Sauerstoffpartialdruck über NbO/Nb ($p(O_2) \approx 10^{-26}$ atm bei 1000°C) die Elektronenleitfähigkeit von $Th_{0.85}Y_{0.15}O_{1.925}$ um 3 bis 4.5 Größenordnungen geringer ist als die Ionenleitfähigkeit (**Fig. 8-26**) [35]. Obere Grenzwerte im Bereich niedriger Sauerstoffpartialdrücke, bei denen $t_{ion} > 0.99$ ist, sind $p(O_2) = 10^{-34.3}$ atm bei 1000°C, $p(O_2) = 10^{-39.5}$ atm bei 900°C und $p(O_2) = 10^{-44.7}$ atm bei 800°C. Beim Vergleich der sauerstoffionenleitenden Festelektrolyte ThO_2 + $YO_{1.5}$ und ZrO_2 + CaO ist zu bemerken, daß der

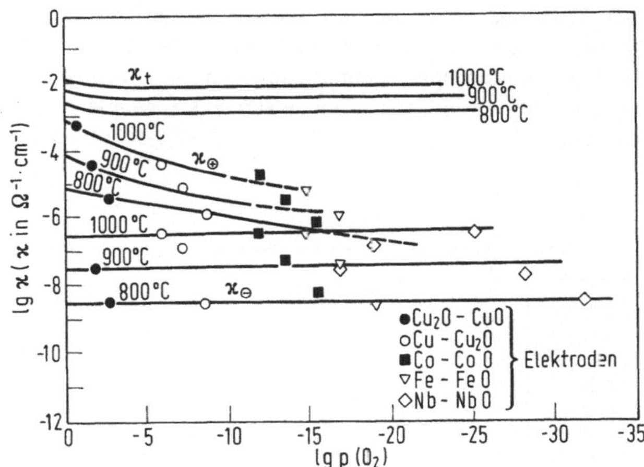

Fig. 8-26

Elektronen- und Defektelektronenleitfähigkeit ($\varkappa_\ominus$ bzw. $\varkappa_\oplus$) von $Th_{0.85}Y_{0.15}O_{1.925}$ bei 800, 900 und 1000°C aus Polarisationsmessungen bei verschiedenen Sauerstoffdrücken [35].

Sauerstoffpartialdruckbereich, in dem $t_{ion} = 1$ ist, für ThO_2-$YO_{1.5}$ bedeutend ausgedehnter ist als für die ZrO_2-CaO-Festelektrolyte. Galvanische Zellen mit zwei Festelektrolyten ThO_2-$YO_{1.5}$ + ZrO_2-CaO bringen keine Vorteile gegenüber Zellen mit einem Festelektrolyten [38].

Sauerstoffpermeabilität

Untersuchungen über die Sauerstoffpermeabilität von sauerstoffionenleitendem ThO_2-$YO_{1.5}$ finden sich in [37, 80]. Es zeigte sich, daß im Bereich reiner Ionenleitung die Permeabilität nahezu unabhängig vom Sauerstoffdruck des Bezugssystems ist (**Fig. 8-27**). Man erkennt ,daß die Sauer-

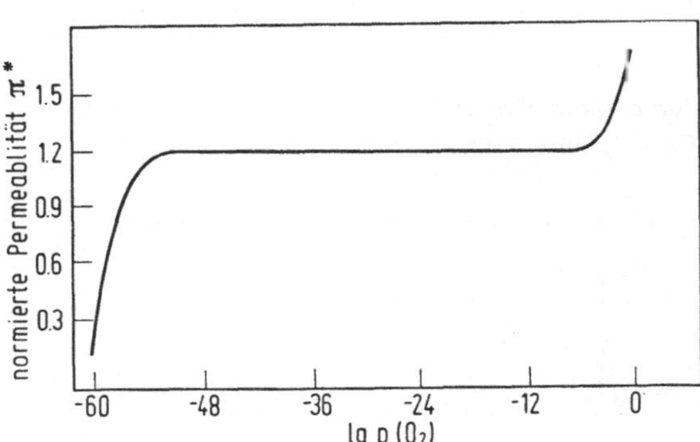

Fig. 8-27

Sauerstoffpermeabilität der Kette Na,Na_2O | ThO_2 + 20 Mol-% $YO_{1.5}$ | Bezugselektrode in Abhängigkeit vom Sauerstoffdruck des Bezugssystems bei ≈350°C; aufgetragen ist die normierte Sauerstoffpermeabilität π^* mit $\pi = \pi^* \cdot A/h$, wobei A = Querschnitt des Festelektrolyten, h = Dicke der Festelektrolytmembran ist [37].

stoffpermeabilität der Kette Na, Na_2O|ThO_2 + 20 Mol-% $YO_{1.5}$| Bezugselektrode bei ≈ 350°C mit steigendem Sauerstoffpartialdruck bei extrem niedrigen Werten bis zu einem Plateau steil ansteigt. Das Plateau wird erreicht, wenn die differentielle Überführungszahl gleich eins ist. In diesem Druckbereich ist die Sauerstoffpermeabilität annähernd konstant. Im Bereich hohen Druckes steigt die Permeabilität mit dem Sauerstoffdruck wieder steil an [37].

Seebeck-Effekt

Seebeck Effect

Untersuchungen über die Seebeck-Koeffizienten von ThO_2-1(5,10) Mol-% $YO_{1.5}$-Sinterproben zeigen, daß dieser mit zunehmender $YO_{1.5}$-Dotierung im Vergleich zu ThO_2 zunimmt, wobei allerdings in der Temperaturabhängigkeit keine so starken Unterschiede zu bemerken sind (**Fig. 8-28**, S. 66) [63]. Der Seebeck-Koeffizient ist dabei für ThO_2-$YO_{1.5}$-Sinterproben bedeutend stärker negativ als für

Literatur zu 8.3 s. S. 68/70

Electrical Properties of the ThO_2-$YO_{1.5}$ System

ZrO_2-CaO-Festelektrolyte, bei denen auch keine merkliche Temperaturabhängigkeit des Seebeck-Koeffizienten festzustellen ist. Nach [63] lassen sich die Werte für die ThO_2-$YO_{1.5}$-Sinterkörper in oxidierender Atmosphäre durch Annahme von verschiedenen (oder zusätzlichen) Ladungsträgern wie Elektronen oder O^- erklären, während bei niedrigem Sauerstoffpotential, bei dem der Seebeck-Koeffizient wesentlich geringer ist (**Fig. 8-29**), ein einziger Ladungsträger O^{2-} vorliegen soll.

Seebeck Effect

Fig. 8-28

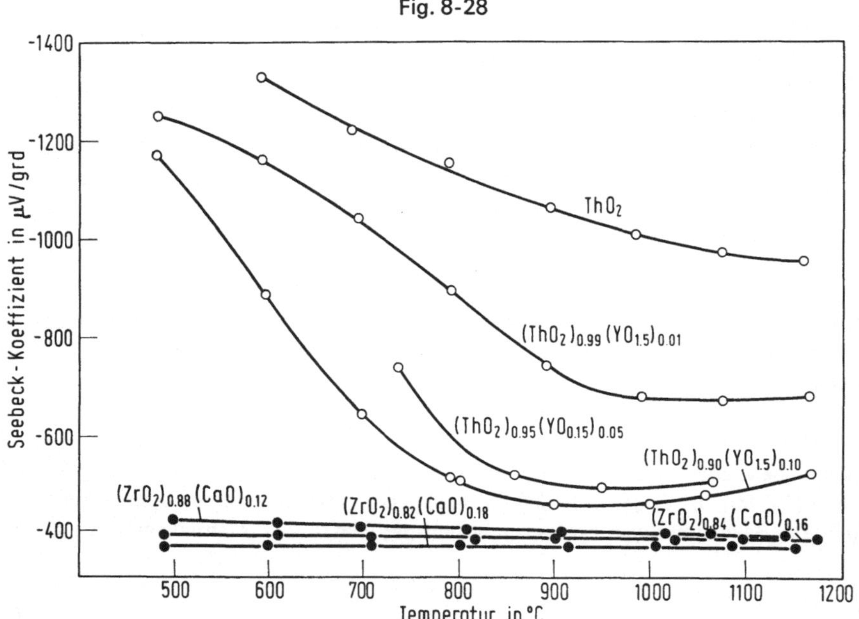

Temperaturabhängigkeit des Seebeck-Koeffizienten von reinem und mit $YO_{1.5}$-dotiertem ThO_2 sowie CaO-dotiertem ZrO_2 [63].

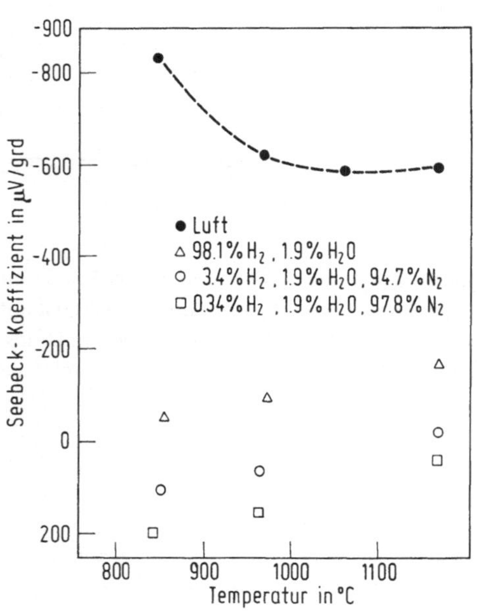

Fig. 8-29

Temperaturabhängigkeit des Seebeck-Koeffizienten von ThO_2 + 5 Mol-% $YO_{1.5}$ unter verschiedenen Gasen [63].

Literatur zu 8.3 s. S. 68/70

Optische Eigenschaften — Optical Properties

Der Brechungsindex von Y_2O_3 + 7 Mol-% ThO_2 beträgt n_D = 1.91 für λ = 0.589 μm [54]. Dies zeigt, daß ein Zusatz von ThO_2 zu Y_2O_3 in der Yttralox-Keramik den Brechungsindex von Y_2O_3 (n_D = 1.914) praktisch nicht beeinflußt. Die Abhängigkeit des Brechungsindex von der Wellenlänge für eine Probe der Zusammensetzung 10 Mol-% ThO_2 + 90 Mol-% Y_2O_3 ist in **Fig. 8-30** aufgeführt [54].

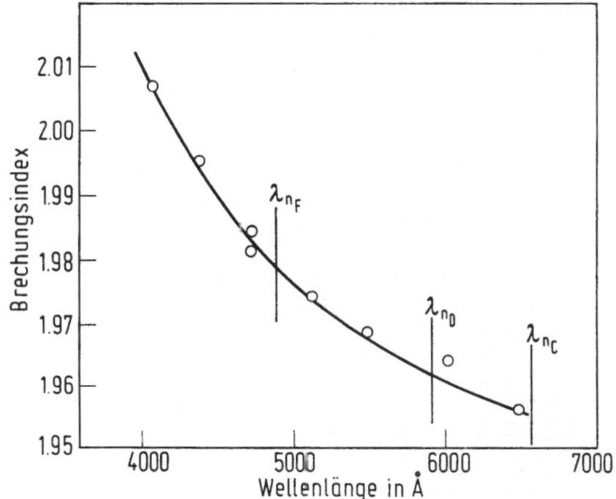

Fig. 8-30

Optische Dispersion von Yttralox-Keramik (Y_2O_3 mit 10 Mol-% ThO_2) [54].

Sinterkörper von ThO_2 mit 5 bzw. 15 Mol-% Y_2O_3, die bei 2380° C unter Wasserstoff hergestellt wurden, zeigen zwischen 0.3 μm und ≈ 8 μm eine spektrale Durchlässsigkeit von über 45% (Probe mit 15 Mol-% Y_2O_3) bzw. über 60% (Probe mit 5 Mol-% Y_2O_3), **Fig. 8-31** [5, 78, 79, 86].

Mit Y_2O_3 (0.14 Mol-%) dotiertes ThO_2 zeigt eine Absorptionskante bei 240 nm [15]. Es wurde – im Gegensatz zu Untersuchungen in [16 bis 18] – kein Fluoreszenzspektrum mit scharfen Absorptionsbanden beobachtet.

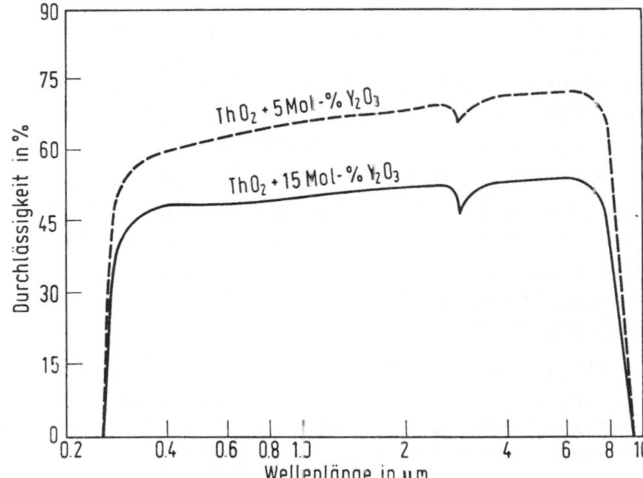

Fig. 8-31

Spektrale Durchlässigkeit von ThO_2-Y_2O_3-Sinterkörpern [5].

8.3.2 Verbindungen mit Yttrium und einem weiteren Element

Compounds with Yttrium and Another Element

Aus dem Phasendiagramm des Systems $ThO_2 \cdot CeO_2$-Y_2O_3-In_2O_3 (**Fig. 8-32**, S.68) für eine Temperatur von ≳ 1 400°C ist zu erkennen, daß die Mischkristallphase ThO_2-CeO_2-Y_2O_3 mit Fluoritstruktur (F) nur geringe Mengen (< 5 Mol-%) In_2O_3 in ihr Gitter aufnimmt. Auch die Löslichkeit von

Literatur zu 8.3 s. S. 68/70

$ThO_2 \cdot CeO_2$ (1:1) in der lückenlosen Mischkristallreihe Y_2O_3-In_2O_3 nimmt mit steigendem In_2O_3-Gehalt ab (J in Fig. 8-32) [55].

Für die elektrische Leitfähigkeit von ThO_2-ZrO_2-8% Y_2O_3-Proben wird in [66] eine Aktivierungsenergie von E_A = 1.38 bis 1.46 eV angegeben. Über eine Nd-dotierte Yttraloxkeramik s. 8.4.4.2, S. 89.

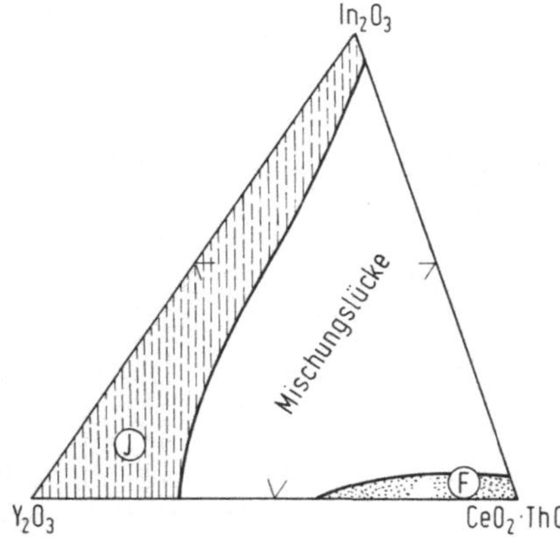

Fig. 8-32

Isothermer Schnitt für ≲1400°C des Systems $ThO_2 \cdot CeO_2$-Y_2O_3-In_2O_3 [55].

Untersuchungen über das System ThO_2-Y_2O_3-WO_3 werden im Kapitel 11.3.3 (S. 142/3) näher beschrieben, es sei hier nur erwähnt, daß neben den in den Einzelsystemen ThO_2-WO_3 und Y_2O_3-WO_3 auftretenden Phasen eine einzige neue quarternäre Verbindung $Th_xY_yWO_4$ variabler Zusammensetzung gefunden wurde [68, 69].

Literatur zu 8.3:

[1] R. C. Anderson (in: A. M. Alper, High Temperature Oxides, Tl. II, Academic Press, New York-London 1970, S. 1/40). — [2] W. D. Kingery (in: Introduction to Ceramics, John Wiley, New York 1960 nach [1], S. 26, 39). — [3] R. C. Anderson laut [1, S. 30/31]. — [4] P. J. Jorgensen, R. C. Anderson (J. Am. Ceram. Soc. **50** [1967] 553/8). — [5] C. Greskovich, C. R. O'Clair, M. J. Curran (J. Am. Ceram. Soc. **55** [1972] 324/5).

[6] Ph. Courty, H. Ajot, Ch. Marcilly, B. Delmon (Powder Technol. **7** [1973] 21/38). — [7] A. A. Ogorodnikova, L. M. Lopato (Dopovidi Akad. Nauk UKr. RSR B **34** [1972] 542/5 nach C. A. **77** [1972] Nr. 80592). — [8] J. M. Wimmer, L. R. Bidwell, N. M. Tallan (AED-CONF-65-092-8 [1965] 1/14; N.S.A. **19** [1965] Nr. 42896). — [9] F. Sibieude, A. Rouanet (Colloq. Intern. Centre Natl. Rech. Sci. [Paris] Nr. 205 [1972] 459/68). — [10] G. Brauer, H. Gradinger (Naturwissenschaften **38** [1951] 559/60).

[11] E. C. Subbarao, P. H. Sutter, J. Hrizo (J. Am. Ceram. Soc. **48** [1965] 443/6). — [12] J. M. Wimmer, L. R. Bidwell, N. M. Tallan (J. Am. Ceram. Soc. **50** [1967] 198/201). — [13] F. Hund, R. Mezger (Z. Physik. Chem. **201** [1952] 268/77). — [14] F. Sibieude, M. Foex (J. Nucl. Mater. **56** [1975] 229/38). — [15] P. J. Harvey, B. G. Childs, J. Moerman (J. Am. Ceram. Soc. **56** [1973] 134/36).

[16] A. K. Trofimov (Izv. Akad. Nauk SSSR Ser. Fiz. **25** [1961] 460/1; Bull. Acad. Sci. USSR Phys. Ser. **25** [1961] 453/56). — [17] E. T. Rodine (Diss. Univ. of Nebraska 1970, S. 1/140; Diss. Abstr. Intern. B **31** [1971] 4944). — [18] R. C. Linares (J. Opt. Soc. Am. **56** [1966] 1700/3). — [19] G. P. Halbfinger, M. Kolodney (J. Am. Ceram. Soc. **55** [1972] 519/24). — [20] G. P. Halbfinger (Diss. Univ. of New York 1972; N.S.A. **26** [1972] Nr. 41326).

[21] C. S. Morgan (J. Am. Ceram. Soc. **56** [1973] 393). — [22] R. C. Anderson (U.S.P. 3737331 [1971/73] nach N.S.A. **28** [1973] Nr.18620; D.P. 212662 [1971/72] nach C. A. **77** [1972] Nr. 168057). — [23] R. C. Anderson (Can. P. 916422 [1972] nach N.S.A. **30** [1974] Nr. 3805). — [24] G. Long, W. P. Stanaway, D. Davis (AERE-M 1251 [1964] 9 S.; N.S.A. **18** [1963] Nr.14453). — [25] C. Greskovich, K. N. Woods (Am. Ceram. Soc. Bull. **52** [1973] 473/8).

[26] A. Biggs, D. F. Dailly, B. E. Waye (in: Electrical, Magnetical and Optical Ceramics, London 1972, S. 44/8; N. S. A. **27** [1973] Nr. 25113). — [27] D. R. Wilder, J. B. Hardaway (IS-2300 [1970]; N. S. A. **25** [1971] Nr. 16569). — [28] D. A. Shores, R. A. Rapp (J. Electrochem. Soc. **119** [1972] 300/5). — [29] W. L. Worrell (Am. Ceram. Soc. Bull. **53** [1974] 425/33). — [30] H. Ullmann (Z. Chem. [Leipzig] **7** [1967] 65/7).

[31] W. A. Fischer, D. Janke (Z. Physik. Chem. [Frankfurt] **69** [1970] 11/28). — [32] M. F. Lasker, R. A. Rapp (Z. Physik. Chem. [Frankfurt] **49** [1966] 198/221). — [33] H. Ullmann (Z. Physik. Chem. **237** [1968] 274/7). — [34] T. Reetz (Z. Physik. Chem. **250** [1972] 205/16). — [35] J. W. Patterson, E. C. Bogen, R. A. Rapp (J. Electrochem. Soc. **114** [1967] 752/8).

[36] D. A. Shores, R. A. Rapp (J. Electrochem. Soc. **118** [1971] 1107/11). — [37] T. Reetz (Z. Physik. Chem. **249** [1972] 369/75). — [38] J. E. Bauerle (J. Chem. Phys. **45** [1966] 4162/6). — [39] T. H. Etsell (Z. Naturforsch. **27a** [1972] 1138/49). — [40] F. J. Salzano, C. Auerbach, H. S. Isaacs, B. Minushkin (J. Electrochem. Soc. **118** [1971] 416/8).

[41] Hj. Matzke (J. Nucl. Mater. **21** [1967] 190/8). — [42] C. B. Alcock, B. C. H. Steele (in: G. H. Stewart, Science of Ceramics, Bd. II, Academic Press, New York 1964, S. 397/406). — [43] B. C. H. Steele, C. B. Alcock (Trans. AIME **233** [1965] 1359). — [44] W. L. Worrell (UCRL-11957 [1965]). — [45] R. A. Rapp (in: Thermodynamics of Nuclear Materials 1967, IAEA, Wien 1968, S. 559).

[46] J. Rudolph (Z. Naturforsch. **14a** [1959] 727/37). — [47] B. C. H. Steele (in: L. E. J. Roberts, Solid State Chemistry, Kapitel 4, Butterworths, London 1972, S. 118). — [48] F. J. Salzano, H. S. Isaacs, B. Minushkin (J. Electrochem. Soc. **118** [1971] 412/6). — [49] H. Peters, H. H. Möbius (Z. Physik. Chem. **209** [1958] 298/309). — [50] K. Kiukkola, C. Wagner (J. Elektrochem. Soc. **104** [1957] 379/87).

[51] D. H. Primas, D. A. Shores, R. A. Rapp (laut [28]). — [52] S. Stotz, C. Wagner (Ber. Bunsenges. Physik. Chem. **70** [1966] 781/8). — [53] R. W. Dickson, R. C. Anderson (J. Am. Ceram. Soc. **51** [1968] 233/4). — [54] nach [1, S. 21]. — [55] N. N. Padurow, C. Schusterius (Ber. Deut. Keram. Ges. **30** [1953] 251/3).

[56] H. Schmalzried (Z. Physik. Chem. [Frankfurt] **38** [1963] 87/102). — [57] B. Erdmann (KFK-1444 [1971]). — [58] B. Erdmann, C. Keller (J. Solid State Chem. **7** [1973] 40/8). — [59] C. Keller (unveröffentlicht). — [60] J. L. Weininger, P. D. Zemany (J. Chem. Phys. **22** [1954] 1469/70).

[61] J. L. May, R. L. Stoute (AECL-2169 [1965] 39/44, 48 S.). — [62] S. M. Lang, F. R. Geller (J. Am. Ceram. Soc. **34** [1951] 193/200). — [63] R. R. Heikes (AD-464733 [1965] 31 S.; C.A. **67** [1967] Nr. 6371). — [64] M. Iqbal, E. H. Baker (High Temp.-High Pressures **5** [1973] 265/71). — [65] R. W. Vest, N. M. Tallan, W. C. Tripp (J. Am. Ceram. Soc. **47** [1964] 635/40).

[66] K. Chihoro, S. Shinroku, F. Osuma (Yogyo Kyokai Shi **71** [1963] 49/54 nach C.A. **61** [1964] 7804b). — [67] J. B. Hardaway III, J. W. Patterson, D. R. Wilder, J. D. Schieltz (J. Am. Ceram. Soc. **54** [1971] 94/8). — [68] A. N. Pokrovskii (Vestn. Mosk. Univ. Khim. **27** [1972] 302/5; Moscow Univ. Chem. Bull. **27** Nr. 3 [1972] 34/7). — [69] V. I. Spitsyn, A. N. Pokrovskii, N. C. Afonskii, V. K. Trunov (Dokl. Akad. Nauk SSSR **188** [1969] 1065/8). — [70] M. Iqbal, E. H. Baker (Proc. Brit. Ceram. Soc. Nr. 19 [1971] 279/83).

[71] A. V. R. Rao, V. B. Tare (Scripta Met. **5** [1971] 813/19). — [72] R. E. W. Casselton (Phys. Status Solidi A **3** [1970] K255/K258). — [73] J. P. Marcon (CEA-BIB-180 [1970] 40 S.; N.S.A. **24**

[1970] Nr. 41241). — [74] L. D. Burke, H. Rickert, R. Steiner (Z. Physik. Chem. [Frankfurt] **74** [1971] 146/67). — [75] J. B. Hardaway III (IS-T-333 [1969] 41 S.; N.S.A. **23** [1969] 48527).

[76] S. C. Keeton, R. R. Schemmel, J. L. Bates (BNWL-1181 [1969] 57 S.; N.S.A. **24** [1970] Nr. 1078). — [77] A. Hammon (J. Chim. Phys. **72** [1975] 439/47). — [78] C. Greskovich, K. N. Woods (Am. Ceram. Soc. Bull. **52** [1973] 473/8). — [79] R. C. Anderson (Can. P. 916422 [1970/72] nach N.S.A. **30** [1974] Nr. 3805). — [80] H. Ullmann (Z. Physik. Chem. **237** [1968] 71/80).

[81] R. T. Sproule (Mater. Eng. **79** [1974] 48/9). — [82] H. Yanagida (Yogyo Kyokai Shi **80** [1972] 135/6 nach C.A. **76** [1972] Nr. 118639). — [83] H. Peters, G. Mann (Ber. Bunsenges. Physik. Chem. **63** [1959] 244/8). — [84] R. C. Anderson (U.S.P. 3574645 [1971]; N.S.A. **25** [1971] Nr. 35543). — [85] T. Reetz, H. Ullmann (Z. Chem. [Leipzig] **11** [1971] 277/8).

[86] R. C. Anderson, J. Barker (Opt. Spectra **3** [1969] 57/60). — [87] A. Hammon (J. Chim. Phys. **72** [1975] 431/8).

Compounds with Lanthanum and Lanthanides

8.4 Verbindungen mit Lanthan und den Lanthaniden

Compounds with Lanthanum

8.4.1 Verbindungen mit Lanthan

The ThO_2-$LaO_{1.5}$ System

8.4.1.1 Das System ThO_2-$LaO_{1.5}$

Phase Diagram

8.4.1.1.1 Phasendiagramm

Im System Thoriumoxid-Lanthanoxid wurden durch Festkörperreaktionen folgende ternäre Oxide bzw. Oxidphasen dargestellt [1 bis 10, 13 bis 15, 17, 19, 57, 75]:

a) eine Fluoritphase, d. h. eine nichtstöchiometrische Phase, bei der $LaO_{1.5}$ in das Fluoritgitter des ThO_2 eingebaut wird,

b) fünf sog. ψ_i-Phasen, die sich als eine Kombination der Strukturen von kubischem ThO_2 und hexagonalem A-$LaO_{1.5}$ auffassen lassen,

c) eine A-Typ-Phase, d. h. eine Phase, in der ThO_2 in hexagonales A-$LaO_{1.5}$ eingebaut wird,

d) eine H-Typ-Phase, d. h. eine Phase, in der ThO_2 in die Hochtemperaturmodifikation H-$LaO_{1.5}$ eingebaut wird,

e) eine X-Typ-Phase, d. h. eine Phase, in der ThO_2 in die Hochtemperaturmodifikation X-$LaO_{1.5}$ eingebaut wird.

Über diese Phasen, die im folgenden einzeln besprochen werden, liegt noch keine einheitliche Auffassung vor. Dies betrifft sowohl die Zahl und Zusammensetzung der ψ_i-Phasen als auch die Breite der Fluoritphase und der A-Typ-Phase sowie ihre Temperaturabhängigkeit.

Daher unterscheiden sich auch die in der Literatur publizierten Phasendiagramme des Systems ThO_2-$LaO_{1.5}$ beträchtlich, s. **Fig.** 8-**33**, 8-**34** und 8-**35**. Das „wahrscheinlichste" Phasendiagramm

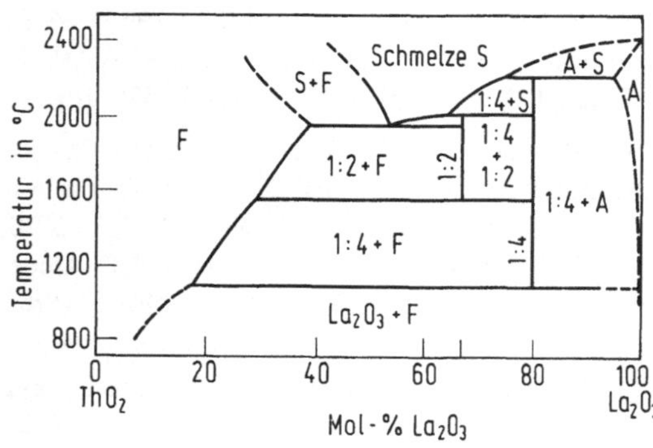

Fig. 8-33

Phasendiagramm des Systems ThO_2-La_2O_3 nach [2].
F = Fluoritphase $(Th,La)O_{2-x}$ (ss)
A = A-Typ-Phase $(La,Th)O_{1.5+x}$ (ss)
1: 2 = $ThO_2 \cdot 2La_2O_3$
1: 4 = $ThO_2 \cdot 4La_2O_3$.

Literatur zu 8.4 s. S. 112/4

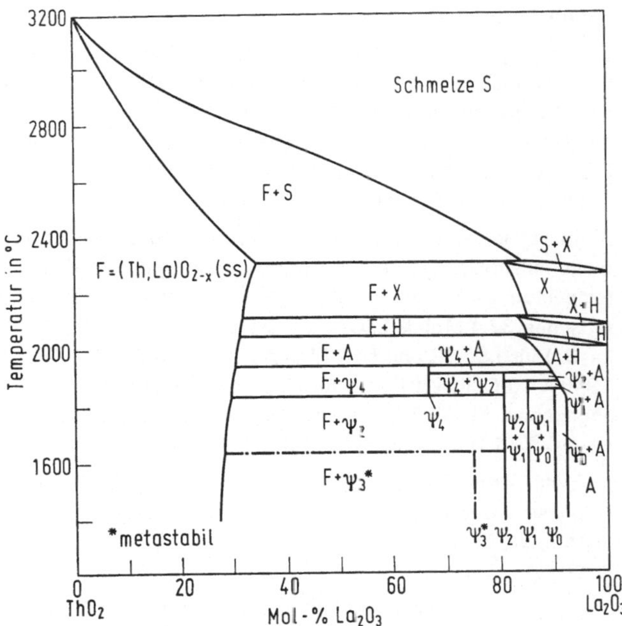

Fig. 8-34

Phasendiagramm des Systems ThO_2-La_2O_3 nach [3].
F und A wie in Fig. 8-33;
H und X: H- bzw. X-Typ-Phase $(La,Th)O_{1.5+x}$ (ss);
$\psi_0, \psi_1, \psi_2, \psi_3$ und ψ_4: ψ-Phasen, die sich als Kombination von kubischem ThO_2 und hexagonalem A-$LaO_{1.5}$ auffassen lassen.

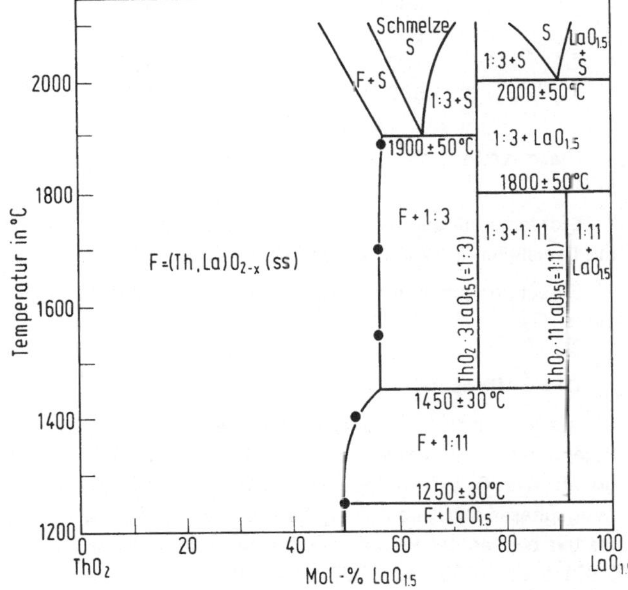

Fig. 8-35

Phasendiagramm des Systems ThO_2-$LaO_{1.5}$ nach [7].

dürfte sich durch Kombination des Hochtemperaturteils des Diagramms von [3] (Fig. 8-34) mit dem Diagramm von [7] (Fig. 8-35) für t < 1 800°C ergeben. Vor einer Verschmelzung beider Teile sollten jedoch noch einige klärende Studien durchgeführt werden.

Das in [6] pu blizierte Phasendiagramm ist relativ nahe verwandt mit dem Phasendiagramm von [3], es fehlt jedoch n och die Phase ψ_0, die erst später aufgefunden wurde.

Literatur zu 8.4 s. S. 112/4

The Fluorite Phase

$(Th, La)O_{2-x}$

Die Fluoritphase $(Th, La)O_{2-x}$

Die in [1 bis 3, 7, 10, 13, 19] beschriebenen Untersuchungen kommen zu unterschiedlichen Ergebnissen über die Breite der ThO_2-$LaO_{1.5}$-Fluoritphase und ihrer Temperaturabhängigkeit. Für eine Temperatur von 1520°C wird in [19] ein bis zur Zusammensetzung $(Th_{0.445}, La_{0.555})\,O_{1.723}$ reichender einphasiger Bereich angegeben, d. h. eine Löslichkeit von 55.5 Mol-% $LaO_{1.5}$ in ThO_2. Dieser Wert ist in guter Übereinstimmung mit den in [7] erhaltenen Ergebnissen und ist auch mit den Daten von [1] vereinbar.

In [1] wird für eine Temperatur von 1300°C eine Löslichkeit von 52 Mol-% $LaO_{1.5}$ gefunden, wobei allerdings der Temperaturbezug nicht ganz eindeutig ist, da die Proben von der Reaktionstemperatur vermutlich nicht abgeschreckt wurden. Die entsprechenden Werte nach [2] liegen zwischen 37.4 Mol-% $LaO_{1.5}$ (≙ 23 Mol-% La_2O_3) für 1400°C, 51.9 Mol-% $LaO_{1.5}$ (≙ 35 Mol-% La_2O_3) für 1800°C und 56.1 Mol-% $LaO_{1.5}$ (≙ 39 Mol-% La_2O_3) für die eutektische Temperatur von 1940 ± 10°C. In [10] wird für eine Temperatur von 1480°C eine Löslichkeit von 48 Mol-% $LaO_{1.5}$ angegeben. Merklich geringere Werte werden in [3] aufgeführt: 46.2 Mol-% $LaO_{1.5}$ (≙ 30 Mol-% La_2O_3) für 1400°C und < 40 Mol-% $LaO_{1.5}$ (≙ < 25 Mol-% La_2O_3) für 2200°C.

Detaillierte Untersuchungen in [7] führten zur Festlegung folgender Phasengrenzen für das einphasige Gebiet mit Fluoritstruktur (Grenzzusammensetzung = maximale Löslichkeit von $LaO_{1.5}$ in ThO_2 zu $Th_{1-x}La_xO_{2-x/2}$):

Temperatur in °C	Grenzzusammensetzung der Fluoritphase in Mol-% $LaO_{1.5}$ (± 1 Mol-%)
1250	0 bis 49.5
1460	0 bis 51.5
1550	0 bis 56.5
1700	0 bis 56.5
1900	0 bis 57.5

Diese Werte nach [7] entsprechen mehr den in [1, 2] aufgeführten Löslichkeiten als den Daten in [3].

Dichtemessungen haben ergeben, daß in diesen festen Lösungen ein vollbesetztes Kationengitter mit Leerstellen im Anionenteilgitter vorliegt [2].

Berechnungen über die durch den Einbau von $LaO_{1.5}$ in ThO_2 hervorgerufenen Gitterstörungen s. [14].

The ψ_i-Phases

Die ψ_i-Phasen

Als ψ_i-Phasen ($0 \leqq i \leqq 4$) werden die in den Systemen ThO_2-$SEO_{1.5}$ (SE = La, Pr, Nd, Sm) auftretenden ternären Oxide bezeichnet, die sich durch geordneten Einbau von Th^{4+}-Ionen in das hexagonale A-$SEO_{1.5}$-Gitter auffassen lassen [3 bis 6, 9]. Der erste Hinweis auf die Existenz von Ordnungsphasen im System ThO_2-$LaO_{1.5}$ wurde in [19] gegeben, als bei Untersuchungen über Phasenbreiten beobachtet wurde, daß für die Formulierung $Th_{1-x}La_xO_{2-0.5x}$ bei den Zusammensetzungen $0.801 \leqq x \leqq 0.989$ und $0.707 \leqq x \leqq 0.801$, d. h. im $LaO_{1.5}$-reichen Gebiet des Systems, Oxidphasen auftreten, die sich von den Grenzgliedern ThO_2 und $LaO_{1.5}$ strukturell unterscheiden. Ein einheitliches Bild über diese ψ_i-Phasen existert allerdings derzeit noch nicht.

So wurden in [2] ebenfalls zwei Oxidphasen $ThO_2 \cdot 8\,LaO_{1.5}$ ($ThO_2 \cdot 4\,La_2O_3$ = 88.9 Mol-% $LaO_{1.5}$, in der nachfolgend gegebenen Nomenklatur nach [9] evtl. die ψ_2-Phase) und $ThO_2 \cdot 4\,LaO_{1.5}$ ($ThO_2 \cdot 2\,La_2O_3$ = 80 Mol-% $LaO_{1.5}$, evtl. ψ_4-Phase nach [9]) unter Gleichgewichtsbedingungen nachgewiesen. Beide Phasen sind nur bei hohen Temperaturen stabil und zersetzen sich bei niedrigen Temperaturen. Für $ThO_2 \cdot 8\,LaO_{1.5}$ liegt der Existenzbereich zwischen 1150°C und 2200°C, die

Literatur zu 8.4 s. S. 112/4

entsprechenden Stabilitätsunter- und Obergrenzen für $ThO_2 \cdot 4\,LaO_{1.5}$ liegen bei 1225 ± 25°C und 2000 ± 50°C. Röntgenographische d-Werte für diese Verbindungen sind in [2] tabelliert.

Zwei intermediäre Oxidphasen definierter Struktur werden auch in [7] beschrieben, allerdings bei den Zusammensetzungen $ThO_2 \cdot 3\,LaO_{1.5}$ ($\triangleq$ 75 Mol-% $LaO_{1.5}$ entspricht ψ_3-Phase nach [9]) und $ThO_2 \cdot 11\,LaO_{1.5}$ ($\triangleq$ 91.7 Mol-% $LaO_{1.5}$ entspricht ψ_1-Phase nach [9]). Auch hier wurde beobachtet, daß diese ternären Oxide nur bei hohen Temperaturen stabil sind, sich jedoch durch rasches Abschrecken in metastabilem Zustand isolieren lassen. Beim langsamen Abkühlen tritt Zersetzung gemäß den folgenden Reaktionen ein:

$$ThO_2 \cdot 3\,LaO_{1.5} \xrightarrow{1450 \pm 50°C} (Th, La)O_{2-x} + ThO_2 \cdot 11\,LaO_{1.5}$$

$$ThO_2 \cdot 11\,LaO_{1.5} \xrightarrow{1250 \pm 30°C} (Th, La)O_{2-x} + LaO_{1.5}.$$

$ThO_2 \cdot 11\,LaO_{1.5}$ ist bei hohen Temperaturen nur bis gegen etwa 1800°C stabil, bei höheren Temperaturen erfolgt Zersetzung gemäß

$$ThO_2 \cdot 11\,LaO_{1.5} \xrightarrow{1800 \pm 50°C} ThO_2 \cdot 3\,LaO_{1.5} + LaO_{1.5}.$$

Die Stabilitätsbereiche betragen somit für $ThO_2 \cdot 3\,LaO_{1.5}$: 1450°C bis Schmelzpunkt (> 2100°C(?)) und für $ThO_2 \cdot 11\,LaO_{1.5}$: 1250°C ≤ t ≤ 1800°C.

Eine merkliche Phasenbreite beider Phasen ließ sich nicht feststellen, eine wenige Mol-% betragende Löslichkeit von ThO_2 bzw. $LaO_{1.5}$ in beiden Phasen konnte in [7] jedoch nicht ausgeschlossen werden.

Dagegen werden in [5, 6] vier neue intermediäre Phasen ψ_i im System ThO_2-$LaO_{1.5}$ beschrieben:

ψ_1 mit ≈ 91.9 Mol-% $LaO_{1.5}$ ($\triangleq$ 85 Mol-% La_2O_3)

ψ_2 mit ≈ 88.9 Mol-% $LaO_{1.5}$ ($\triangleq$ 80 Mol-% La_2O_3)

ψ_3 mit ≈ 86.7 Mol-% $LaO_{1.5}$ ($\triangleq$ 75 Mol-% La_2O_3) und

ψ_4 mit ≈ 78.8 Mol-% $LaO_{1.5}$ ($\triangleq$ 65 Mol-% La_2O_3).

Hierzu wird in [3] noch eine weitere Phase ψ_0 mit ≈ 94.3 Mol-% $LaO_{1.5}$ ($\triangleq$ 90 Mol-% La_2O_3) erwähnt.

Die Struktur dieser Phasen kann als eine Kombination der Strukturen von ThO_2 und La_2O_3 aufgefaßt werden [5, 9], wie sich aus der schematischen Darstellung in **Fig. 8-36** erkennen läßt. Der

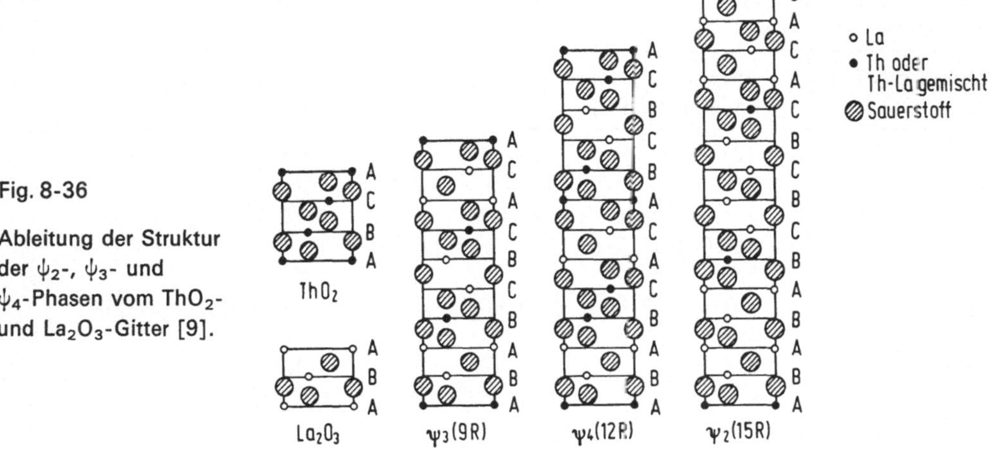

Fig. 8-36

Ableitung der Struktur der ψ_2-, ψ_3- und ψ_4-Phasen vom ThO_2- und La_2O_3-Gitter [9].

Literatur zu 8.4 s. S. 112/4

The ψ_i-Phases in the ThO_2-$LaO_{1.5}$ System

partielle Ersatz von Th-Atomen durch La-Atome läßt sich mit einem Kristallgitter beschreiben, das eine hexagonale Elementarzelle mit zum Teil sehr langen c-Achsen enthält:

ψ_i-Phase	Gitterkonstanten hexagonal a in Å	c in Å	rhomboedrisch a in Å	α
1	3.954	77.38		
2	3.954	46.60	15.706	14.46°
3	3.966	28.40	9.725	21.32°
4	3.975	38.052	11.57	19.00°

Nehmen wir — in rhomboedrischer Aufstellung der Gitter — für ThO_2 (entlang (111)) die Schichtenfolge ABC und für La_2O_3 (entlang (001)) diejenige von ABAB (womit ein Vergleich beider Strukturen ermöglicht wird, s. Fig. 8-36), so ergeben sich für die rhomboedrischen Elementarzellen der ψ_i-Phasen (i = 2, 3, 4) folgende Stapelfolgen n · R der Kationen:

ψ_2 (15R): A B A B A B C B C B C A C A C, A B . . .

ψ_3 (9R): A B A B C B C A C, A B . . .

ψ_4 (12R): A B A B C A C A B C B C, A B . . .

Für die Phase ψ_1 beträgt die Stapelfolge im hexagonalen Gitter 25H. Im Vergleich dazu gilt für das A-$LaO_{1.5}$-Gitter 2H und für das ThO_2-Gitter 3H. In hexagonaler Aufstellung ist die Länge der c-Achse ein ganzes Vielfaches von c/2 des hexagonalen A-$SEO_{1.5}$-Strukturtyps, und zwar 25 · c/2 für ψ_4. Eine eindeutige Indizierung des Röntgendiagramms der ψ_0-Phase war noch nicht möglich, doch scheint hier die c-Achse noch länger zu sein als bei der ψ_1-Phase, vermutlich > 33 · c/2 [9].

Da sich die ψ_i-Phasen durch geordneten Einbau von Th^{4+}-Ionen in das $LaO_{1.5}$-Gitter auffassen lassen, können die Phasen ψ_2 bis ψ_4 auch wie folgt beschrieben werden:

$$\psi_2: (M^{3+})_4\, M^{4+}$$
$$\psi_3: (M^{3+})_2\, M^{4+}$$
$$\psi_4: (M^{3+})_2\, (M^{4+})_2$$

Die Beziehung zwischen der Indizierung des hexagonalen A-$LaO_{1.5}$ und der ψ_i-Phasen in hexagonaler Aufstellung ist in Tabelle 8/6 wiedergegeben [9].

Tabelle 8/6
Beziehungen zwischen den Indices des hexagonalen A-La_2O_3 und den ψ_i-Phasen in hexagonaler Aufstellung [9].

Index für A-Typ	Indices der ψ-Phase für ungerade Zahl der Schichten (l)	Indices der ψ-Phase bei gerader Zahl der Schichten (l)
100	101	102
002	00l	00l′
101	2 Reflexe $(1, 0, \frac{l-1}{2})$, $(1, 0\, \frac{l+1}{2})$	$(1, 0, \frac{l'-2}{2})$, $(1, 0, \frac{l'+2}{2})$
102	2 Reflexe $(1, 0, l-1)$, $(1, 0, l+1)$	$(1, 0, l'-2)$, $(1, 1, l'+2)$
110	110	110
103	2 Reflexe $(1, 0, \frac{3l-1}{2})$, $(1, 0, \frac{3l+1}{2})$	$(1, 0, \frac{3l'-2}{2})$, $(1, 0, \frac{3l'+2}{2})$
200	201	202
112	1, 1, l	1, 1, l′
201	$(2, 0, \frac{l-1}{2})$, $(2, 0, \frac{l+1}{2})$	$(2, 0, \frac{l-2}{2})$, $(2, 0, \frac{l+2}{2})$
004	002l	002l′

Literatur zu 8.4 s. S. 112/4

Das Auftreten der einzelnen Phasen ψ_i als Funktion der Temperatur ergibt sich aus Tabelle 8/7. Danach ist ersichtlich, daß die auch bei niedrigen Temperaturen auftretenden Phasen ψ_0, ψ_1 und ψ_2 bis maximal 1 950°C stabil sind, während ψ_4 die thermisch stabilste ψ_i-Phase zu sein scheint. ψ_3 ist vermutlich nur eine metastabile Phase [9].

Tabelle 8/7

Auftretende Phasen im System ThO_2-La_2O_3 [9] (hexag. = hexagonal).

Mol-% ThO_2	Bei Raumtemperatur: abgeschreckt	Bei Raumtemperatur: bei 1 400°C nachbehandelt	Hohe Temperatur: von Raumtemperatur auf 1 800°C	Hohe Temperatur: von 1 800°C auf 1 950°C	Hohe Temperatur: unterhalb 1 950°C
0	Feste Lösung hexag. A-Typ	Feste Lösung hexag. A-Typ	Feste Lösung hexag. A-Typ		
5					
10		ψ_0 (nH)	ψ_0		Feste Lösung A-Typ + F-Phase
15		ψ_1	ψ_1		
20	ψ_2 (15R)	ψ_2	ψ_2		
25	ψ_3 (9R)	ψ_2 + F	ψ_2 + F		
30	ψ_3 + F_1	ψ_2 + F	ψ_2 + F	ψ_4 (12R)	
35	ψ_3 + F_1	ψ_2 + F	ψ_2 + F	ψ_4 + F	

Die unterschiedlichen Ergebnisse von [7] und [6, 9] — in [7] wurden nur die Phasen ψ_1 und ψ_3 beobachtet — werden in [9] durch die unterschiedlichen Darstellungsbedingungen erklärt. Die Bildung der einzelnen ψ_i-Phasen wird danach durch langsame Diffusionsvorgänge sehr erschwert, so daß ihre Bildung aus einer homogenen Schmelze, wie in [6, 9] angewandt, leichter möglich ist. Es sollte dann jedoch auch möglich sein, ausgehend von $ThO_2 \cdot aq$ + $La(OH)_3$-Mischhydroxidfällungen durch extrem langes Tempern bei sehr hohen Temperaturen zu diesen neuen ψ_i-Phasen zu gelangen. Ergebnisse von Experimenten zu dieser Annahme liegen noch nicht vor.

Löslichkeit von ThO_2 in den $LaO_{1.5}$-Modifikationen

Solubility of ThO_2 in $LaO_{1.5}$ Modifications

(A-, H- und X-Typ $LaO_{1.5}$-Phasen)

Bis zu einer Temperatur von 1 900°C konnte in [7] eine 0.3 Mol-% ThO_2 übersteigende Löslichkeit in $LaO_{1.5}$ ausgeschlossen werden. Auch in [2] konnten bis zu 1 700°C keine eindeutigen Löslichkeitswerte von ThO_2 in $LaO_{1.5}$ angegeben werden, da die sehr hygroskopischen Präparate von Darstellung zu Darstellung unterschiedliche, nicht reproduzierbare Gitterparameter aufwiesen. Im Phasendiagramm nach [2] wird jedoch eine geringe Löslichkeit als möglich postuliert.

Dagegen wurde in [9] bis zu einer Temperatur von etwa 1 800°C eine Löslichkeit von ca. 5 Mol-% ThO_2 in A-$LaO_{1.5}$ ($\hat{=}$ 9 Mol-% ThO_2 in La_2O_3) beobachtet, die bei ca. 2 000°C auf > 8 Mol-% ThO_2 in A-$LaO_{1.5}$ ($\hat{=} \gtrsim$ 15 Mol-% ThO_2 in La_2O_3) ansteigen soll. Entsprechend hohe Löslichkeiten von ThO_2 werden auch für die La_2O_3-Hochtemperaturmodifikationen H-La_2O_3 und X-La_2O_3 angegeben, ohne diese allerdings näher zu belegen. Zusätze von ThO_2 verändern im Gegensatz zu ZrO_2 die Umwandlungstemperatur A-$La_2O_3 \rightleftharpoons$ H-La_2O_3 nur wenig [5].

Die Zunahme der Gitterkonstanten a und c für La_2O_3 + 5 Mol-% ThO_2 als Funktion der Temperatur sowie die Änderung des Verhältnisses c/a ergibt sich aus **Fig. 8-37**, S. 76, [5].

Literatur zu 8.4 s. S. 112/4

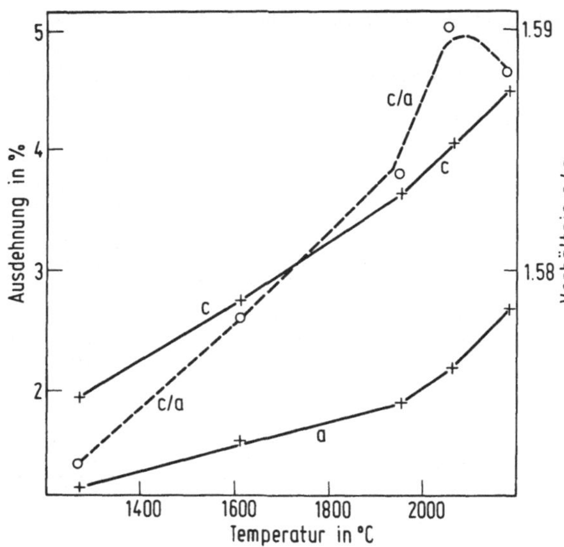

Fig. 8-37

Hexagonale Gitterkonstanten a und c sowie c/a für eine Probe mit 95 Mol-% La_2O_3 und 5 Mol-% ThO_2 als Funktion der Temperatur [5].

Preparation of ThO_2-$LaO_{1.5}$ Sintered Samples

8.4.1.1.2 Herstellung von ThO_2-$LaO_{1.5}$-Sinterproben

ThO_2-$LaO_{1.5}$-Sinterproben wurden überwiegend nach den in Kapitel 8.1 (S. 39/40) aufgeführten Methoden dargestellt. Da bei den Festkörperreaktionen keine Oxidations- bzw. Reduktionsreaktionen eintreten können, sind keine besonderen Schutzgase erforderlich. Proben mit hohen $LaO_{1.5}$-Gehalten ziehen beim Lagern an Luft allerdings CO_2 und Feuchtigkeit an, so daß hierbei gewisse Schutzmaßnahmen zu treffen sind.

Properties of the ThO_2-$LaO_{1.5}$ System

8.4.1.1.3 Eigenschaften des Systems ThO_2-$LaO_{1.5}$

Die kristallographischen Eigenschaften sind bei den einzelnen Phasen (S. 72/5) behandelt.

Über den Einfluß geringer Mengen La_2O_3 (0.042 Gew.-%.) auf die erzielbare Sinterdichte von ThO_2 s. [43].

Der spezifische elektrische Widerstand von ThO_2-$LaO_{1.5}$-Proben mit 25.0 Mol-% $LaO_{1.5}$ bzw. 46.6 Mol-% $LaO_{1.5}$ ist innerhalb der Meßgenauigkeit identisch [14]. Zahlenwerte sind in Tabelle 8/8 aufgeführt.

Tabelle 8/8

Spezifischer elektrischer Widerstand von ThO_2-$LaO_{1.5}$-Proben mit 25.0 (a) bzw. 46.6 Mol-% (b) $LaO_{1.5}$ [14].

a)	$10^4/T$ in K^{-1}	6.4	6.8	7.3	7.7	8.3	8.7	8.8	9.9	10.6	12.7	14.9
	lg ρ (ρ in Ω·cm)	1.87	2.06	2.13	2.34	2.55	2.77	2.82	3.27	3.86	4.53	5.69
b)	$10^4/T$ in K^{-1}	7.3	7.8	8.6	9.2	10.3	11.5	17.2				
	lg ρ (ρ in Ω·cm)	1.99	2.29	2.77	3.13	3.74	4.33	6.64				

ThO_2-$LaO_{1.5}$-Mischkristalle zeigen in ihrer elektrischen Leitfähigkeit ein ähnliches Verhalten wie ThO_2-$YO_{1.5}$- und ThO_2-$SmO_{1.5}$-Mischkristalle [44 bis 47, 50, 51, 54]. Wie für ThO_2-$YO_{1.5}$-Mischkristalle wird eine Sauerstoffionenleitfähigkeit nachgewiesen. Dabei ist die Leitfähigkeit von ThO_2, das mit 10 bzw. 15 Mol-% $LaO_{1.5}$ dotiert ist, höher, als die des mit der gleichen Menge $YO_{1.5}$ dotierten Festelektrolyten [50], bei 15 Mol-% $LaO_{1.5}$ um etwa 10% [49]. Die Leitfähigkeit von ThO_2 + 2 Mol-%

La_2O_3 ist im Gegensatz von derjenigen des ThO_2 unabhängig davon, ob die Messungen an Luft, im Vakuum oder unter Wasserstoff durchgeführt werden [51].

Die gemessene Leitfähigkeit von ThO_2 + 1 (8, 15) Mol-% $LaO_{1.5}$-Mischkristallen für t = 800°C (1 000°C, 1 200°C, 1 400°C) als Funktion des Wasserstoff- bzw. Wasserdampfpartialdrucks ist in **Fig. 8-38** aufgeführt. Die Meßwerte lassen sich unter der Annahme interpretieren, daß bei niedrigem Sauerstoffpartialdruck $p(O_2)$ und relativ hoher Dotierung mit $LaO_{1.5}$ ein beträchtlicher Anteil Protonenleitfähigkeit vorhanden ist [44], s. dazu auch Fig. 8-19 und 8-20 im Kapitel 8.3.1.3, S. 61. Sie bestätigen damit das in [48] vorgeschlagene Modell, das Protonen auf Zwischengitterplätzen in derartigen Mischkristallsystemen mit Anionenfehlstellen postuliert.

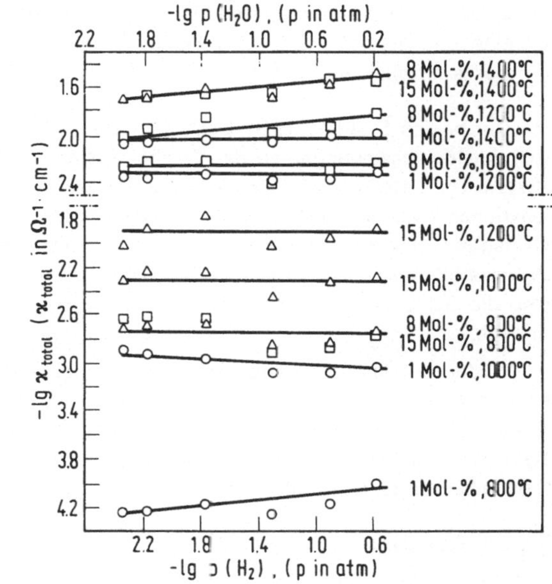

Fig. 8-38

Gesamte Leitfähigkeit $\varkappa_{total}$ von ThO_2-$LaO_{1.5}$-Mischkristallen (Zahlenangabe = Mol-% $LaO_{1.5}$) bei vorgegebener Sauerstoffaktivität als Funktion des Wasserstoffpartialdrucks [44].

Aus vergleichenden Untersuchungen zur katalytischen Wirksamkeit von CeO_2, $Zr_{0.91}Ca_{0.09}O_{1.91}$ und $Th_{0.85}La_{0.15}O_{1.925}$ für die Oxidation von CO durch Sauerstoff läßt sich eine Korrelation zur ionischen und elektronischen Leitfähigkeit dieser Proben ziehen [58]. Das dotierte ThO_2 ist dabei ein wesentlich besserer Katalysator als die Zirkonoxide, aber merklich schlechter als $LaCoO_3$ oder NiO, wie aus den Temperaturen abzuleiten ist, die für die Überführung eines vorgegebenen Teils CO in CO_2 notwendig sind, s. Fig. im Original [58].

8.4.1.2 Verbindungen mit Lanthan und einem weiteren Element

Compounds with Lanthanum and Another Element

Zum Glasigkeitsbereich im System ThO_2-B_2O_3-La_2O_3 s. Kapitel 3.1, S. 19, zum System ThO_2-TiO_2-La_2O_3 s. 9.1.3, S. 118.

In der Reihe der Mischoxide $Zr_xTh_{1-x}O_2$-La_2O_3 steigt die Löslichkeit von La_2O_3 mit steigendem Wert von x. Dies ist wegen der größeren Löslichkeit von La_2O_3 in ZrO_2 im Vergleich zu ThO_2 auch zu erwarten [5].

In der Perowskitverbindung $LaCoO_3$ läßt sich ein geringer Teil des La^{3+} durch Sr^{2+} ersetzen, wobei gleichzeitig ein äquivalenter Teil des Kobalts in Co^{4+} übergeht. Maximal ist ein Einbau von 35 Mol-% Sr^{2+} möglich, ohne daß ein Sauerstoffdefizit des p-Typ-Halbleiters auftritt. Ersetzt man einen Teil des La^{3+} durch Th^{4+} — maximal können 4% Thorium eingebaut werden —, so erhält man n-leitende Mischkristalle $La^{3+}_{1-x}Th^{4+}_xCo^{3+}_{1-x}Co^{2+}_xO_3$. Der Einbau des Th^{4+} führt zu keiner merklichen

Änderung der Gitterkonstante des rhomboedrisch verzerrten $LaCoO_3$. Für das über eine Mischhydroxidfällung und nachfolgendes Tempern bei 1400°C hergestellte $La_{0.97}Th_{0.03}CoO_3$ wurde eine Dichte von D(exp.) = 7.25 g/cm³ im Vergleich zu D(ber.) = 7.35 g/cm³ gefunden [16].

Compounds with Cerium Review

8.4.2 Verbindungen mit Cer

Übersicht. Im System Thoriumoxid-Ceroxid wurden bisher noch keine ternären Oxide definierter Struktur nachgewiesen, sondern nur folgende Oxidphasen:

a) eine Fluoritphase ThO_2-CeO_2 mit lückenloser Mischkristallbildung für das System ThO_2-CeO_2,
b) eine Fluoritphase ThO_2-$CeO_{1.5(+x)}$, d. h. eine nichtstöchiometrische Phase, bei der $CeO_{1.5}$ (oder $CeO_{1.5+x}$) in das Fluoritgitter des ThO_2 eingebaut wird,
c) eine C-Typ-Phase, d. h. eine Phase, in der ThO_2 durch Einbau in das kubische C-$CeO_{1.5+x}$ dieses anscheinend stabilisiert.

Die beiden Systeme ThO_2-CeO_2 und ThO_2-$CeO_{1.5(+x)}$ werden im folgenden näher diskutiert. Aus Analogiebeziehungen zu den Nachbarsystemen ThO_2-$LaO_{1.5}$ und ThO_2-$PrO_{1.5}$ sollte man im System ThO_2-$CeO_{1.5}$ noch einige sog. ψ_i-Phasen erwarten. Auch wurden die möglichen Festkörperreaktionen zwischen ThO_2 und den im Bereich CeO_2-$CeO_{1.5}$ auftretenden definierten intermediären Oxiden noch nicht beschrieben. Die Schwierigkeiten im System ThO_2-$CeO_{1.5}$ liegen darin, daß eine Wasserstoffreduktion von CeO_2 in Gegenwart von ThO_2 anscheinend nicht zu Ce^{III} führt. Weiterhin sind die Oxide CeO_{2-x} besonders für $0.25 < x < 0.5$ in Gegenwart von ThO_2 sehr oxidationsempfindlich.

Weder für das System ThO_2-CeO_2 noch für die Systeme ThO_2-$CeO_{1.5}$ bzw. ThO_2-CeO_2-$CeO_{1.5}$ sind genaue Phasendiagramme bekannt. Ein in Fig. 8-43 (S. 81) aufgeführtes Phasendiagramm des Systems ThO_2-CeO_2-$CeO_{1.5}$ gibt die Phasenverhältnisse nur sehr unvollkommen wieder. Zur Herstellung der in diesem Kapitel behandelten Proben werden die in Kapitel 8.1 beschriebenen Methoden benutzt (s. S. 39/40).

The ThO_2-CeO_2 System

8.4.2.1 Das System ThO_2-CeO_2

ThO_2 bildet mit CeO_2 eine lückenlose Mischkristallreihe, deren Glieder die Vegardsche Regel befolgen [20 bis 24]. Ein Schmelzdiagramm ist noch nicht bekannt. Für das System ThO_2-CeO_2 ist ein ideales Verhalten zu erwarten; da jedoch CeO_2 beim Erhitzen auf hohe Temperaturen Sauerstoff abspaltet, ist z. B. analog zum System UO_2-$PuO_{2(-x)}$ eine Abweichung vom idealen Verhalten wahrscheinlich. Dies wird z. B. in [23] bestätigt, da nach Erhitzen von ThO_2-CeO_2-Proben im Vakuum auf 1200°C die Rückstreureflexe auf den Röntgendiagrammen diffus waren. Scharfe Röntgenreflexe erhält man jedoch beim Erhitzen an Luft auf diese Temperatur. In [25] wird aufgeführt, daß ThO_2-CeO_2-Proben mit 15 (30, 45, 60) Gew.-% CeO_2 nach Erhitzen auf 2500°C nicht geschmolzen waren. Nach allerdings durch neue Untersuchungen zu überprüfenden Angaben soll nach dieser Behandlung das CeO_2 sich nicht verändert haben.

Der Wärmewiderstand (thermal resistivity) von ThO_2-CeO_2-Mischoxiden ist bei gleichem ThO_2-Gehalt merklich größer als der von ThO_2-UO_2-Mischoxiden [26]. Die gemessenen Werte der Wärmeleitfähigkeit für ThO_2-CeO_2-Proben mit einem CeO_2-Anteil von unter 10 Mol-% sind in **Fig. 8-39** aufgeführt. Der Unterschied von ThO_2-CeO_2 und ThO_2-UO_2 wird auf die unterschiedlichen Beiträge der Atommasse des 2. Partners zurückgeführt [23].

Untersuchungen über die elektrische Leitfähigkeit an $Th_{0.751}Ce_{0.25}O_2$-Mischkristallen bei $1000°C \leq t \leq 1500°C$ und 10^{-20} atm $\leq p(O_2) \leq 1$ atm zeigten, daß eine gemischte Leitfähigkeit vorliegt, wenngleich überwiegend eine elektronische Leitfähigkeit [27]. Diese liegt im untersuchten Bereich im Mittel bei 75%, die restlichen 25% sind Sauerstoffionenleitfähigkeit. Die experimentell ermittelten Werte für die elektrische Leitfähigkeit von $Th_{0.75}Ce_{0.25}O_2$ als Funktion von Temperatur

Literatur zu 8.4 s. S. 112/4

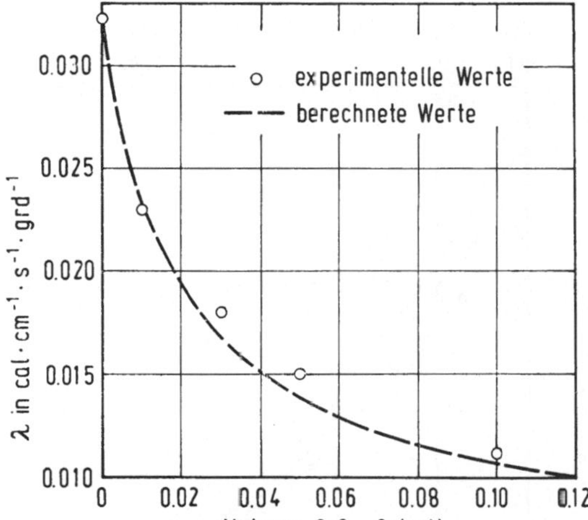

Fig. 8-39

Wärmeleitfähigkeit λ von ThO_2-CeO_2-Proben [26].

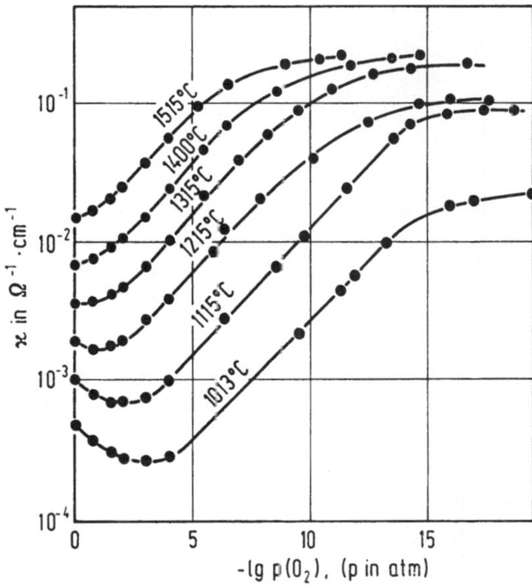

Fig. 8-40

Elektrische Leitfähigkeit ϰ von $Th_{0.75}Ce_{0.25}O_2$ für verschiedene Temperaturen als Funktion des Sauerstoffpartialdrucks $p(O_2)$ [27].

und Sauerstoffpartialdruck sind in der **Fig.** 8-**40** und 8-**41**, S. 80, wiedergegeben [27]. Zwischen der elektrischen Leitfähigkeit und den katalytischen Eigenschaften von ThO_2-1 Gew.-% CeO_2 wurde in [28] ein Zusammenhang beobachtet.

Ein Zusatz von 15% CeO_2 anstelle von Y_2O_3 verringert die Verbiegung von ThO_2-Heizstäben in Widerstandsöfen, allerdings beobachtet man einen merklichen Stromdurchgang durch derartige Heizleiterstäbe erst oberhalb 200°C bei dann verringertem Widerstand [49].

Eine Untersuchung über die Abhängigkeit der Ramanstreufrequenz von der Zusammensetzung von $Th_{1-x}Ce_xO_2$-Mischkristallen ergab keine lineare Abhänigkeit (**Fig.** 8-**42**, S. 80). Die Linienbreite zeigt bei x = 0.5 ein Maximum [41].

Bezüglich der Verwendung von ThO_2-CeO_2-Sinterkörpern mit 0.1 bis 1.0% CeO_2 als Lumineszenzgasmantel s. [36]. Photolumineszenz- und Absorbolumineszenzspektren von ThO_2, das mit 0.1% Ce dotiert wurde, s. [56].

Literatur zu 8.4 s. S. 112/4

The ThO_2-CeO_2 System

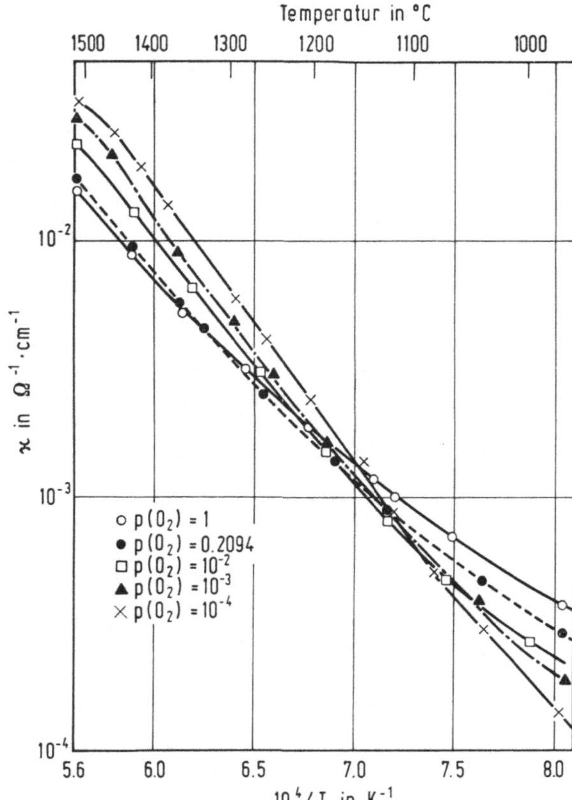

Fig. 8-41

Elektrische Leitfähigkeit ϰ von $Th_{0.75}Ce_{0.25}O_2$ für verschiedene Sauerstoffpartialdrücke als Funktion der Temperatur [27].

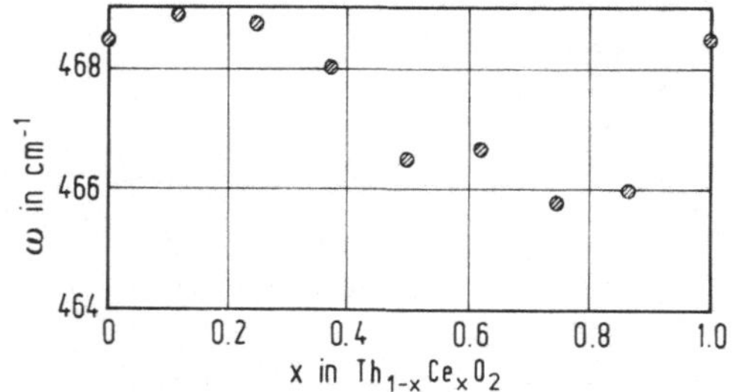

Fig. 8-42

Lage der Ramanfrequenz ω (in cm^{-1}) für Mischkristalle $Th_{1-x}Ce_xO_2$ [41]. Bedingungen: Anregung mit Argonlaser 4880 Å und 100 mW Leistung bei 30 K.

Ein Katalysator aus ThO_2, CeO_2 und $CuBr_2$ wird in [37] für die Bromierung von Xylol mit Brom bei 300 bis 600 °F benutzt. Zur oxidativen Dehydrierung von Butan zu 1,3-Butadien wird in [40] ein Katalysator benutzt, der zu 2% aus CeO_2 und zu je 0.1% aus ThO_2, UO_3 sowie Ag_2O besteht und auf Silicagel oder Aktivkohle niedergeschlagen ist.

The ThO_2-$CeO_{1.5(+x)}$ System

8.4.2.2 Das System ThO_2-$CeO_{1.5\,(+x)}$

Über das System ThO_2-$CeO_{1.5+x}$ mit $0 \leqq x \leqq 0.5$ liegen noch keine verläßlichen Angaben vor, da es sehr schwierig ist, CeO_2 im Mischkristall mit ThO_2 zu $CeO_{1.5}$ zu reduzieren [15].

Nach Angaben von [21] führt die Reduktion von $Th_xCe_{1-x}O_2$-Proben mit x = 0.75 (0.5, 0.4 und 0.2) durch Wasserstoff zwischen 800 und 1400°C nur zu einem reduzierten Anteil des Ce^{IV}

Literatur zu 8.4 s. S. 112/4

von bis zu 93%, wobei festgestellt wurde, daß mit steigender Temperatur der Anteil Ce^{III} zunimmt. In allen Fällen — die Grenzzusammensetzungen lagen zwischen $Th_{0.75}Ce_{0.25}O_{1.97}$-$Th_{0.75}Ce_{0.25}O_{1.89}$, $Th_{0.5}Ce_{0.5}O_{1.97}$ - $Th_{0.5}Ce_{0.5}O_{1.77}$, $Th_{0.4}Ce_{0.6}O_{1.90}$ - $Th_{0.4}Ce_{0.6}O_{1.72}$ und $Th_{0.2}Ce_{0.8}O_{1.82}$-$Th_{0.2}Ce_{0.8}O_{1.63}$ — wurden einphasige Proben mit Fluoritstruktur gefunden. Dabei wurde angenommen, daß der fehlende Sauerstoff Anionenlücken bildet, wie auf Grund der Dichtemessungen für einige Proben bestätigt wurde. Nur für die Proben $Th_{0.2}Ce_{0.8}O_{1.74}$ und $Th_{0.2}Ce_{0.8}O_{1.63}$ wurde eine C-$SEO_{1.5}$-Typ-Struktur entsprechend (Th, Ce)$O_{1.5+x}$ beobachtet.

In einem aus diesen Daten konstruierten Phasendiagramm für das System ThO_2-CeO_2-$CeO_{1.5}$ würde daher der Bereich mit Fluoritstruktur den größten Teil einnehmen. Nach [23] liegt die Phasengrenze im ternären System ThO_2-CeO_2-$CeO_{1.5}$ nahe derjenigen im binären System ThO_2-CeO_2, wie aus einem vorläufigen und sehr unvollständigen Phasendiagramm des Systems ThO_2-CeO_2-$CeO_{1.5}$ hervorgeht (**Fig. 8-43**). Die Löslichkeit von $CeO_{1.5}$ in ThO_2 beträgt bei 1 200°C etwa 45 Mol-% [23], ein Wert, der nach den systematischen Untersuchungen in [7] jedoch etwas zu klein scheint. Eine Überprüfung erscheint daher notwendig.

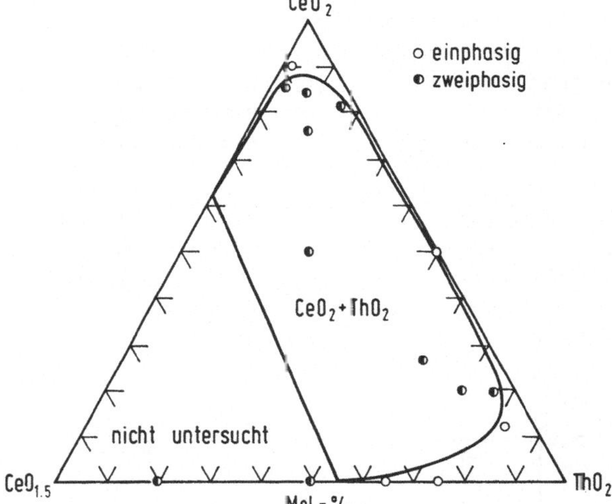

Fig. 8-43

Vorläufiges Phasendiagramm des Systems ThO_2-CeO_2-$CeO_{1.5}$ [23].

8.4.2.3 Verbindungen mit Cer und einem weiteren Element

Compounds with Cerium and Another Element

Über Phasenbeziehungen im System ThO_2-CeO_2-Y_2O_3 s. Kapitel 8.3.2 (S. 67). Zum Einfluß von eingebautem Ce^{4+} in $BaThO_3$ auf die Spektren s. 2.5, S. 15, zur Löslichkeit von In_2O_3 in $Th_{0.5}Ce_{0.5}O_2$ s. 3.4, S. 20. Mischkristalle $Th_{3x}Ce_{4(1-x)}(VO_4)_4$ sind im Kapitel 10.1.4, S. 126, behandelt.

Tempert man eine Probe der Zusammensetzung 35 Mol-% ThO_2 + 40 Mol-% CeO_2 + 25 Mol-% $YO_{1.5}$ bei 1 200°C, so erhält man nach Ausweis des Röntgendiagramms ein aus zwei Fluoritphasen (Gitterkonstanten a = 5.426 Å bzw. a = 5.596 Å) bestehendes Gemisch [23].

8.4.3 Verbindungen mit Praseodym

Compounds with Praseodymium

Review

Übersicht. Im System Thoriumoxid-Praseodymoxid wurden durch Festkörperreaktionen folgende ternären Oxide bzw. Oxidphasen nachgewiesen:

im System ThO_2-$PrO_{1.5+x}$

a) eine Fluoritphase ThO_2-PrO_2, bei der allerdings nur im ThO_2-reichen Gebiet und bei $p(O_2)$ = 0.2 atm reines Pr^{IV} vorliegt; im Pr-reicheren Gebiet liegt nur eine Fluoritphase mit partiell Pr^{IV} vor. Reine ThO_2-PrO_2-Mischkristalle konnten nur bei Anwendung hoher Drücke erzielt werden,

Literatur zu 8.4 s. S. 112/4

im System ThO_2-$PrO_{1.5}$

a) eine Fluoritphase, d. h. eine nichtstöchiometrische Phase, bei der $PrO_{1.5}$ in das Fluoritgitter des ThO_2 eingebaut wird,
b) drei (?) sog. ψ_i-Phasen (ψ_1, ψ_3, ψ_4) analog denjenigen im System ThO_2-$LaO_{1.5}$, die sich als eine Kombination der Strukturen von kubischem ThO_2 und hexagonalem A-$PrO_{1.5}$ auffassen lassen,
c) eine A-Typ-Phase, d. h. eine Phase, in der ThO_2 in hexagonales A-$PrO_{1.5}$ eingebaut ist,
d) eine C-Typ-Phase, d. h. eine Phase, in der ThO_2 in kubisches C-$PrO_{1.5}$ eingebaut wird und dieses stabilisiert.

Die einzelnen Systeme und die darin auftretenden Phasen werden im folgenden einzeln besprochen. Für das System ThO_2-PrO_2-$PrO_{1.5}$ wurde in [30] ein vorläufiges, unvollständiges Phasendiagramm publiziert (Fig. 8-45). Besonders über das System ThO_2-$PrO_{1.5+x}$ und die ψ_i-Phasen im System ThO_2-$PrO_{1.5}$ liegen nur sehr unvollständige Untersuchungsergebnisse vor.

The ThO_2-$PrO_{1.5+x}$ System

8.4.3.1 Das System ThO_2-$PrO_{1.5+x}$

Untersuchungen am System ThO_2-$PrO_{1.5+x}$ ($0 < x \leqq 0.5$) zeigten eindeutig, daß eine Stabilisierung von Pr^{IV} nur auf der ThO_2-reichen Seite des Mischoxidsystems, nicht aber auf der PrO_2-reichen Seite erzielt wurde [30, 31]. Letztere Beobachtung ist allerdings aus mehreren Gründen unerwartet, z. B. konnte man davon ausgehen, daß die Verdünnung von PrO_2 durch ein chemisch inaktives Oxid wie ThO_2 die Sauerstoffaktivität erniedrigt und damit Pr^{IV} stabilisiert.

Ausgehend von Präparaten, die über eine Mischoxalatfällung erhalten wurden, bei 1200 bis 1450°C an Luft vorgeglüht und anschließend bei 500°C an Luft bzw. unter 150 atm O_2 erhitzt und langsam abgekühlt wurden, ergab sich diese erwartete Stabilitätszunahme nicht. Im Gegenteil zeigte sich eine verringerte Stabilität von Pr^{IV}, da bei einem Druck von $p(O_2)$ = 10 atm unter diesen Versuchsbedingungen zwar reines PrO_2 gebildet wird, jedoch auf der $PrO_{1.5+x}$-reichen Seite kein ThO_2-$PrO_{1.5+x}$-Mischkristall mit PrO_2 [30].

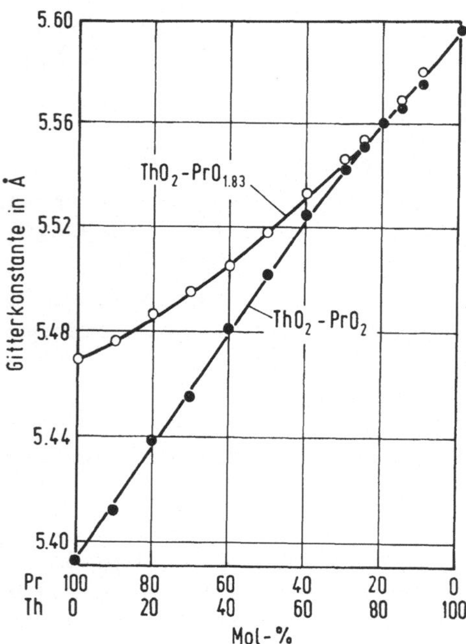

Fig. 8-44

Gitterkonstanten für die Mischkristallreihen ThO_2-$PrO_{1.83}$ und ThO_2-PrO_2 [30].

Literatur zu 8.4 s. S. 112/4

ThO_2-PrO_2 und ThO_2-$PrO_{1.83}$ bilden lückenlose Mischkristallreihen, die merkliche Abweichungen von der Vegardschen Regel zeigen (**Fig.** 8-**44**), wobei allerdings für das System ThO_2-PrO_2 nur eine relativ geringe Abweichung im Bereich mittlerer ThO_2- und PrO_2-Konzentrationen festzustellen ist. Die Abweichungen von der Vegardschen Regel für das System ThO_2-$PrO_{1.83}$ werden auf die sich über den Bereich ändernde mittlere Oxidationsstufe des Praseodyms zurückgeführt (Tabelle 8/9). Aus den Werten der Tabelle 8/9 erkennt man, daß die mittlere Oxidationsstufe des Praseodyms für an Luft geglühte Proben mit steigendem ThO_2-Anteil zunimmt, Pr^{IV} aber erst bei Gehalten von > 80 Mol-% ThO_2 erreicht wird [30].

Tabelle 8/9

Sauerstoff : Praseodym-Verhältnis in ThO_2-$PrO_{1.5+x}$-Mischoxidproben. Herstellung: Mischoxalatfällung bei 1 200 bis 1 450°C geglüht, anschließend bei angegebenem $p(O_2)$ auf 500°C erhitzt und langsam abgekühlt [30].

Molverhältnis Pr:Th	O:Pr-Verhältnis für Proben erhitzt unter $p(O_2)$ = 0.2 atm	$p(O_2)$ = 150 atm
100:0	1.835	2.00
90:10	1.85	1.99
80:20	1.86	2.00
70:30	1.88	1.99
60:40	1.91	2.00
50:50	1.93	2.00
40:60	1.94	1.99
30:70	1.94	2.05 *)
20:80	2.01 *)	2.02 *)
10:90	2.03 *)	2.01 *)

*) Abweichung vom Wert 2.00 ist Analysenfehler.

Das aus diesen Untersuchungen abgeleitete Phasendiagramm ist in **Fig. 8-45** wiedergegeben. Da die untersuchten Proben langsam abgekühlt wurden, ist nicht möglich anzugeben, für welche Temperaturen dieses Phasendiagramm gültig ist [30].

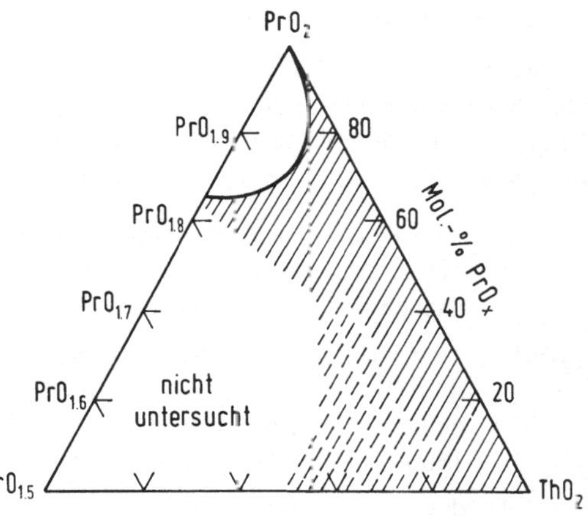

Fig. 8-45

Vorläufiges Phasendiagramm für das System ThO_2-PrO_2-$PrO_{1.5}$ [30].
Der schraffierte Bereich gibt die homogene $(Th,Pr)O_x$-Phase wieder.

Im Photoelektronenspektrum von $Th_{0.9}Pr_{0.1}O_2$ finden sich 3d-Signale bei 941.2 eV und 937.5 eV [34].

Literatur zu 8.4 s. S. 112/4

Das Photolumineszenzspektrum von mit 0.1 Mol-% Pr dotiertem ThO_2 unterscheidet sich nicht von den Spektren der mit Ca, Pb oder Ce dotierten Substanzen [56]. Im Adsorbolumineszenzspektrum von entsprechend dotiertem ThO_2 finden sich zwei relativ scharfe Banden bei 635 ± 5 nm und 710 ± 10 nm, während die mit Ca, Ce, Zr, U, Bi oder Sm dotierten Proben nur einen breiten Peak mit einem Maximum bei ≈ 650 nm zeigen [56].

Im gleichen Wellenlängenbereich wurden Fluoreszenzlinien (nach Anregung mit Röntgenstrahlen) in Pr-dotiertem ThO_2 gefunden, wobei die Intensität dieser Linien eine quantitative Bestimmung von ppm-Mengen Pr in ThO_2 (wahrscheinlich als Fluoritphase vorliegend) gestattet. Es ist allerdings nicht bekannt, ob eine Verschiebung der Pr-Fluoreszenzlinien von freien Pr^{3+}-Ionen durch den Einbau in ThO_2 zu einem Mischkristall erfolgt [59].

The ThO_2-$PrO_{1.5}$ System

8.4.3.2 Das System ThO_2-$PrO_{1.5}$

The Fluorite Phase $(Th, Pr)O_{2-x}$

Die Fluoritphase $(Th, Pr)O_{2-x}$

In [3] wird für 1400°C eine Löslichkeit von 30 Mol-% Pr_2O_3 (≙ 46.2 Mol-% $PrO_{1.5}$) in ThO_2, für 2200°C eine solche von < 35 Mol-% Pr_2O_3 ($\lesssim$ 51.9 Mol-% $PrO_{1.5}$) angegeben. In [32,33] wird für 1400°C ein Wert von 70 Mol-% $PrO_{1.5}$ aufgeführt, wobei bei etwa 50 Mol-% $PrO_{1.5}$ ein Übergang vom Fluoritgitter in das C-SE_2O_3-Gitter erfolgen soll. Genauere Untersuchungen über die Breite der Fluoritphase in [7] ergeben folgende Werte:

Temperatur in °C	Bereich der Fluoritphase in Mol-% $PrO_{1.5}$ (±1 Mol-%)
1250	0 bis 43.5
1400	0 bis 51.5
1550	0 bis 57.0
1700	0 bis 61.5

Alle diese Werte gelten für unter Wasserstoff erhitzte Proben, die von den entsprechenden Temperaturen abgeschreckt wurden. Die genaue Bestimmung der Löslichkeit von $PrO_{1.5}$ in ThO_2 ist wegen des geringen Unterschieds der Ionenradien von Th^{4+} und Pr^{3+} röntgenographisch nicht sehr einfach durchzuführen, was die großen Unterschiede in der Literatur erklären mag.

ψ_i-Phases

Die ψ_i-Phasen

Auch im System ThO_2-$PrO_{1.5}$ wurde die Existenz intermediärer Phasen festgestellt, die entsprechend oder ähnlich den im System ThO_2-$LaO_{1.5}$ beschriebenen ψ_i-Phasen sind [3, 9]. Allerdings ist die Kenntnis über Phasenbreite und termische Stabilität im System ThO_2-$PrO_{1.5}$ noch geringer als im System ThO_2-$LaO_{1.5}$, so daß auch noch kein Phasendiagramm aufgestellt werden konnte.

ψ_1(25H): eine Phase dieser Zusammensetzung wurde röntgenographisch in hocherhitzten Proben mit 15 Mol-% ThO_2 und 85 Mol-% Pr_2O_3 (≙ 8.1 Mol-% ThO_2 und 91.9 Mol-% $PrO_{1.5}$) nachgewiesen, die anschließend getempert wurden,

ψ_3(9R): eine Phase dieser Zusammensetzung wurde entsprechend in Proben mit 20 Mol-% ThO_2 und 80 Mol-% Pr_2O_3 (11.1 Mol-% ThO_2 und 88.9 Mol-% $PrO_{1.5}$) neben einer Fluoritphase nachgewiesen. Beim Tempern geht ψ_3 in ψ_1 über, welche sich ihrerseits oberhalb 1500°C in eine neue Phase, als 17 H bezeichnet, zersetzt,

ψ_4(12R): diese Phase wird neben der Fluoritphase in Proben mit 30 Mol-% ThO_2 und 70 Mol-% Pr_2O_3 (≙ 17.6 Mol-% ThO_2 und 82.4 Mol-% $PrO_{1.5}$) bei 1800°C erhalten. Oberhalb 1950°C existieren bei dieser Zusammensetzung jedoch nur noch Fluoritphase und A-$PrO_{1.5}$-Phase [3, 9].

Literatur zu 8.4 s. S. 112/4

In [7] wurden zwei Phasen festgestellt: $ThO_2 \cdot 3PrO_{1.5}$ und $ThO_2 \cdot 11PrO_{1.5}$, die den Phasen ψ_3 und ψ_1 nach [9] entsprechen. Für diese Phasen wurden folgende Zersetzungstemperaturen bestimmt:

$$ThO_2 \cdot 3\,PrO_{1.5} \xrightarrow{\lesssim 1600^\circ C} (Th, Pr)O_{2-x} + ThO_2 \cdot 11\,PrO_{1.5}$$

$$ThO_2 \cdot 11\,PrO_{1.5} \begin{cases} \xrightarrow{< 1400 \pm 30^\circ C} (Th, Pr)O_{2-x} + PrO_{1.5} \\ \xrightarrow{> 1850 \pm 50^\circ C} ThO_2 \cdot 3\,PrO_{1.5} + PrO_{1.5} \end{cases}$$

Beide Phasen sind daher nur bei hohen Temperaturen stabil, $ThO_2 \cdot 3\,PrO_{1.5}$ nur für > 1600°C und $ThO_2 \cdot 11\,PrO_{1.5}$ nur für $1400°C \lesssim t \lesssim 1850°C$. Sie lassen sich jedoch durch Abschrecken in metastabilem Zustand erhalten.

Gitterkonstanten bzw. andere Strukturdaten sind für die ψ_i-Phasen im System ThO_2-$PrO_{1.5}$ nicht bekannt.

Die A-Typ-Phase

The A-Type Phase

Für bei 1400°C getemperte Proben wird in [9] eine knapp 10 Mol-% ThO_2 betragende Löslichkeit in Pr_2O_3 (≙ 5.3 Mol-% in $PrO_{1.5}$) angegeben, die bis 2000°C praktisch temperaturunabhängig sein soll. Dagegen wird in [32] für 1400°C eine Löslichkeit von weniger als 2 Mol-% ThO_2 in Pr_2O_3 aufgeführt. Nach detaillierteren Untersuchungen [7] konnte zwischen 1200 und 1550°C eine 0.3 Mol-% ThO_2 übersteigende Löslichkeit in hexagonalem $PrO_{1.5}$ ausgeschlossen werden.

Die C-Typ-Phase

The C-Type Phase

Untersuchungen in [32] ergaben, daß unterhalb der Umwandlungstemperatur von $850°C \leqq t \leqq 900°C$ für $PrO_{1.5}$ das kubische C-Pr_2O_3 mehr als 10 Mol-% ThO_2 (entsprechend 5.2 Mol-% ThO_2 in $PrO_{1.5}$) in sein Gitter einbaut, wobei das C-Pr_2O_3-Gitter stabilisiert wird. Bei der Zusammensetzung 80 Mol-% ThO_2 + 20 Mol-% Pr_2O_3 sollen unterhalb 1100°C zwei kubische Phasen vom C-Typ coexistent sein, vermutlich dürfte jedoch eine unvollständige Gleichgewichtseinstellung vorliegen.

8.4.4 Verbindungen mit Neodym

Compounds with Neodymium

Review

Übersicht. Im System Thoriumoxid-Neodymoxid wurden durch Festkörperreaktionen bisher folgende ternären Oxide und Oxidphasen erhalten [3, 5, 7, 9, 10, 17, 24, 32, 34, 38]:

a) eine Fluoritphase, d. h. eine nichtstöchiometrische Phase, bei der $NdO_{1.5}$ in das Fluoritgitter des ThO_2 eingebaut wird,
b) fünf sog. ψ_i-Phasen (ψ'_0, ψ_1, ψ'_2, ψ_3 und ψ_4), die sich als eine Kombination der Strukturen von kubischem ThO_2 und hexagonalem A-$NdO_{1.5}$ auffassen lassen,
c) eine A-Typ-Phase, d. h. eine Phase, in der ThO_2 in hexagonales A-$NdO_{1.5}$ eingebaut wird,
d) eine H-Typ-Phase, d. h. eine Phase, in der ThO_2 in die Hochtemperaturmodifikation H-$NdO_{1.5}$ eingebaut wird,
e) eine X-Typ-Phase, d. h. eine Phase, in der ThO_2 in die Hochtemperaturmodifikation X-$NdO_{1.5}$ eingebaut wird.

Diese Phasen, die im folgenden einzeln näher diskutiert werden, lassen sich auch aus dem Phasendiagramm des Systems ThO_2-$NdO_{1.5}$ erkennen. Da die detaillierten Untersuchungen in [3, 9, 38] bzw. in [7] zu unterschiedlichen Ansichten über Zahl und Zusammensetzung der ψ_i-Phasen kamen, unterscheiden sich die beiden Phasendiagramme beträchtlich.

Literatur zu 8.4 s. S. 112/4

The ThO_2-$NdO_{1.5}$ System

8.4.4.1 Das System ThO_2-$NdO_{1.5}$

Phase Diagram

8.4.4.1.1 Phasendiagramm

Aus den Untersuchungen über die Existenzbereiche der einzelnen Phasen wurden die in **Fig. 8-46** und 8-**47** aufgeführten Phasendiagramme [3, 7] konstruiert. Da besonders die Phasenverhältnisse auf der $NdO_{1.5}$-reichen Seite nach den verschiedenen Literaturangaben sich stark unterscheiden, weisen auch die Phasendiagramme beträchtliche, derzeit nicht erklärbare Unterschiede auf. Das

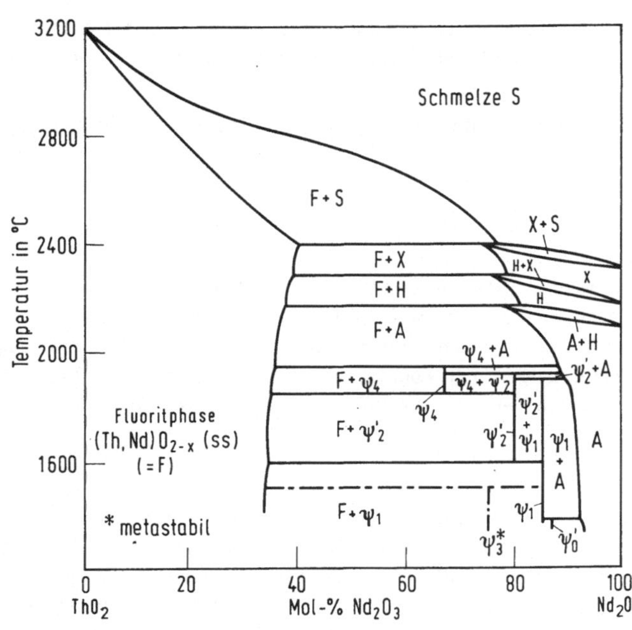

Fig. 8-46

Phasendiagramm des Systems ThO_2-Nd_2O_3 nach [3].
F: Fluoritphase $(Th,Nd)O_{2-x}$ (ss);
A, H und X: A-, H- bzw. X-Typ-Phasen $(Nd,Th)O_{1.5+x}$ (ss);
ψ_0', ψ_1, ψ_2', ψ_3 und ψ_4: ψ-Phasen (Kombinationen der Strukturen von kubischem ThO_2 und hexagonalem A-$NdO_{1.5}$).

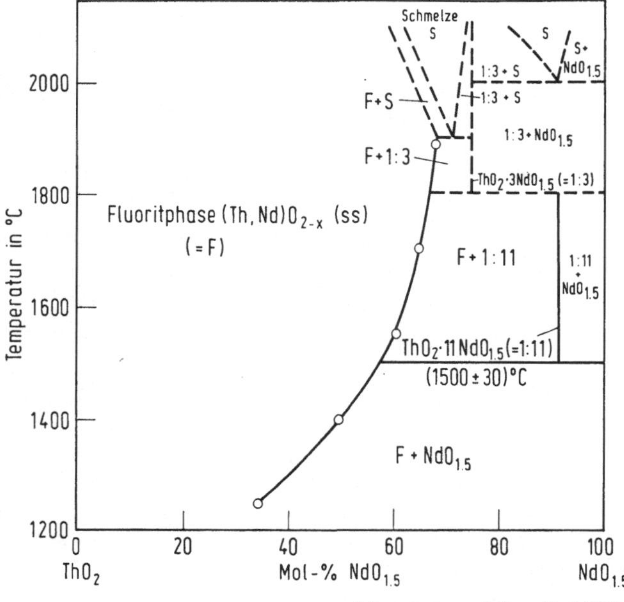

Fig. 8-47

Phasendiagramm des Systems ThO_2-$NdO_{1.5}$ nach [7].

Literatur zu 8.4 s. S. 112/4

Diagramm Fig. 8-46 nach [3] ist dabei eine abgeänderte Version des Phasendiagrammes einer älteren Arbeit der gleichen Autoren [38]. Das Eutektikum des Systems liegt nach [3] bei ≈ 25 Mol-% ThO_2 + 75 Mol-% Nd_2O_3 (≙ 14.3 Mol-% ThO_2 + 85.7 Mol-% $NdO_{1.5}$) und einer Temperatur von ≈ 2400°C.

Die Fluoritphase $(Th, Nd)O_{2-x}$

The Fluorite Phase $(Th, Nd)O_{2-x}$

Der Ausdehnungsbereich der Fluoritphase im System ThO_2-$NdO_{1.5}$ ist der größte, der in den Systemen ThO_2-$SEO_{1.5}$ je beobachtet wurde, d. h. $NdO_{1.5}$ besitzt die größte Löslichkeit von allen Lanthanidenoxiden in ThO_2. Nach [3] beträgt die Löslichkeit in ThO_2 bei 1400°C 52.9 Mol-% $NdO_{1.5}$ (≙ 35 Mol-% Nd_2O_3) und bei 2000°C unter 53.2 Mol-% $NdO_{1.5}$ (≙ < 40 Mol-% Nd_2O_3). Oberhalb der eutektischen Temperatur des Systems ThO_2-$NdO_{1.5}$ von ≈ 2400°C nimmt die Löslichkeit von $NdO_{1.5}$ in ThO_2 wieder ab.

Zu besonders bei hohen Temperaturen wesentlich größeren Löslichkeiten führten die detaillierteren Untersuchungen in [7]. Folgende maximale Löslichkeiten bzw. Grenzzusammensetzungen der Fluoritphase wurden gefunden:

Temperatur in °C	Grenzzusammensetzung der Fluoritphase in Mol-% $NdO_{1.5}$ (± 1 Mol-% $NdO_{1.5}$)
1250	0 bis 34.0
1400	0 bis 49.5
1550	0 bis 60.5
1700	0 bis 65.0
1900	0 bis 68.5

Wegen der sehr ähnlichen Ionenradien von Th^{4+} und Nd^{3+}, die zu einer nur geringen Änderung der Gitterkonstante der Fluoritphase beim Einbau von $NdO_{1.5}$ in das ThO_2-Gitter führt, ist die röntgenographische Bestimmung der Löslichkeit in diesem System besonders schwierig.

Die ψ_i-Phasen

ψ_i-Phases

Bei Untersuchungen in [7] wurden die beiden ternären Oxide $ThO_2 \cdot 3\,NdO_{1.5}$ (≙ 75 Mol-% $NdO_{1.5}$) und $ThO_2 \cdot 11\,NdO_{1.5}$ (≙ 91.7 Mol-% $NdO_{1.5}$) nachgewiesen, die den Phasen ψ_4 und ψ_2 nach [3, 38] entsprechen dürften. Beide Phasen sind nur bei hohen Temperaturen stabil, die Stabilitätsbereiche betragen

$$ThO_2 \cdot 11\,NdO_{1.5}: 1500 \pm 30°C \leq t \lesssim 1800°C$$

$$ThO_2 \cdot 3\,NdO_{1.5}: 1800°C \lesssim t \lesssim 1980°C.$$

Die beiden Phasen, für die keine Phasenbreite festgestellt werden konnte, lassen sich jedoch durch Abschrecken in metastabilem Zustand erhalten [7].

In [3, 9, 38] wurden folgende ψ_i-Phasen postuliert (Tabelle 8/10):

ψ'_0: diese Phase tritt unterhalb 1350°C auf bei ThO_2-Gehalten zwischen 10 und 15 Mol-% ThO_2 in Nd_2O_3 (≙ 5.3 bis 8.1 Mol-% ThO_2 in $NdO_{1.5}$). Mit der Notierung ψ_0 (33R) entspricht sie etwa der ψ_0-(35R)-Phase im System ThO_2-La_2O_3. Für sie werden hexagonale Gitterkonstanten bei Raumtemperatur von a = 3.84 Å und c = 99.60 Å angegeben.

ψ_1: die ψ_1-(25H)-Phase besitzt die hexagonalen Gitterkonstanten a = 3.85 Å und c = 75.7 Å bei Raumtemperatur. Sie wird bei Proben mit ≈ 15 Mol-% ThO_2 + ≈ 85 Mol-% Nd_2O_3 beobachtet.

ψ_i-Phases in the ThO_2-$NdO_{1.5}$ System

ψ_2': diese Phase der Notierung ψ_2' (17H) entspricht der Phase ψ_2 (15H) im System ThO_2-La_2O_3. Sie tritt bei ≈ 20 Mol-% ThO_2 + 80 Mol-% Nd_2O_3 (≙ 11.1 Mol-% ThO_2 und 88.9 Mol-% $NdO_{1.5}$) oberhalb 1500°C auf und besitzt bei 1600°C die hexagonalen Gitterkonstanten a = 3.93 Å und c = 53.39 Å.

ψ_3: diese Phase ist bei ≈ 25 Mol-% ThO_2 + 75 Mol-% Nd_2O_3 (≙ 14.3 Mol-% ThO_2 + 85.7 Mol-% $NdO_{1.5}$) nur unterhalb ≈ 1500°C stabil (metastabil) und besitzt gemäß der Notierung ψ_3 (9R) die hexagonalen Gitterkonstanten a = 3.88 Å und c = 27.9 Å bei Raumtemperatur.

ψ_4: diese Phase ist nur bei ≈ 33 Mol-% ThO_2 + 67 Mol-% Nd_2O_3 (≙ 20 Mol-% ThO_2 und 80 Mol-% $NdO_{1.5}$) und in einem engen Temperaturintervall bei 1800°C stabil und besitzt entsprechend der Notierung ψ_4 (12R) die hexagonalen Gitterkonstanten a = 3.99 Å und c = 38.3 Å bei 1900°C.

Einkristalluntersuchungen und genaue Phasenbreiten bzw. Zusammensetzungen dieser ψ_i-Phasen sind noch nicht bekannt.

Tabelle 8/10
Auftretende Phasen im System ThO_2-Nd_2O_3 [9].

	Raumtemperatur		Hohe Temperatur				
Mol-% ThO_2	abgeschreckt	nachbehandelt	von 25 auf 1300°C	von 1300 auf 1700°C	von 1700 auf 1850°C	von 1850 auf 1950°C	oberhalb 1950°C
0	Feste Lösung hexag. A-Typ	Feste Lösung A-Typ	Feste Lösung A-Typ				
5							
10		nH		nH			A + F
15		33R	33R	ψ_1 (25H) + A			A + F
20		ψ_1	ψ_1		17H		A + F
25	ψ_3 (9R) + F				17H + F		A + F
30		ψ_1 (25H) + F	ψ_1 (25H) + F		17H + F	ψ_4 (12R) + F	A + F
35							A + F

Solubility of ThO_2 in $NdO_{1.5}$ (A-, H-, and X-Type Phases)

Löslichkeit von ThO_2 in $NdO_{1.5}$ (A-, H- und X-Typ-Phasen)

Über die Löslichkeit von ThO_2 in hexagonalem A-$NdO_{1.5}$ existieren in der Literatur erhebliche Differenzen. Für Proben, die von den Reaktionstemperaturen 1250°C ≤ t ≤ 1900°C abgeschreckt wurden, konnte röntgenographisch keine Gitterkonstantenänderung des A-$NdO_{1.5}$ beobachtet werden, die eine Löslichkeit von > 0.3 Mol-% ThO_2 angeben würde [7]. Dagegen läßt sich aus dem Phasendiagramm bei ≈ 1600°C eine Löslichkeit von ≈ 9 Mol-% ThO_2 in Nd_2O_3 (≙ 4.2 Mol-% ThO_2 in $NdO_{1.5}$) und bei ≈ 2150°C eine solche von ≈ 20 Mol-% ThO_2 in Nd_2O_3 (≙ 11.1 Mol-% ThO_2 in $NdO_{1.5}$) entnehmen [3]. Eine Erklärung für diesen Unterschied kann nicht gegeben werden.

Für die Hochtemperaturmodifikationen H-$NdO_{1.5}$ und X-$NdO_{1.5}$ werden noch größere Löslichkeiten angegeben. Die maximalen Löslichkeiten betragen [3]:

für die H-Typ-Phase bei ≈ 2250°C ≈ 24 Mol-% ThO_2 in H-Nd_2O_3 entsprechend ≈ 13.1 Mol-% ThO_2 in H-$NdO_{1.5}$,

für die X-Typ-Phase bei ≈ 2400°C ≈ 25 Mol-% ThO_2 in X-Nd_2O_3 entsprechend ≈ 15 Mol-% ThO_2 in X-Nd_2O_3.

Literatur zu 8.4 s. S. 112/4

8.4.4.1.2 Darstellung und Eigenschaften von ThO_2-$NdO_{1.5}$-Proben

Preparation and Properties of ThO_2-$NdO_{1.5}$ Samples

Die in diesem System untersuchten Proben wurden nahezu ausschließlich nach den in Kapitel 8.1 (S.39/40) beschriebenen Verfahren hergestellt.

Das Reflexionsspektrum des schwach-blauen $Th_{0.86}Nd_{0.14}O_{1.93}$ besitzt charakteristische Absorptionsbanden, die dem Übergang vom $^4I_{9/2}$-Niveau zu anderen J-Niveaus der Elektronenkonfiguration $4f^3$ zugeschrieben werden (bei 100K): 5840 cm^{-1} ($^4I_{15/2}$), 11300 cm^{-1} ($^4F_{3/2}$), 12330 cm^{-1} ($^4F_{5/2}$), 13330 cm^{-1} ($^4F_{7/2}$), 14490 cm^{-1} ($^4F_{9/2}$), 16900 cm^{-1} ($^2G_{7/2}$, $^4G_{5/2}$), 18690 cm^{-1} ($^4G_{7/2}$), 19380 cm^{-1} ($^4G_{9/2}$), 20750 cm^{-1} ($^2D_{3/2}$, $^2G_{9/2}$, $^4G_{11/2}$), 22900 cm^{-1} ($^2P_{1/2}$) und 27430 cm^{-1} ($^4D_{3/2}$) [52, 53].

8.4.4.2 Verbindungen mit Neodym und einem weiteren Element

Compounds with Neodymium and Another Element

Eine Nd-dotierte Yttraloxkeramik der Zusammensetzung 89 bis 94 Mol-% Y_2O_3, 5 bis 10% ThO_2 und 1% Nd_2O_3 wird in [39] als Material für Nd-Glaslaser vorgeschlagen. Er soll einen sehr niedrigen Schwellenwert für die Laseranregung zeigen.

8.4.5 Verbindungen mit Promethium

Compounds with Promethium

Über das System Thoriumoxid-Promethiumoxid liegen noch keine Untersuchungen vor. In Analogie zu den Nachbarsystemen sind jedoch folgende ternären Oxide und Oxidphasen zu erwarten:

a) eine Fluoritphase, d. h. eine nichtstöchiometrische Phase mit Fluoritstruktur, in der sich bei 1550°C ≈ 58 Mol-% $PmO_{1.5}$ in ThO_2 lösen dürften,
b) mehrere sog. ψ_i-Phasen, die sich als Kombination der Strukturen von kubischem ThO_2 und hexagonalem A-$PmO_{1.5}$ auffassen lassen,
c) eine A-Typ-Phase, d. h. eine Phase, in der ThO_2 in hexagonales A-$PmO_{1.5}$ eingebaut wird,
d) eine B-Typ-Phase, d. h. eine Phase, in der ThO_2 in monoklines B-$PmO_{1.5}$ eingebaut wird,
e) eine C-Typ-Phase, d. h. eine Phase, in der kubisches C-$PmO_{1.5}$ durch Einbau von ThO_2 stabilisiert wird,
f) eine H-Typ-Phase, d. h. eine Phase, in der ThO_2 in die Hochtemperaturmodifikation H-$PmO_{1.5}$ eingebaut wird,
g) eine X-Typ-Phase, d. h. eine Phase, in der ThO_2 in die Hochtemperaturmodifikation X-$PmO_{1.5}$ eingebaut wird.

8.4.6 Verbindungen mit Samarium

Compounds with Samarium

Übersicht. Im System Thoriumoxid-Samariumoxid wurden durch Festkörperreaktionen folgende ternären Oxide bzw. Oxidphasen dargestellt [3 bis 5, 7, 9, 17, 34]:

Review

a) eine Fluoritphase, d. h. eine nichtstöchiometrische Phase, bei der $SmO_{1.5}$ in das Fluoritgitter des ThO_2 eingebaut wird,
b) eine sog. ψ_i-Phase (ψ_3), die sich als eine Kombination der Strukturen von kubischem ThO_2 und hexagonalem A-$SmO_{1.5}$ auffassen läßt,
c) eine A-Typ-Phase, d. h. eine Phase, in der ThO_2 in hexagonales A-$SmO_{1.5}$ eingebaut wird,
d) eine B-Typ-Phase, d. h. eine Phase, in der ThO_2 in monoklines B-$SmO_{1.5}$ eingebaut wird,
e) eine C-Typ-Phase, d. h. eine Phase, in der durch Einbau von ThO_2 kubisches C-$SmO_{1.5}$ stabilisiert wird,
f) eine H-Typ-Phase, d. h. eine Phase, in der ThO_2 in die Hochtemperaturmodifikation H-$SmO_{1.5}$ eingebaut wird,
g) eine X-Typ-Phase, d. h. eine Phase, in der ThO_2 in die Hochtemperaturmodifikation X-$SmO_{1.5}$ eingebaut wird.

Über diese Phasen, die im folgenden einzeln besprochen werden, liegt noch keine einheitliche Auffassung vor. Dies betrifft sowohl die ψ_i-Phase als auch die Breite der Fluorit-, A-, B- und C-Typ-Phasen sowie ihre Temperaturabhängigkeit. Die Differenzen sind allerdings wesentlich geringer als in den Systemen des ThO_2 mit den leichteren Lanthaniden.

Literatur zu 8.4 s. S. 112/4

Phase Diagram of the ThO_2-$SmO_{1.5}$ System

8.4.6.1 Phasendiagramm des Systems ThO_2-$SmO_{1.5}$

Die unterschiedlichen Untersuchungsergebnisse über die auftretenden Phasen im System ThO_2-$SmO_{1.5}$(Sm_2O_3) führten entsprechend zu verschiedenen Phasendiagrammen, wie sie in **Fig. 8-48** und 8-**49** nach [7] bzw. [3] wiedergegeben sind. Das wahrscheinlichste Phasendiagramm dürfte sich durch Kombination des Hochtemperaturteils von Fig. 8-49 mit dem Diagramm von Fig. 8-48 ergeben. Vor einer Verschmelzung beider Teile sollten allerdings noch einige klärende Untersuchungen durchgeführt werden.

Fig. 8-48

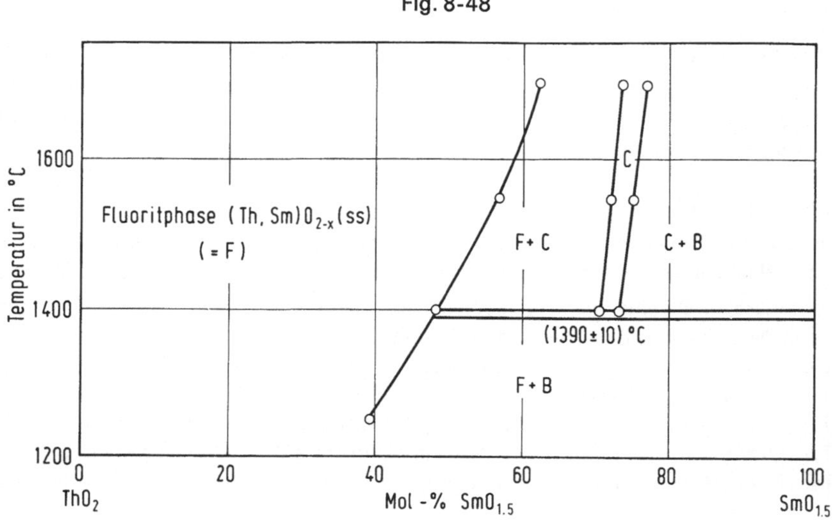

Phasendiagramm des Systems ThO_2-$SmO_{1.5}$ nach [7] (Bezeichnungen wie bei Fig. 8-49).

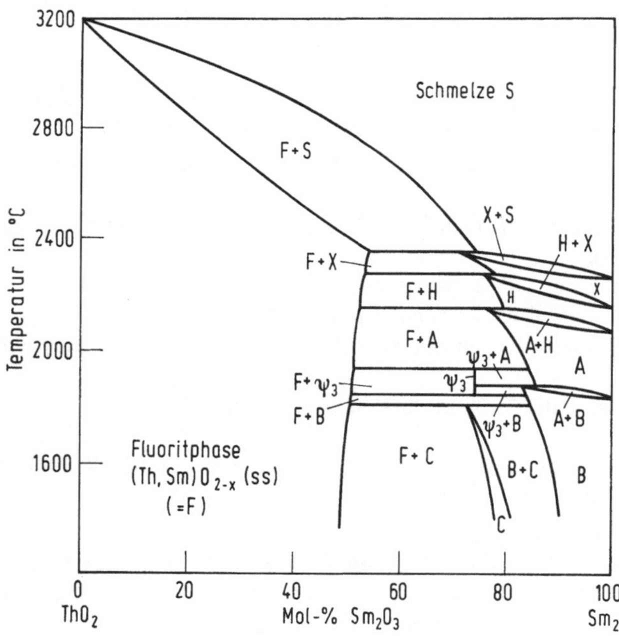

Fig. 8-49

Phasendiagramm des Systems ThO_2-Sm_2O_3 nach [3].
F: Fluoritphase $(Th,Sm)O_{2-x}$ (ss);
A, B, C, H und X: A-, B-, C-, H- bzw. X-Typ-Phase $(Sm,Th)O_{1.5+x}$ (ss);
ψ_3 : ψ-Phase: Kombination der Strukturen von kubischem ThO_2 und hexagonalem A-$SmO_{1.5}$.

Literatur zu 8.4 s. S. 112/4

Die Fluoritphase (Th, Sm)O_{2-x}

The Fluorite Phase (Th, Sm)-O_{2-x}

Nach [3] beträgt die Löslichkeit bei 1400°C 66.7 Mol-% $SmO_{1.5}$ (≙ 50 Mol-% Sm_2O_3) in ThO_2 und bei 2200°C < 71 Mol-% $SmO_{1.5}$ (≙ < 55 Mol-% Sm_2O_3) in ThO_2. Danach würde die Löslichkeit von $SmO_{1.5}$ einen größeren Wert erreichen als diejenige von $NdO_{1.5}$, was auf Grund der Größe der Ionenradien relativ unwahrscheinlich ist.

Detaillierte Untersuchungen in [7] auf Grund röntgenographischer Ergebnisse führten zu folgenden Phasengrenzen für das einphasige Gebiet mit Fluoritstruktur (Grenzzusammensetzung = maximale Löslichkeit von $SmO_{1.5}$ in ThO_2):

Temperatur in °C	1250	1400	1550	1700
Grenzzusammensetzung der Fluoritphase in Mol-% $SmO_{1.5}$ (± 1 Mol-%)	0 bis 39.5	0 bis 48.0	0 bis 57.0	0 bis 62.5

Der Verlauf der Gitterkonstanten der in [7] untersuchten Proben als Funktion der Zusammensetzung ist in **Fig.** 8-**50** aufgeführt. Dazu wurden die bei den entsprechenden Temperaturen zur Reaktion (bis Gleichgewichtseinstellung) gebrachten Substanzen auf Raumtemperatur abgeschreckt und dort untersucht. Vergleichende Untersuchungen mittels einer Hochtemperaturröntgenkamera bestätigen, daß bei diesem Abschreckprozeß die bei hohen Temperaturen eingestellten Phasengleichgewichte sich nicht verändern. Charakteristisch für dieses System ist, daß die Änderung der Gitterkonstanten von ThO_2 durch $SmO_{1.5}$-Einbau nicht linear mit dem $SmO_{1.5}$-Anteil verläuft, wie es bei den zuvor beschriebenen ThO_2-$SEO_{1.5}$ stets der Fall war.

Fig. 8-50

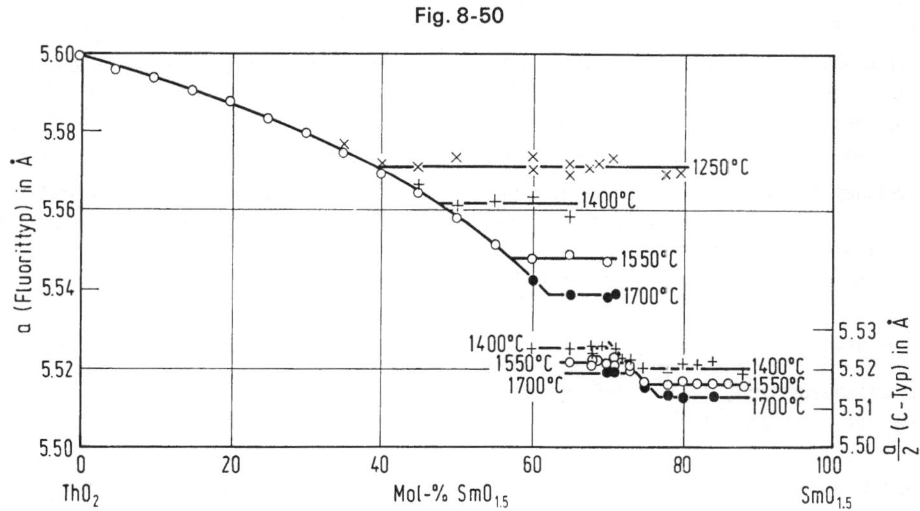

Verlauf der Gitterkonstanten für die Fluorit- und die C-Typ-Phase im System ThO_2-$SmO_{1.5}$ [7].

Beim Vergleich der Ergebnisse von [3] und [7] über die Breite der Fluoritphase erkennt man, daß nach [7] bei niedrigen Temperaturen wesentlich geringere Löslichkeiten vorliegen als in [3] erwähnt.

Die ψ_3-Phase

The ψ_3-Phase

In [3, 9] wird für eine Temperatur um 1850°C beobachtet, daß sich die monokline B-Typ-Phase in die rhomboedrische ψ_3-(9R)-Phase umwandelt. Die Zusammensetzung soll bei 25 Mol-% ThO_2

+ 75 Mol-% Sm_2O_3 (≙ 14.3 Mol-% ThO_2 + 85.7 Mol-% $SmO_{1.5}$ entsprechend $ThO_2 \cdot 6SmO_{1.5}$) liegen, der Temperaturexistenzbereich bei 1850°C $\lesssim t \lesssim$ 1950°C. Nähere Daten sowie Angaben von Strukturparametern stehen noch aus.

Solubility of ThO_2 in $SmO_{1.5}$ (A-, B-, C-, H- and X-Type Phases)

Löslichkeit von ThO_2 in $SmO_{1.5}$ (A-, B-, C-, H- und X-Typ-Phasen)

In [7] wird keine die Fehlergrenze von 0.3 Mol-% ThO_2 überschreitende Löslichkeit in A- und B-$SmO_{1.5}$ gefunden.

Dagegen werden in [3, 5] beträchtliche Löslichkeiten von ThO_2 in hexagonalem A-$SmO_{1.5}$ und monoklinem B-$SmO_{1.5}$ gefunden. Da über die Beziehung [62]

$$\vec{a}' = \vec{a}_{hex} - \vec{b}_{hex} + 2\vec{c}_{hex}$$

$$\vec{b}' = \vec{a}_{hex} - \vec{b}_{hex}$$

$$\vec{c}' = \vec{a}_{hex} - \vec{b}_{hex} - \vec{c}_{hex}$$

eine geometrische Umwandlung A ⇌ B möglich ist, würde ein eindeutiger Beweis für eine Löslichkeit von ThO_2 in A-$SmO_{1.5}$ auch eine solche in B-$SmO_{1.5}$ wahrscheinlich machen.

Nach [3] beträgt die Löslichkeit bei 1400°C 20 Mol-% ThO_2 in B-Sm_2O_3 (entsprechend 11.1 Mol-% ThO_2 in B-$SmO_{1.5}$), was allerdings nicht mit den Angaben im aufgeführten Phasendiagramm übereinstimmt (aus diesem ergibt sich ein Wert von maximal 10 Mol-% ThO_2 in B-Sm_2O_3 bei ≈ 1400°C). Die Umwandlungstemperatur A ⇌ B-$SmO_{1.5}$ wird durch einen Zusatz von ThO_2 praktisch nicht verändert (was eigentlich gegen eine Löslichkeit spricht). Zwischen der Löslichkeit von ThO_2 und ZrO_2 in B-$SEO_{1.5}$ soll dabei kein merklicher Unterschied herrschen [5], was allerdings auf Grund der sich stärker unterscheidenden Ionenradien von Zr^{4+} und Th^{4+} überrascht.

Für A-Sm_2O_3 (bei ≈ 2150°C) und für H-Sm_2O_3 (bei ≈ 2300°C) wird eine Löslichkeit von etwa 22 Mol-% ThO_2 (entsprechend 12.5 Mol-% ThO_2 in A-$SmO_{1.5}$) angegeben, diejenige für X-Sm_2O_3 soll bei 25 bis 30 Mol-% ThO_2 (entsprechend 14 bis 18 Mol-% ThO_2 in X-$SmO_{1.5}$) für ≈ 2350°C liegen. Diese Daten wurden dem Phasendiagramm Fig. 8-49 entnommen [3].

Kubisches C-$SmO_{1.5}$, das vermutlich keine thermodynamisch stabile $SmO_{1.5}$-Modifikation ist, wird durch Einbau von ThO_2 stabilisiert. Eine C-Typ-Phase $Sm_{1-x}Th_xO_{1.5+x/2}$ existiert im Bereich mittlerer $SmO_{1.5}$-Gehalte. Nach [7] ist die C-Typ-Phase oberhalb 1390 ± 10°C thermodynamisch stabil mit einer Breite von 2.5 bis 3.0 Mol-% in den Grenzen:

Temperatur in °C	1400	1550	1700
Grenzzusammensetzung der C-Typ-Phase in Mol-% $SmO_{1.5}$ (± 0.5 Mol-%)	70.5 bis 73.0	72.0 bis 75.2	73.7 bis 76.8

Dabei ist bemerkenswert, daß sich dieser C-Typ-Phasenbereich mit steigender Temperatur zum $SmO_{1.5}$-reichen Gebiet hinbewegt. Einen anderen Verlauf — eine Ausdehnung zur ThO_2-reicheren Seite mit steigender Temperatur — wird in [3] angegeben, wobei die Löslichkeit auch in einem ThO_2-ärmeren Gebiet bei ≈ 88 Mol-% $SmO_{1.5}$ liegen soll. Die C-Typ-Phase soll weiterhin bis knapp über 1800°C stabil sein. Zum Verlauf der Gitterkonstanten der C-Typ-Phase in Abhängigkeit vom ThO_2-Gehalt s. Fig. 8-50, S. 91 [7].

Properties of the ThO_2-$SmO_{1.5}$ System

8.4.6.2 Eigenschaften des Systems ThO_2-$SmO_{1.5}$

Kristallographische Eigenschaften s. bei den einzelnen Phasen. ThO_2-$SmO_{1.5}$ Mischoxide zeigen wie ThO_2-$YO_{1.5}$-Mischoxide unter bestimmten Bedingungen Ionenleitfähigkeit [35]. Ähnlich wie für ThO_2-$YO_{1.5}$ ($LaO_{1.5}$)-Mischoxide wurde auch für ThO_2-Proben mit 1, 8 oder 15 Mol-% $SmO_{1.5}$

bei niedrigem Sauerstoffpotential und hoher Wasserstoffkonzentration eine Protonenleitfähigkeit festgestellt, s. dazu Figg. 8-19 und 8-20 im Kapitel 8.3.1.3, S. 61. Die elektrische Leitfähigkeit derartiger Proben bei festgelegter Sauerstoffaktivität und 1200°C bzw. 1400°C als Funktion des Wasserstoffpartialdrucks ergibt sich aus **Fig. 8-51** [44].

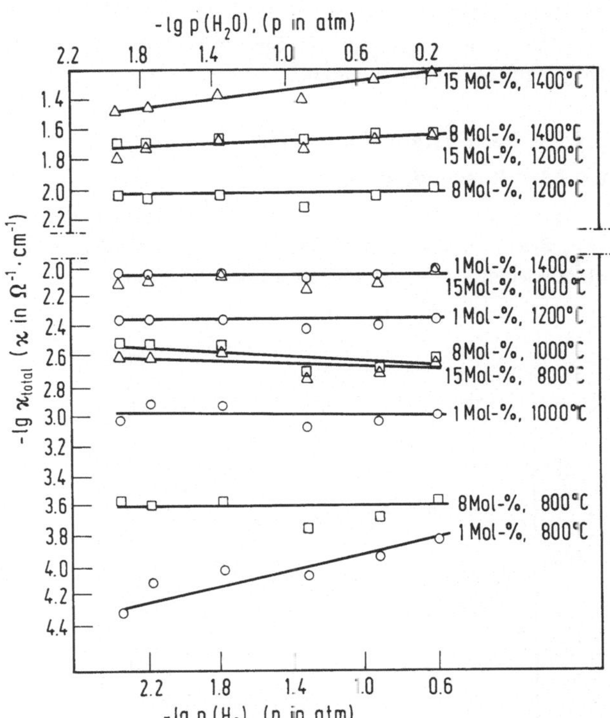

Fig. 8-51

Elektrische Gesamtleitfähigkeit $\varkappa_{total}$ von festen Lösungen ThO_2-$SmO_{1.5}$ bei vorgegebener Sauerstoffaktivität als Funktion des Wasserstoffpartialdrucks [44]. Die Zahlenangaben in Mol-% beziehen sich auf $SmO_{1.5}$.

Im Photolumineszenzspektrum von ThO_2 + 0.1 Mol-% $SmO_{1.5}$ zeigen sich neben relativen breiten Peaks bei 393 nm und 440 nm mehrere zusätzliche Peaks im Bereich 550 nm bis 630 nm [56]. Im gleichen Bereich liegende Fluoreszenzlinien werden nach Anregung mit Röntgenstrahlen zur Bestimmung geringer Mengen Sm^{3+} in ThO_2 (im ppm-Bereich) benutzt [55, 59 bis 61]. Zur Fluoreszenz von Sm^{3+} in ThO_2-CeO_2-$SmO_{1.5}$-Proben s. [55].

Das Adsorbolumineszenzspektrum von (Th, Sm)$O_{\approx 2}$ mit Sm:Th = 10^{-3} zeigt eine breite Bande mit einem Maximum bei ≈ 650 nm [56].

Im Reflexionsspektrum des schwach gelblichen $Th_{0.86}Sm_{0.14}O_{1.93}$ bei 100 K wurden Absorptionsbanden bei folgenden Wellenzahlen beobachtet (in Klammern sind die angeregten Niveaus angegeben): 5010 cm^{-1} ($^6H_{13/2}$), 6460 cm^{-1} ($^6F_{3/2}$), 6740 cm^{-1} ($^6H_{15/2}$), 7230 cm^{-1} ($^6F_{5/2}$), 8100 cm^{-1} ($^6F_{7/2}$), 9270 cm^{-1} ($^6F_{9/2}$), 10580 cm^{-1} ($^6F_{11/2}$), 20410 cm^{-1} ($^4G_{7/2}$), 20850 cm^{-1}, 21470 cm^{-1} ($^4I_{13/2}$), 24630 cm^{-1} (^6P) und 26420 cm^{-1} [52, 53].

8.4.7 Verbindungen mit Europium

Compounds with Europium

Review

Übersicht. Im System Thoriumoxid-Europiumoxid wurden durch Festkörperreaktionen keine definierten ternären Oxide, z. B. ähnlich den ψ_i-Phasen für die Systeme ThO_2-$LaO_{1.5}$ ($PrO_{1.5}$, $NdO_{1.5}$, $SmO_{1.5}$), nachgewiesen, sondern nur die folgenden Oxidphasen [7, 32, 33, 64, 65]:

a) eine Fluoritphase, d. h. eine nichtstöchiometrische Phase, bei der $EuO_{1.5}$ in das Fluoritgitter des ThO_2 eingebaut wird,

b) eine C-Typ-Phase, d. h. eine Phase, in der C-$EuO_{1.5}$ durch Einbau von ThO_2 auch bei hohen Temperaturen stabilisiert wird.

A-, B-, H- und X-Typ-Phasen wurden im System ThO_2-$EuO_{1.5}$ bisher nicht beschrieben. Die beiden bisher publizierten Phasendiagramme des Systems ThO_2-$EuO_{1.5}$, die sich experimentell nur auf den Subliquidusbereich erstrecken, stimmen relativ gut überein.

Eine Verbindungsbildung im System ThO_2-EuO konnte bei den ausführlichen Untersuchungen in [66] nicht beobachtet werden.

The ThO_2-$EuO_{1.5}$ System

8.4.7.1 Das System ThO_2-$EuO_{1.5}$

Phase Diagram

8.4.7.1.1 Phasendiagramm

Die in den Arbeiten [7] und [64] publizierten Phasendiagramme des Systems ThO_2-$EuO_{1.5}$ (**Fig.** 8-**52**) stimmen relativ gut überein, so daß die Phasenverhältnisse dieses Systems im Subliquidusgebiet als geklärt angesehen werden können.

Fig. 8-52

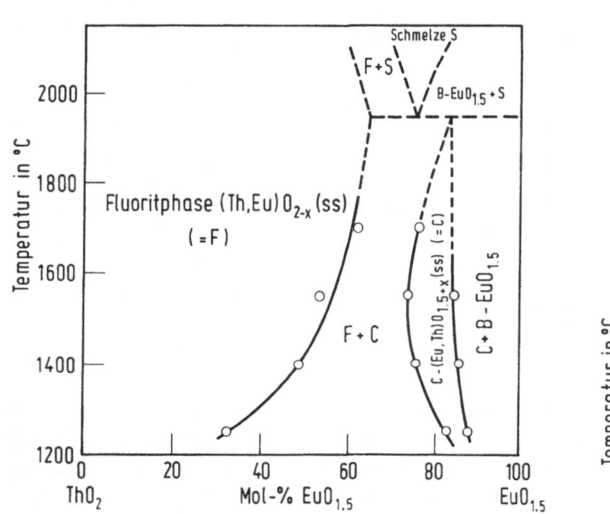

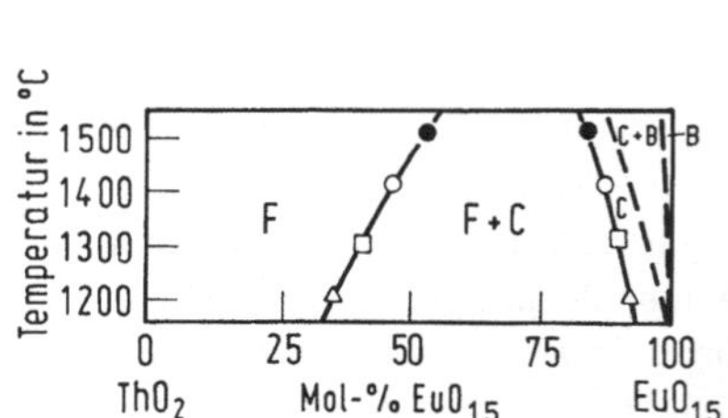

Phasendiagramm des Systems ThO_2-$EuO_{1.5}$; linke Figur nach [7]; rechte Figur nach [64].

Wegen der Sauerstoffabgabe von $EuO_{1.5}$ bei sehr hohen Temperaturen und der Verflüchtigung von EuO aus dem Reaktionsgemisch ist es angebracht, Untersuchungen zu diesem System nur in oxidierender Atmosphäre (Luft, Sauerstoff) durchzuführen. Nach Angaben von [64] erfolgt die Gleichgewichtseinstellung von ThO_2-$EuO_{1.5}$-Sinterproben wesentlich langsamer als die von ThO_2-$YbO_{1.5}$-Proben.

The Fluorite Phase $(Th,Eu)O_{2-x}$

Die Fluoritphase (Th, Eu)O_{2-x}

Die Fluoritphase erstreckt sich von ThO_2 ausgehend bis weit in das $EuO_{1.5}$-reiche Gebiet des Systems herein, wobei eine mit steigender Temperatur zunehmende Löslichkeit von $EuO_{1.5}$ in ThO_2 zu beobachten ist. Folgende Phasengrenzen für das einphasige Gebiet mit Fluoritstruktur (Grenzzusammensetzung = maximale Löslichkeit von $EuO_{1.5}$ in ThO_2) wurden ermittelt, Fehlergrenze ± 1 Mol-%:

Literatur zu 8.4 s. S. 112/4

Temperatur in °C		1 200	1 250	1 300	1 400
Grenzzusammensetzung der Fluoritphase in Mol-% $EuO_{1.5}$	nach [7]	—	0 bis 32.5	—	0 bis 49.3
	nach [64]	0 bis 36	—	0 bis 40	0 bis 47

Temperatur in °C		1 500	1 550	1 700	1 800
Grenzzusammensetzung der Fluoritphase in Mol-% $EuO_{1.5}$	nach [7]	—	0 bis 54	0 bis 62.7	—
	nach [64]	0 bis 53	—	—	0 bis 70 *)

*) nach [33]

Zum Verlauf der Gitterkonstanten in Abhängigkeit von dem $EuO_{1.5}$-Zusatz s. **Fig.** 8-**53** [7].

Fig. 8-53

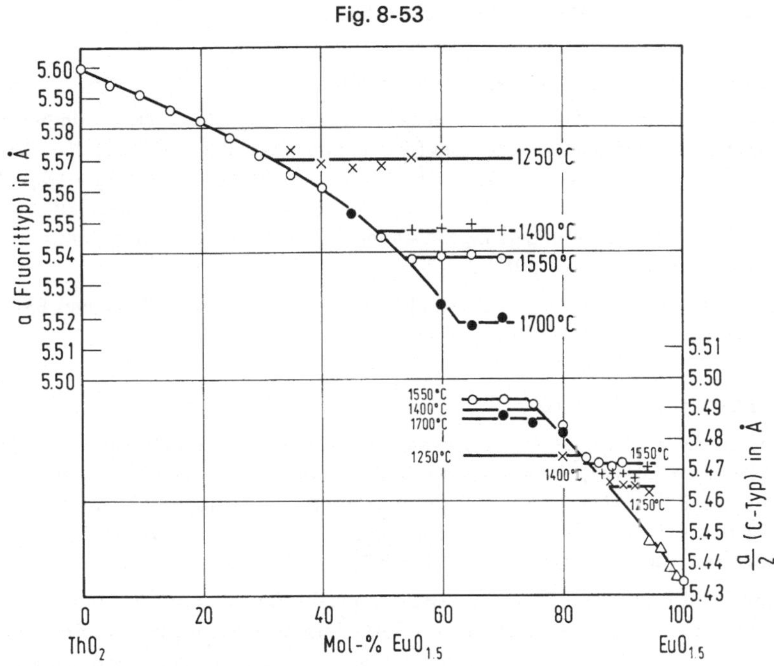

Verlauf der Gitterkonstanten für die Fluorit- und die C-Typ-Phase im System ThO_2-$EuO_{1.5}$ [7].

Löslichkeit von ThO_2 in $EuO_{1.5}$

Solubility of ThO_2 in $EuO_{1.5}$

Nach [7] liegt eine mögliche Löslichkeit von ThO_2 in monoklinem B-$EuO_{1.5}$ unter 0.3 Mol-%. Eine geringere Löslichkeit wird jedoch nach dem Phasendiagramm in [64] für möglich gehalten.

Kubisches C-$EuO_{1.5}$, das thermodynamisch nur bis 1 050 ± 20°C stabil ist [67], läßt sich durch Einbau von ThO_2 auch bei höheren Temperaturen stabilisieren. Dabei erstreckt sich der Bereich der C-$Eu_{1-x}Th_xO_{1.5+x}$-Phase mit steigender Temperatur immer mehr zur ThO_2-reicheren Seite hin. Folgende Phasengrenzen für die kubische C-Typ-Phase wurden bestimmt:

Temperatur in °C		1200	1250	1300	1400
Phasenbreite der C-Typ-	nach [7] (±1 Mol-%)	—	83 bis 87.5	—	75.6 bis 85.6
Phase in Mol-% $EuO_{1.5}$	nach [64] (±2 Mol-%)	bis 82 *)	—	bis 90 *)	bis 87 *)

Temperatur in °C		1500	1550	1700
Phasenbreite der C-Typ-	nach [7] (±1 Mol-%)	—	73.9 bis 84.4	77.1 bis 84
Phase in Mol-% $EuO_{1.5}$	nach [64] (±2 Mol-%)	bis 84 *)	—	—

*) Werte auf der ThO_2-reichen Seite

Dies bedeutet, daß durch den Einbau von ThO_2 der Umwandlungspunkt B-$EuO_{1.5}$ ⇌ C-$EuO_{1.5}$ nach jeweils höheren Temperaturen verschoben wird. Erst oberhalb ≈1950°C und 15 Mol-% ThO_2 im C-$EuO_{1.5}$-Gitter wird diese kubische Phase instabil [7].

Auch hier beobachtet man beim Einbau von $EuO_{1.5}$ in das ThO_2-Gitter keine lineare Änderung der Gitterkonstante mit der Zusammensetzung (Fig. 8-53) [7].

Properties of the ThO_2-$EuO_{1.5}$ System

8.4.7.1.2 Eigenschaften des Systems ThO_2-$EuO_{1.5}$

Im Reflexionsspektrum des schwach rosa gefärbten $Th_{0.86}Eu_{0.14}O_{1.93}$ finden sich scharfe, aber sehr schwache Absorptionsbanden bei folgenden Wellenzahlen [52, 53]: 16920 cm^{-1} ($^7F_1 \rightarrow {}^5D_0$), 17240 cm^{-1} ($^7F_0 \rightarrow {}^5D_0$), 19030 cm^{-1} ($^7F_0 \rightarrow {}^5D_1$), 21460 cm^{-1} ($^2F_0 \rightarrow {}^5D_2$), 24750 cm^{-1} ($^7F_0 \rightarrow {}^5D_3$) und 25350 cm^{-1} ($^7F_0 \rightarrow {}^5L_6$). $Th_{0.5}Eu_{0.5}O_{1.75}$ zeigt wie reines $EuO_{1.5}$ keine Fluoreszenzlinien [53]. Zur Bestimmung geringer Mengen Eu^{3+} in ThO_2 über durch Röntgenstrahlen angeregte Fluoreszenzemission siehe [59].

In ThO_2-$EuO_{1.5}$-Mischkristallen mit 1 Mol-% $EuO_{1.5}$ wurden bei 4.2 K keine ESR-Signale beobachtet, wie für Eu^{3+} auch zu erwarten ist [68].

The ThO_2-EuO System

8.4.7.2 Das System ThO_2-EuO

Versuche zur Darstellung der Perowskitverbindung $Eu^{II}Th^{IV}O_3$ durch Umsetzung von ThO_2 mit EuO (bzw. $EuO_{1.5}$ + Eu(Th)) in evakuierten Quarzampullen bis zu einer Temperatur von 1250°C führten nicht zum Ziel [66]. Dies ist auch zu erwarten, da die analoge Sr-Verbindung $SrThO_3$ auch nicht existiert und Eu^{2+} und Sr^{2+} sich kristallchemisch sehr ähnlich verhalten. Dementsprechend ist auch abzuschätzen, daß die Löslichkeit von EuO in ThO_2 sehr gering sein wird.

Mit 1 Mol-% Eu_2O_3 dotierte ThO_2-Einkristalle wandeln sich nach Bestrahlung bei 77 K in Mischkristalle mit Eu^{2+} um, im Gegensatz zu $EuO_{1.5}$-CeO_2-Mischkristallen. Die aus ESR-Untersuchungen an solchen Mischkristallen ThO_2:Eu^{2+} bei 4.2 K erhaltenen Spin-Hamilton-Parameter sind [68]:

Parameter	dotiert mit ^{151}Eu	^{153}Eu
$g_{\parallel}$	1.9678 ± 0.0005	1.9678 ± 0.0005
$g_{\perp}$	7.867 ± 0.002	7.867 ± 0.002
A (MHz)	−96.3 ±0.2	−42.6 ± 0.1
B (MHz)	−407.9 ± 0.8	−180.0 ± 0.8
P (MHz)	+23.3 ± 0.3	+59.6 ± 0.5
$(gN)_{\parallel}$	1.5 ± 0.3	1.0 ± 2.3
$(gN)_{\perp}$	—	−7.6 ± 0.8

Literatur zu 8.4 s. S. 112/4

8.4.8 Verbindungen mit Gadolinium

Compounds with Gadolinium

Review

Übersicht. Im System Thoriumoxid-Gadoliniumoxid wurden durch Festkörperreaktionen keine definierten ternären Oxide nachgewiesen, sondern nur die folgenden Oxidphasen [3 bis 5, 9, 17, 34, 63, 69, 75]:

a) eine Fluoritphase, d. h. eine nichtstöchiometrische Phase, bei der $GdO_{1.5}$ in das Fluoritgitter des ThO_2 eingebaut wird,

b) eine A-Typ-Phase, d. h. eine Phase, in der ThO_2 in hexagonales A-$GdO_{1.5}$ eingebaut wird,

c) eine B-Typ-Phase, d. h. eine Phase, in der ThO_2 in monoklines B-$GdO_{1.5}$ eingebaut wird,

d) eine C-Typ-Phase, d. h. eine Phase, in der kubisches C-$GdO_{1.5}$ durch Einbau von ThO_2 auch bei hohen Temperaturen stabilisiert wird,

e) eine H-Typ-Phase, d. h. eine Phase, in der ThO_2 in die Hochtemperaturmodifikation H-$GdO_{1.5}$ eingebaut wird,

f) eine X-Typ-Phase, d. h. eine Phase, in der ThO_2 in die Hochtemperaturmodifikation X-$GdO_{1.5}$ eingebaut wird.

Phasendiagramm des Systems ThO_2-$GdO_{1.5}$

Phase Diagram of the ThO_2-$GdO_{1.5}$ System

Da über die vorgenannten Phasen, die im folgenden einzeln behandelt werden, noch keine einheitliche Auffassung vorliegt, weisen die drei bisher publizierten Phasendiagramme (**Fig.** 8-**54**, 8-**55** und 8-**56**, S. 98) merkliche Unterschiede auf.

Fig. 8-54

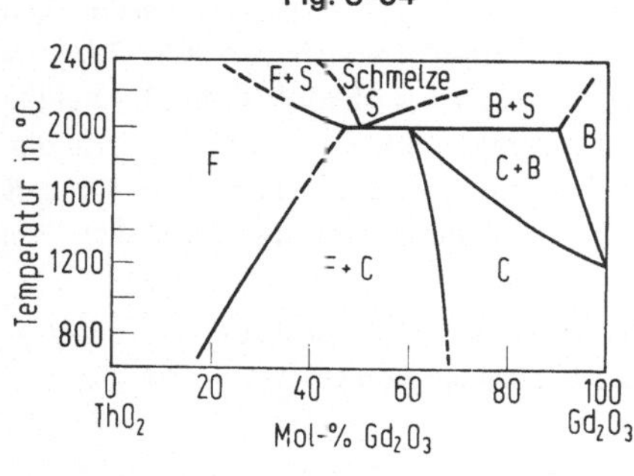

Phasendiagramm des Systems ThO_2-Gd_2O_3 nach [2].
(Bezeichnungen s. Fig. 8-56.)

Fig. 8-55

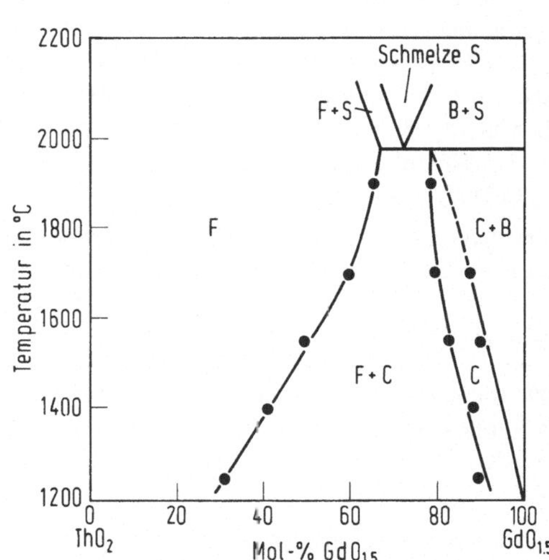

Phasendiagramm des Systems ThO_2-$GdO_{1.5}$ nach [7].
(Bezeichnungen s. Fig. 8-56.)

Detaillierte Untersuchungen zeigten, daß im System ThO_2-$GdO_{1.5}$ keine sog. ψ_i-Phasen existieren, auch bei der Abkühlung geschmolzener Proben — der besten Darstellungsmethode — ergaben sich dafür keine Hinweise [9], wenngleich in einer ersten Arbeit im Phasendiagramm noch eine ψ-Phase bei 25 Mol-% ThO_2 eingezeichnet ist [5].

Literatur zu 8.4 s. S. 112/4

The ThO_2-$GdO_{1.5}$ System

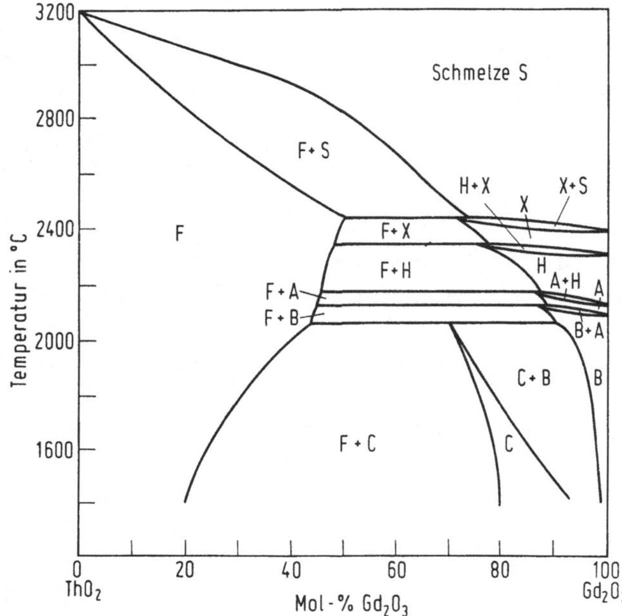

Fig. 8-56

Phasendiagramm des Systems ThO_2-Gd_2O_3 nach [3].
F: Fluoritphase (Th, Gd)O_{2-x} (ss);
A, B, C, H und X: A-, B-, C-, H- bzw. X-Typ-Phase (Gd, Th)$O_{1.5+x}$ (ss).

Die Fluoritphase (Th,Gd)O_{2-x}

Der einphasige Bereich mit Fluoritstruktur ist im System ThO_2-$GdO_{1.5}$ etwas schmäler als bei den zuvor beschriebenen Systemen ThO_2-$SEO_{1.5}$. Nach [2] reicht dieser Bereich von ≈32.9 Mol-% $GdO_{1.5}$ (≙ 19 Mol-% Gd_2O_3) bei 800°C bis zu ≈61.8 Mol-% $GdO_{1.5}$ (≙ 45 Mol-% Gd_2O_3) bei der eutektischen Temperatur von etwa 2000 ± 50°C. Der Hochtemperaturwert entspricht auch etwa den Angaben in [3], nur wird dort das Eutektikum bei ≈2400°C und einer Löslichkeit von 67 Mol-% $GdO_{1.5}$ (≙ 50 Mol-% Gd_2O_3) aufgeführt. Oberhalb dieser Temperatur nimmt die Löslichkeit von $GdO_{1.5}$ in ThO_2 wieder ab.

Detaillierte Untersuchungen in [7] erbrachten folgende Phasengrenzen für das einphasige Gebiet mit Fluoritstruktur (Grenzzusammensetzung = maximale Löslichkeit von $GdO_{1.5}$ in ThO_2):

Temperatur in °C	1250	1400	1550	1700	1900
Grenzzusammensetzung der Fluoritphase in Mol-% $GdO_{1.5}$ (± 1 Mol-%)	0 bis 31.5	0 bis 41.5	0 bis 50.0	0 bis 60.0	0 bis 66.0

Dichteuntersuchungen bewiesen eindeutig, daß in den ThO_2-$GdO_{1.5}$-Fluoritmischkristallen ein vollständig besetztes Kationengitter mit Leerstellen auf den Anionengitterplätzen vorliegt [2].

Löslichkeit von ThO_2 in $GdO_{1.5}$

Bisher wurde nur in [3] über eine Löslichkeit von ThO_2 in A-Gd_2O_3 berichtet, wobei in dem engen Temperaturintervall bei ≈ 2100°C, in dem die A-Typ-Phase existent sein soll, sich etwa 8.1 Mol-% ThO_2 in A-$GdO_{1.5}$ (entsprechend etwa 15 Mol-% ThO_2 in A-Gd_2O_3) lösen sollen.

Für B-Gd_2O_3 wird bei ≈ 2050°C eine Löslichkeit von etwa 11 Mol-% ThO_2 in B-Gd_2O_3 (entsprechend ≈ 6 Mol-% ThO_2 in B-$GdO_{1.5}$) aufgeführt. Auch in [2] wird eine B-Typ-Phase geringer Phasenbreite für möglich gehalten, ≈ 2 Mol-% ThO_2 in B-Gd_2O_3 (entsprechend ≈ 1 Mol-% ThO_2

Literatur zu 8.4 s. S. 112/4

in B-$GdO_{1.5}$) bei 1400°C und ≈ 12 Mol-% ThO_2 in B-Gd_2O_3 (entsprechend ≈ 6.4 Mol-% ThO_2 in B-$GdO_{1.5}$) bei 2000°C. Nach [7] wurde keine eine Fehlergrenze von 0.3 Mol-% übersteigende Löslichkeit von ThO_2 in A- bzw. B-$GdO_{1.5}$ beobachtet.

In allen bisher publizierten Arbeiten wurde eine C-Typ-Phase beobachtet, d. h. eine durch Einbau von ThO_2 in C-$GdO_{1.5}$ stabilisierte kubische Phase, die bis zu etwa 2000°C stabil ist. Untersuchungen in [7] führten zu folgenden Phasenbreiten für die C-Typ-Phase:

Temperatur in °C	1250	1400	1550	1700	1900
Grenzzusammensetzung der C-Typ-Phase in Mol-% $GdO_{1.5}$ (± 1 Mol-%)	89.8 bis (99)	87.3 bis (95)	83.2 bis 90.5	80.0 bis 87.8	79 bis (82)

Die Untersuchungen in [2, 3] unterscheiden sich von diesen Werten nur wenig, allerdings wird der Bereich der C-Typ-Phase bei 1200°C [2] bzw. bei 1400°C bis zu 100% reichend angesehen.

Für H-Gd_2O_3 wird bei ≈ 2310°C eine Löslichkeit von 22 Mol-% ThO_2 (entsprechend 12.4 Mol-% ThO_2 in H-$GdO_{1.5}$) angegeben, für X-Gd_2O_3 bei ≈ 2430°C eine solche von 30 Mol-% ThO_2 (entsprechend 17.8 Mol-% ThO_2 in X-$GdO_{1.5}$) [3].

Eigenschaften des Systems ThO_2-$GdO_{1.5}$

Properties of the ThO_2-$GdO_{1.5}$ System

Mit Gd_2O_3 dotiertes ThO_2 zeigt bei 800°C ≦ t ≦ 1400°C und 1 atm ≦ $p(O_2)$ ≦ 10^{-20} atm Ionenleitfähigkeit analog den ThO_2-$YO_{1.5}$-Mischkristallen [70].

Das nach Anregung mittels Röntgenstrahlen emittierte optische Fluoreszenzspektrum von Gd^{3+} in ThO_2 kann zur Bestimmung von ppm-Mengen Gd^{3+} in ThO_2 herangezogen werden [59].

Über EPR-Studien von Gd^{3+} ($^{155}Gd^{3+}$) in ThO_2 wird in [71 bis 74] berichtet. Für Gd^{3+} in ThO_2 wird eine Γ_8-Γ_6-Aufspaltung bei 4.2 K von 0.06645 ± 0.00008 berichtet [74]. Weitere Parameter für Gd^{3+} in ThO_2-Einkristallen s. Originale, besonders [72].

8.4.9 Verbindungen mit Terbium

Compounds with Terbium

Review

Übersicht. Im System Thoriumoxid-Terbiumoxid wurden bisher Untersuchungen über die Teilsysteme ThO_2-$TbO_{1.5+x}$ und ThO_2-$TbO_{1.5}$ durchgeführt. Dabei wurden keine definierten ternären Oxide, sondern nur folgende Oxidphasen nachgewiesen [7, 76, 77]:

a) eine Fluoritphase im System ThO_2-$TbO_{1.5+x}$, d. h. eine nichtstöchiometrische Phase, bei der $TbO_{1.5+x}$ in das Fluoritgitter des ThO_2 eingebaut wird,

b) eine sich von $TbO_{1.65}$ aus erstreckende kubische Phase, d. h. eine nichtstöchiometrische, feste Lösung von ThO_2 in $TbO_{1.65}$,

c) eine Fluoritphase im System ThO_2-$TbO_{1.5}$, d. h. eine nichtstöchiometrische Phase, bei der $TbO_{1.5}$ in das Fluoritgitter des ThO_2 eingebaut wird,

d) eine C-Typ-Phase, d. h. ein durch Einbau von ThO_2 thermisch stabilisiertes kubisches C-$TbO_{1.5}$. Untersuchungen über mögliche B-, H- und X-Typ-Phasen liegen noch nicht vor.

Die beiden Systeme ThO_2-$TbO_{1.5+x}$ und ThO_2-$TbO_{1.5}$ werden im folgenden einzeln beschrieben.

8.4.9.1 Das System ThO_2-$TbO_{1.5+x}$

The ThO_2-$TbO_{1.5+x}$ System

Untersuchungen in [76] zeigten, daß zwischen ThO_2 und $TbO_{1.5+x}$ ($TbO_{1.65}$) keine lückenlose Mischkristallreihe besteht, ein charakteristischer Unterschied zum analogen System ThO_2-$PrO_{1.5+x}$. Bei 1200°C Reaktionstemperatur und $p(O_2) = 0.21$ atm lösen sich etwa 40 Mol-% $TbO_{1.5+x}$ in ThO_2. Dabei wird — und dies ist eine Analogie zum ThO_2-$PrO_{1.5+x}$-System — Tb^{IV} nur bei niedrigen Konzentrationen im ThO_2 stabilisiert (z. B. $Th_{0.918}Tb_{0.082}O_2$). Bei höheren Tb-Gehalten liegt es als $Tb^{<IV}$

Literatur zu 8.4 s. S. 112/4

im Mischkristall vor, die mittlere Oxidationsstufe ist jedoch größer als die im binären System Tb-O unter gleichen Reaktionsbedingungen, z. B. wurden folgende Zusammensetzungen nachgewiesen: $Th_{0.812}Tb_{0.187}O_{1.93}$ und $Th_{0.678}Tb_{0.332}O_{1.89}$ [76]. Tensimetrische Studien bestätigen diese Ergebnisse [77]. So werden durch Oxidation von ThO_2-$TbO_{1.5}$-Mischoxiden mit Sauerstoff von $p(O_2)$ = 1 atm und Temperaturen um 1000°C folgende (bezüglich des O:M-Verhältnisses) Grenzzusammensetzungen erhalten:

$Th_{0.2}Tb_{0.8}O_{1.853}$ (entsprechend $TbO_{1.816}$) im Mischoxid und $Th_{0.8}Tb_{0.2}O_{1.964}$ (entsprechend $TbO_{1.818}$ im Mischoxid). Diese Verhältnisse sind praktisch analog denjenigen im System CeO_2-$TbO_{1.5+y}$, wie aus den [77] zu entnehmenden Isobaren der Systeme ThO_2-$TbO_{1.5+x}$ und CeO_2-$TbO_{1.5+y}$ hervorgeht. Allerdings zeigt sich dabei, daß bei gleichem M^{IV}:Tb-Verhältnis und gleicher Temperatur die Probe mit M = Th zu einer etwas höheren mittleren Oxidationsstufe des Tb oxidiert werden kann.

Für das System ThO_2-$TbO_{1.5+x}$ existiert noch eine von $TbO_{1.65}$ ausgehende kubisch-flächenzentrierte Phase, die etwa 10 Mol-% ThO_2 in ihr Gitter aufzunehmen vermag. Die Probe der Zusammensetzung $Th_{0.072}Tb_{0.928}O_{1.62}$ mit einer Gitterkonstante von a = 10.684 Å ist einphasig, die mit Th:Tb = 0.116:0.884 zweiphasig [77].

The ThO_2-$TbO_{1.5}$ System

8.4.9.2 Das System ThO_2-$TbO_{1.5}$

Die Phasenverhältnisse im System ThO_2-$TbO_{1.5}$ wurden zu dem in **Fig. 8-57** wiedergegebenen Phasendiagramm zusammengestellt. Die eutektische Temperatur von ≈ 2020°C wurde aus dem partiellen Schmelzen einiger auf höhere Temperaturen erhitzter Proben abgeschätzt [7].

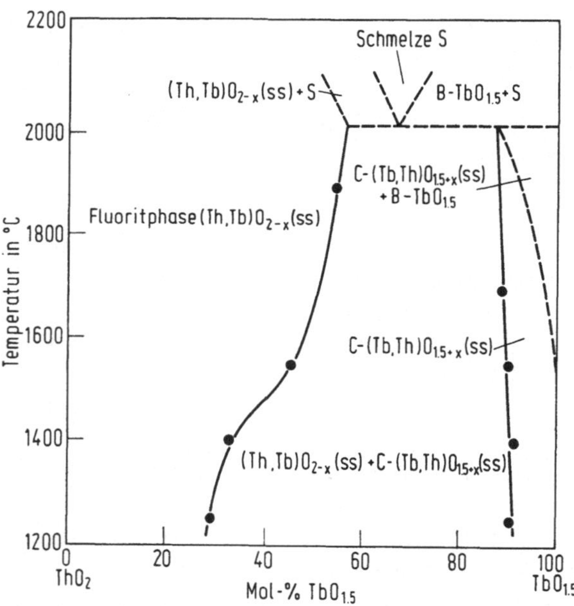

Fig. 8-57

Phasendiagramm des Systems ThO_2-$TbO_{1.5}$ [7].

Der Bereich der Fluoritphase in diesem System erstreckt sich temperaturabhängig bis zu folgenden Grenzzusammensetzungen [7]:

Temperatur in °C	1250	1400	1500	1700	1900
Grenzzusammensetzung in Mol-% $TbO_{1.5}$ (± 1 Mol-%)	0 bis 29.0	0 bis 33.0	0 bis 45.5	0 bis(51)	0 bis 55

Literatur zu 8.4 s. S. 112/4

Zur Festlegung dieser Phasengrenzen wurden ThO_2-$TbO_{1.5}$-Sinterproben im Wasserstoffstrom (≦ 1 550°C) bzw. im Hochvakuum (> 1 550°C) erhitzt und abgeschreckt.

Die C-Typ-Phase, d. h. die feste Lösung von ThO_2 in C-$TbO_{1.5}$, erstreckt sich über folgende Bereiche [7]:

Temperatur in °C	1 250	1 400	1 550	1 700	1 900
Grenzzusammensetzung in Mol-% $TbO_{1.5}$ (± 0.5 Mol-%)	90.9 bis 100	91.3 bis 100	90.0 bis 100	88.8 bis (97.0)	88.0 bis (91.5)

Eine die Fehlergrenze von 0.3 Mol-% übersteigende Löslichkeit von ThO_2 in B-$TbO_{1.5}$ wurde in [7] nicht beobachtet.

Bezüglich des optischen Fluoreszenzspektrums von Tb in ThO_2 s. [78, 79].

8.4.10 Verbindungen mit Dysprosium

Compounds with Dysprosium

Übersicht. Im System Thoriumoxid-Dysprosiumoxid wurden keine definierten ternären Oxide, sondern nur folgende Oxidphasen nachgewiesen [3 bis 5, 7, 69]:

Review

a) eine Fluoritphase, d. h. eine nichtstöchiometrische Phase, bei der $DyO_{1.5}$ in das Fluoritgitter des ThO_2 eingebaut wird,

b) eine B-Typ-Phase, d. h. eine Phase, in der ThO_2 in monoklines B-$DyO_{1.5}$ eingebaut wird,

c) eine C-Typ-Phase, d. h. eine Phase, in der ThO_2 in kubisches C-$DyO_{1.5}$ eingebaut wird,

d) eine H-Typ-Phase, d. h. eine Phase, in der ThO_2 in die Hochtemperaturmodifikation H-$DyO_{1.5}$ eingebaut wird,

e) eine X-Typ-Phase, d. h. eine Phase, in der ThO_2 in die Hochtemperaturmodifikation X-$DyO_{1.5}$ eingebaut wird.

Über die Phasenbreite der erstgenannten drei Phasen und ihre Temperaturabhängigkeit liegen etwas unterschiedliche Angaben vor.

Phasendiagramm des Systems ThO_2-$DyO_{1.5}$

Phase Diagramm of the ThO_2-$DyO_{1.5}$ System

Die in [3] und [7] publizierten Phasendiagramme des Systems Thoriumoxid-Dysprosiumoxid (**Fig. 8-58**, S. 102) unterscheiden sich für t ≲ 2000°C nur sehr wenig. Das Eutektikum des Systems liegt bei etwa 2400°C und 84 Mol-% Dy_2O_3 + 16 Mol-% ThO_2 (entsprechend etwa 91 Mol-% $DyO_{1.5}$ und 9 Mol-% ThO_2) [3].

Die Fluoritphase $(Th,Dy)O_{2-x}$

Nach Untersuchungen in [3] steigt die Löslichkeit von Dy_2O_3 in ThO_2 von 26.1 Mol-% $DyO_{1.5}$ (≙ 15 Mol-% Dy_2O_3) bei 1 400°C über 66.7 Mol-% $DyO_{1.5}$ (≙ 50 Mol-%) Dy_2O_3 bei 2 200°C auf etwa 71 Mol-% $DyO_{1.5}$ (≙ 55 Mol-% Dy_2O_3) bei ≈ 2 400°C. Diese Werte sind in relativ guter Übereinstimmung mit den Daten, die in [7] aufgeführt werden. Hier werden folgende Grenzzusammensetzungen der Fluoritphase aufgeführt:

Temperatur in °C	1 250	1 400	1 550	1 700	1 900
Grenzzusammensetzung in Mol-% $DyO_{1.5}$ (± 1 Mol-%)	0 bis 18.5	0 bis 25.0	0 bis 38.0	0 bis 51.5	0 bis 56.5

Bezüglich der Berechnungen über die Phasenbreite der ThO_2-$DyO_{1.5}$-Fluoritphase siehe [81].

The ThO_2-$DyO_{1.5}$ System

Fig. 8-58

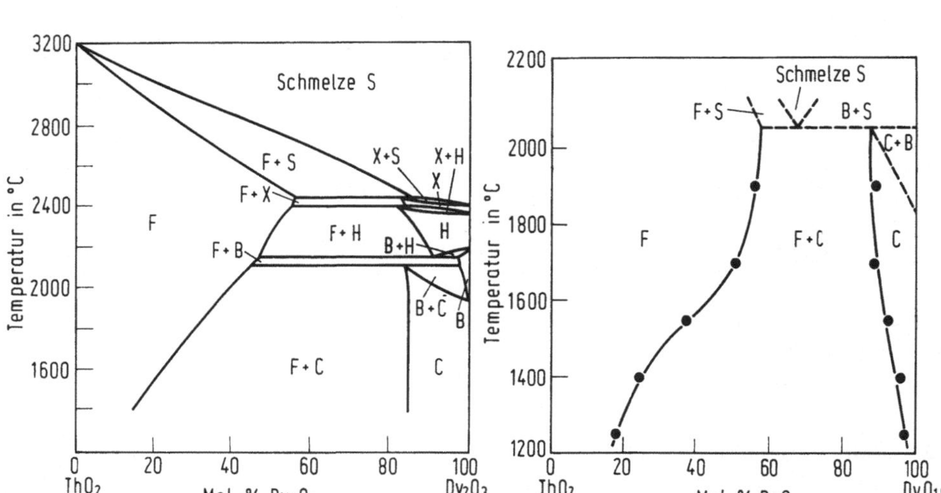

Phasendiagramm des Systems Thoriumdioxid-Dysprosiumoxid, links nach [3], rechts nach [7].
F: Fluoritphase (Th, Dy)O_{2-x} (ss);
B, C, H und X: B-, C-, H- bzw. X-Typ-Phase (Dy, Th)$O_{1.5+x}$ (ss).

Löslichkeit von ThO_2 in $DyO_{1.5}$

Für das System ThO_2-Dy_2O_3 wird in [3] für Temperaturen oberhalb 1 900°C eine relativ geringe Löslichkeit von ThO_2 in B-Dy_2O_3 angegeben, die bei ≈ 2100°C einen maximalen Wert von 3 Mol-% ThO_2 in B-Dy_2O_3 (entsprechend ≈ 1.5 Mol-% ThO_2 in B-$DyO_{1.5}$) besitzen soll.

Eine relativ große Löslichkeit von ThO_2 ist für kubisches C-$DyO_{1.5}$ bekannt. Nach [3] liegt dieser Wert bei ≈ 15 Mol-% ThO_2 in C-$DyO_{1.5}$ (entsprechend 8.1 Mol-% ThO_2 in C-$DyO_{1.5}$), und zwar praktisch temperaturunabhängig für 1 500 $\lesssim t \lesssim$ 2100°C. Aus Untersuchungen über die elektrische Leitfähigkeit von C-Dy_2O_3, das mit ThO_2 dotiert wurde, wird eine Löslichkeit von ≈ 0.25 Mol-% ThO_2 in C-Dy_2O_3 bei 1 000°C postuliert, ein vermutlich etwas zu niedriger Wert [80].

Ausführliche Untersuchungen in [7] erbrachten folgende Grenzzusammensetzungen für die kubische C-Typ-Phase:

Temperatur in °C	1 250	1 400	1 550	1 700	1 900
Grenzzusammensetzung der C-Typ-Phase in Mol-% $DyO_{1.5}$ (± 0.5 Mol-%)	96.9 bis 100	95.8 bis 100	92.3 bis 100	89.0 bis 100	89.5 bis 97

Die Löslichkeit von ThO_2 in den beiden Hochtemperaturmodifikationen H-Dy_2O_3 und X-Dy_2O_3 liegt bei maximal ≈ 20 Mol-% ThO_2 in Dy_2O_3 (entsprechend ≈ 11 Mol-% ThO_2 in $DyO_{1.5}$). Der Bereich der X-Typ-Phase erstreckt sich dabei nur über einen Temperaturbereich von weniger als 50°C bei ≈ 2350°C [3].

Properties of the ThO_2-$DyO_{1.5}$ System

Eigenschaften des Systems ThO_2-$DyO_{1.5}$

ThO_2-$DyO_{1.5}$-Mischkristalle zeigen wie ThO_2-$YO_{1.5}$($LaO_{1.5}$)-Mischkristalle ebenfalls Ionenleitung, nähere Angaben für 10^{-20} atm $\leqq p(O_2) \leqq$ 1 atm und 800°C $\leqq t \leqq$ 1 400°C s. [70]. Elektrische

Leitfähigkeit für ThO_2-dotiertes C-$DyO_{1.5}$ s. **Fig. 8-59** [80]. Für relativ hohe Sauerstoffpartialdrücke von 10^{-3} atm $\leqq p(O_2) \lesssim 1$ atm beobachtet man eine $\varkappa \sim p(O_2)^{1/4}$-Abhängigkeit.

Die nach Anregung des optischen Fluoreszenzspektrums von Dy^{3+} in ThO_2 durch Röntgenstrahlen emittierten Quanten lassen sich zur Bestimmung von ppm-Mengen Dy^{3+} in ThO_2 benutzen [59].

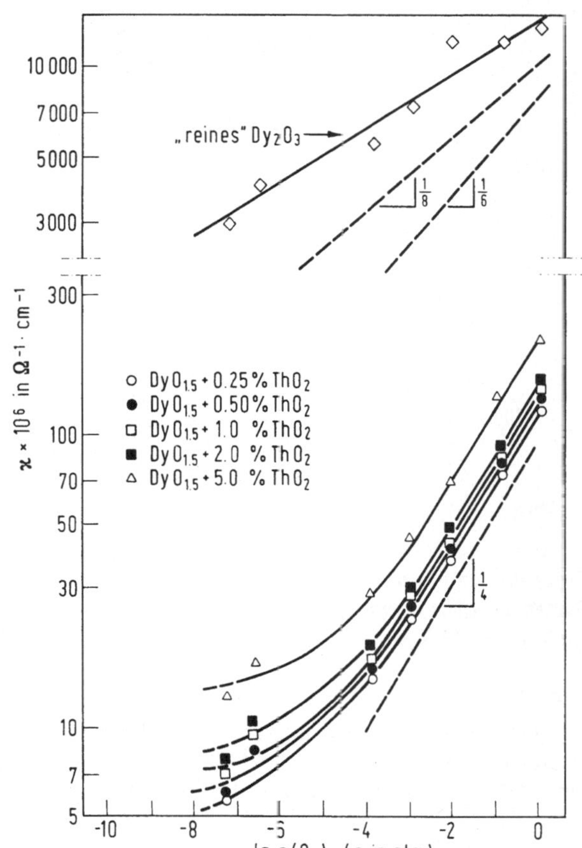

Fig. 8-59

Elektrische Leitfähigkeit $\varkappa$ von reinem und mit ThO_2 dotiertem Dy_2O_3 bei 1000°C [80].

8.4.11 Verbindungen mit Holmium

Compounds with Holmium

Übersicht. Im System Thoriumoxid-Holmiumoxid wurden keine definierten ternären Oxide, sondern nur folgende Oxidphasen nachgewiesen [3 bis 5, 7, 11]:

Review

a) eine Fluoritphase, d. h. eine nichtstöchiometrische Phase, bei der $HoO_{1.5}$ in das Fluoritgitter des ThO_2 eingebaut wird,

b) eine B-Typ-Phase, d. h. eine Phase, in der ThO_2 in monoklines B-$HoO_{1.5}$ eingebaut wird,

c) eine C-Typ-Phase, d. h. eine Phase, in der ThO_2 in kubisches C-$HoO_{1.5}$ eingebaut wird,

d) eine H-Typ-Phase, d. h. eine Phase, in der ThO_2 in die Hochtemperaturmodifikation H-$HoO_{1.5}$ eingebaut wird,

e) eine X-Typ-Phase, d. h. eine Phase, in der ThO_2 in die Hochtemperaturmodifikation X-$HoO_{1.5}$ eingebaut wird.

Über die Breite der drei erstgenannten Phasen und ihre Temperaturabhängigkeit liegen etwas unterschiedliche Angaben vor.

Literatur zu 8.4 s. S. 112/4

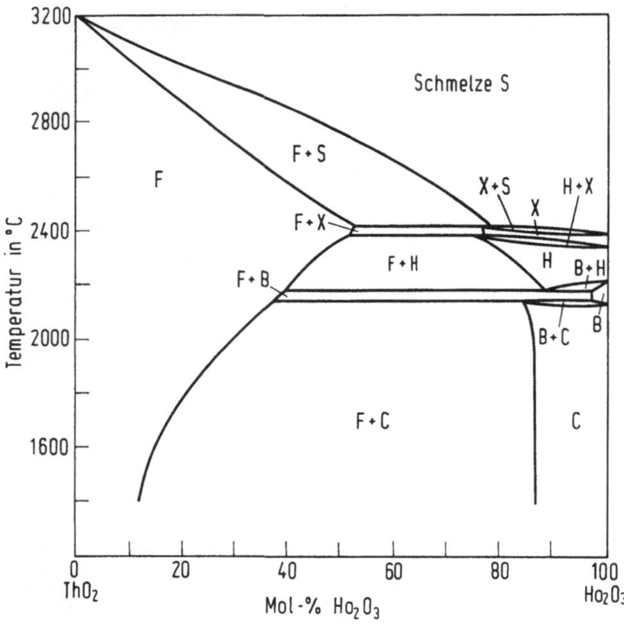

Fig. 8-60

Phasendiagramm des Systems ThO_2-Ho_2O_3 nach [3].
F : Fluoritphase $(Th, Ho)O_{2-x}$ (ss);
B, C, H und X: B-, C-, H- bzw. X-Typ-Phase $(Ho, Th)O_{1.5+x}$ (ss).

Phase Diagram of the ThO_2-$HoO_{1.5}$ System

Phasendiagramm des Systems ThO_2-$HoO_{1.5}$

Die in [3] und[7] publizierten Phasendiagramme des Systems Thoriumoxid-Holmiumoxid (s. **Fig. 8-60** und **8-61**) unterscheiden sich für t ≲ 2000°C nur relativ wenig. Das Eutektikum des Systems liegt bei etwa 2400°C und 79 Mol-% Ho_2O_3 + 21 Mol-% ThO_2 (entsprechend 88.3 Mol-% $HoO_{1.5}$ und 11.7 Mol-% ThO_2) [3].

Die Fluoritphase $(Th,Ho)O_{2-x}$

Nach Untersuchungen in [3] erstreckt sich die Fluoritphase im System ThO_2-$HoO_{1.5}$ von 23 Mol-% $HoO_{1.5}$ (≙ 13 Mol-% Ho_2O_3) bei 1400°C über 62 Mol-% $HoO_{1.5}$ (≙ 45 Mol-% Ho_2O_3) bei 2200°C auf ≈ 68 Mol-% $HoO_{1.5}$ (≙ 52 Mol-% Ho_2O_3) bei der eutektischen Temperatur von ≈ 2400°C.

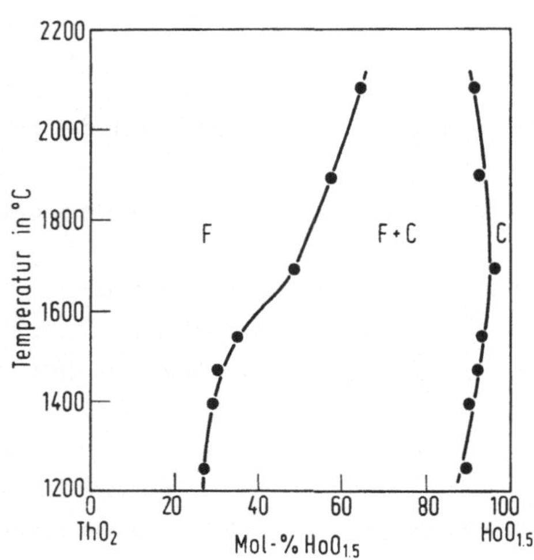

Fig. 8-61

Phasendiagramm des Systems ThO_2-$HoO_{1.5}$ nach [7] (Bezeichnungen s. Fig. 8-60).

Literatur zu 8.4 s. S. 112/4

Detaillierte Untersuchungen für den Subliquidusbereich führten zu ähnlichen, wenngleich etwas höheren Werten für die Löslichkeit von $HoO_{1.5}$ in ThO_2. Folgende Grenzzusammensetzungen der Fluoritphase wurden ermittelt [7]:

Temperatur in °C	1250	1400	1475	1550	1700	1900	2100
Grenzzusammensetzung in Mol-% $HoO_{1.5}$ (± 0.8 Mol-%)	0 bis 27.2	0 bis 28.9	0 bis 30.7	0 bis 35.0	0 bis 48.5	0 bis 57.0	0 bis 64.5

Die Änderung der Gitterkonstante der Fluoritphase mit steigendem Einbau von $HoO_{1.5}$ in ThO_2 ergibt sich aus **Fig. 8-62** [11]. Man erkennt deutlich, daß der Verlauf der Gitterkonstanten im einphasigen Bereich mit Fluoritstruktur eine lineare Funktion des $HoO_{1.5}$-Gehaltes ist und damit vom nichtlinearen Verlauf in den analogen Systemen mit SE^{3+} = Sm(Eu) abweicht [11].

Fig. 8-62

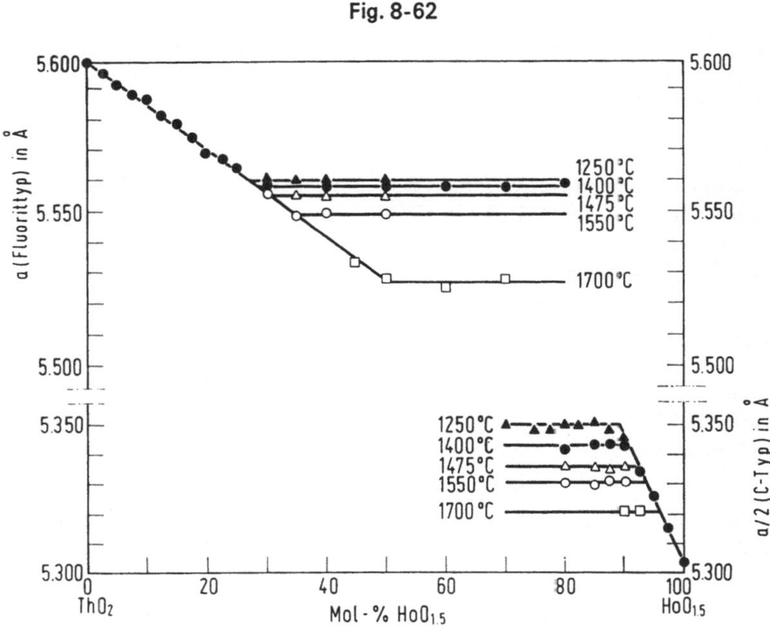

Verlauf der Gitterkonstanten für die Fluorit- und die C-Typ-Phase im System ThO_2-$HoO_{1.5}$ [11].

In den Fluoritmischkristallen liegt ein vollständig besetztes Kationengitter mit Anionenfehlstellen vor, wie aus Dichtemessungen abzuleiten ist (**Fig. 8-63**, S. 106). Die andere Alternative, ein vollbesetztes Anionengitter mit Kationenfehlstellen, ergibt eine ganz andere Dichteabhängigkeit von $HoO_{1.5}$, als dem experimentell bestimmten Verlauf entspricht [7].

Löslichkeit von ThO_2 in $HoO_{1.5}$

Nach den Untersuchungen in [3] existiert in einem engen Temperaturbereich von etwa 2100°C $\lesssim$ t $\lesssim$ 2200°C eine schmale B-Typ-Phase mit einer Löslichkeit von maximal ≈ 2 Mol-% ThO_2 in B-Ho_2O_3 (entsprechend ≈ 1 Mol-% ThO_2 in B-$HoO_{1.5}$).

Literatur zu 8.4 s. S. 112/4

The ThO_2-$HoO_{1.5}$ System

Fig. 8-63

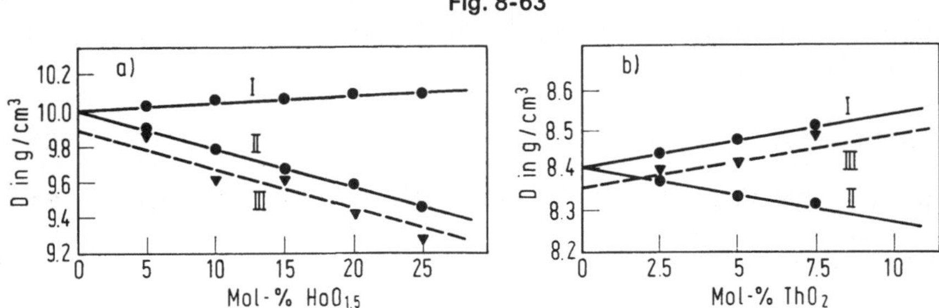

Berechnete und experimentelle Dichten D des Systems ThO_2-$HoO_{1.5}$

a) der Fluoritmischkristalle
 I : Kationen auf Zwischengitterplätzen (berechnet)
 II : Vollbesetztes Kationengitter mit Anionenfehlstellen (berechnet)
 III: experimentelle Werte

b) der C-Typ-Mischkristalle
 I : Vollbesetztes Kationengitter mit Anionen auf Zwischengitterplätzen (berechnet)
 II : Kationenfehlstellentyp (berechnet)
 III: experimentelle Werte [7].

Einen wesentlich breiteren Bereich nimmt die C-Typ-Phase ein. Nach [3] lösen sich ≈ 13 Mol-% ThO_2 in C-Ho_2O_3 (≙ 6.7 Mol-% ThO_2 in C-$HoO_{1.5}$). Genauere Untersuchungen in [7] zeigen jedoch, daß dieser C-Typ-Bereich etwas breiter ist und bei ≈ 1700°C ein Minimum der Löslichkeit von ThO_2 in C-$HoO_{1.5}$ existiert:

Temperatur in °C	1250	1400	1475	1550	1700	1900	2100
Grenzzusammensetzung der C-Typ-Phase in Mol-% $HoO_{1.5}$ (± 0.2–0.5 Mol-%)	89.0 bis 100	90.7 bis 100	92.4 bis 100	93.7 bis 100	95.9 bis 100	92.9 bis 100	91.7 bis 100

Dieses Minimum der Löslichkeit ergibt sich auch ganz deutlich aus dem Verlauf der Gitterkonstanten der C-Typ-Phase als Funktion der Temperatur für verschiedene Zusammensetzungen (Fig. 8-62) [11].

In dieser C-Typ-Mischkristallreihe liegt ein vollbesetztes Kationengitter mit Sauerstoff auf Zwischengitterplätzen $Ho_{1-x}Th_xO_{1.5+x/2}$ vor, wie Fig. 8-63 zeigt. Die andere Alternative, vollbesetztes Anionengitter mit Kationenfehlstellen, zeigt einen ganz anderen berechneten Dichteverlauf für verschiedene Zusammensetzungen, als den experimentell bestimmten Werten entspricht [7].

Die Löslichkeit von ThO_2 in den beiden Hochtemperaturmodifikationen H-Ho_2O_3 und X-Ho_2O_3 liegt bei maximal 22 Mol-% ThO_2 in Ho_2O_3 (entsprechend 12.4 Mol-% ThO_2 in $HoO_{1.5}$). Der Bereich der X-Typ-Phase erstreckt sich dabei nur über einen Temperaturbereich von weniger als 50°C bei ≈ 2400°C [3].

Properties of the ThO_2-$HoO_{1.5}$ System

Eigenschaften des Systems ThO_2-$HoO_{1.5}$

Im Reflexionsspektrum des gelblichen $Th_{0.86}Ho_{0.14}O_{1.93}$ finden sich Absorptionsbanden bei folgenden Wellenzahlen [52, 53]: 5190 cm^{-1} ($^5I_7$), 8790 cm^{-1} ($^5I_6$), 11310 cm^{-1} ($^5I_5$), 15510 cm^{-1} ($^5F_5$), 18520 cm^{-1} ($^5S_2$, $^5F_4$), 20560 cm^{-1} ($^5F_3$), 21190 cm^{-1} ($^5F_2$), 22100 cm^{-1} ($^3K_6$, $^5F_1$), 23910 cm^{-1} ($^5G_5$), 25940 cm^{-1} ($^5G_4$, $^3K_7$) und 27560 cm^{-1} ($^5G_6$).

Literatur zu 8.4 s. S. 112/4

8.4.12 Verbindungen mit Erbium

Compounds with Erbium

Übersicht. Im System Thoriumoxid-Erbiumoxid wurden keine definierten ternären Oxide, sondern nur folgende Oxidphasen nachgewiesen [3 bis 5, 7]:

Review

a) eine Fluoritphase, d. h. eine nichtstöchiometrische Phase, bei der $ErO_{1.5}$ in das Fluoritgitter des ThO_2 eingebaut wird,

b) eine C-Typ-Phase, d. h. eine Phase, in der ThO_2 in kubisches C-$ErO_{1.5}$ eingebaut ist,

c) eine H-Typ-Phase, d. h. eine Phase, in der ThO_2 in die Hochtemperaturmodifikation H-$ErO_{1.5}$ eingebaut ist.

Über die Breite der beiden erstgenannten Phasen und ihre Temperaturabhängigkeit liegen etwas unterschiedliche Angaben vor.

Phasendiagramm des Systems ThO_2-$ErO_{1.5}$

Phase Diagram of the ThO_2-$ErO_{1.5}$ System

Zwischen dem Subliquidusdiagramm (**Fig. 8-64** nach [7]) und dem in **Fig. 8-65**, S. 108, wiedergegebenen Phasendiagramm nach [3] besteht eine relativ gute Übereinstimmung. Das Eutektikum des Systems liegt bei ≈ 2400°C und 21 Mol-% ThO_2 + 79 Mol-% Er_2O_3 (entsprechend ≈ 11.7 Mol-% ThO_2 und 88.3 Mol-% $ErO_{1.5}$) [3].

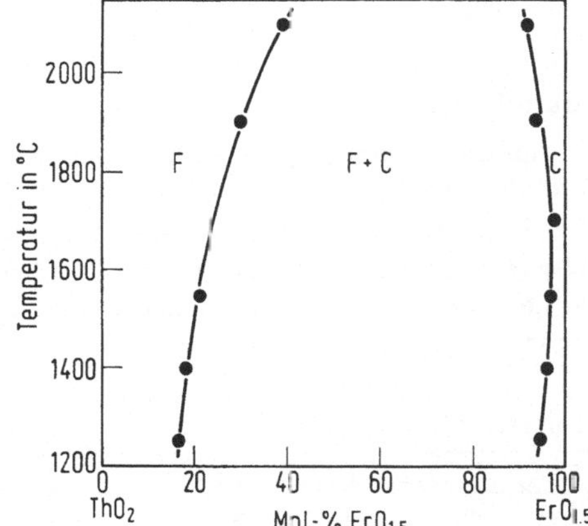

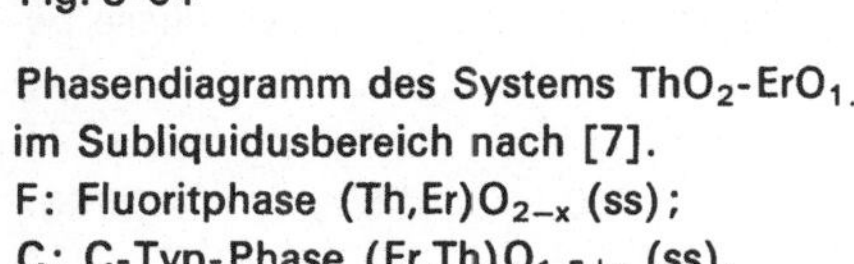

Fig. 8-64

Phasendiagramm des Systems ThO_2-$ErO_{1.5}$ im Subliquidusbereich nach [7].
F: Fluoritphase $(Th,Er)O_{2-x}$ (ss);
C: C-Typ-Phase $(Er,Th)O_{1.5+x}$ (ss).

Die Fluoritphase

Nach [3] nimmt die Breite der Fluoritphase zu von 19.2 Mol-% $ErO_{1.5}$ (≙ 10 Mol-% Er_2O_3) bei 1400°C über 57.2 Mol-% $ErO_{1.5}$ (≙ 40 Mol-% Er_2O_3) bei 2200°C auf ≈ 64.9 Mol-% $ErO_{1.5}$ (≙ 48 Mol-% Er_2O_3) bei ≈ 2400°C. Detaillierte Untersuchungen in [7] führten zu folgenden Grenzzusammensetzungen der Fluoritphase:

Temperatur in °C	1250	1400	1550	1700	1900	2100
Grenzzusammensetzung der Fluoritphase in Mol-% $ErO_{1.5}$ (± 0.8 Mol-%)	0 bis 17	0 bis 18.5	0 bis 21.4	0 bis 24.0	0 bis 30.5	0 bis 39.5

Die Werte für hohe Temperaturen sind nach [7] merklich niedriger als die in [3] angegebenen Löslichkeitswerte. Berechnungen über die Löslichkeit von $ErO_{1.5}$ in ThO_2 s. [81].

Literatur zu 8.4 s. S. 112/4

The ThO_2-$ErO_{1.5}$ System

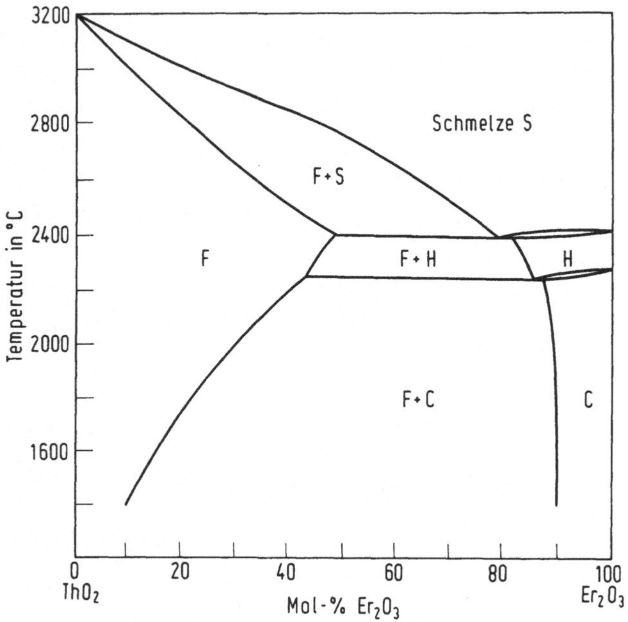

Fig. 8-65

Phasendiagramm des Systems ThO_2-Er_2O_3 nach [3].

F: Fluoritphase $(Th,Er)O_{2-x}$ (ss);
C, H: C- bzw. H-Typ-Phase $(Er,Th)O_{1.5+x}$ (ss).

Löslichkeit von ThO_2 in $ErO_{1.5}$

Aus dem Phasendiagramm nach [3] läßt sich eine praktisch temperaturunabhängige Löslichkeit (1400°C ≦ t ≦ 2200°C) von etwa 10 Mol-% ThO_2 in C-Er_2O_3 (entsprechend 5.3 Mol-% ThO_2 in C-$ErO_{1.5}$) entnehmen. Sehr viel ausführlichere Untersuchungen [7] zeigten jedoch, daß eine merkliche Temperaturabhängigkeit der Löslichkeit von ThO_2 in C-$ErO_{1.5}$ vorliegt, wobei bei etwa 1700°C ein Löslichkeitsminimum zu beobachten ist. Die genauen Phasenbreiten für die C-Typ-Phase betragen [7]:

Temperatur in °C	1250	1400	1550	1700	1900	2100
Grenzzusammensetzung der C-TypPhase in Mol-% $ErO_{1.5}$ (± 0.2 bis 0.5 Mol-%)	94.7 bis 100	96.2 bis 100	96.8 bis 100	97.5 bis 100	94.5 bis 100	92.2 bis 100

Für H-Er_2O_3 wird im Bereich von 2200 bis 2400°C eine Löslichkeit von maximal 18 Mol-% ThO_2 in H-Er_2O_3 (entsprechend ≈ 10 Mol-% ThO_2 in H-$ErO_{1.5}$) angegeben [3].

Properties of the ThO_2-$ErO_{1.5}$ System

Eigenschaften des Systems ThO_2-$ErO_{1.5}$

Im Reflektionsspektrum von $Th_{0.86}Er_{0.14}O_{1.93}$ wurden folgende Absorptionsbanden festgestellt: 6640 cm^{-1} ($^4I_{13/2}$), 10280 cm^{-1} ($^4I_{11/2}$), 12550 cm^{-1} ($^4F_{9/2}$), 15330 cm^{-1} ($^4I_{9/2}$), 18350 cm^{-1} ($^4S_{3/2}$), 19160 cm^{-1} ($^2H_{11/2}$), 20430 cm^{-1} ($^4F_{7/2}$), 22150 cm^{-1} ($^4F_{5/2}$), 24540 cm^{-1} ($^2H_{9/2}$), 26370 cm^{-1} ($^4G_{11/2}$) und 27390 cm^{-1} ($^2G_{9/2}$) [52, 53].

ESR-Untersuchungen an mit ca. 1 Gew.-% Er-dotierten ThO_2-Kristallen (bei 10.5 kMc/s und 4 K ≦ T ≦ 1 K) ergaben folgende g-Faktoren [82, 83]:

für die kubische Lage: $g = 6.753 \pm 0.005$
für die tetragonale Lage: $g_{\parallel} = 3.462 \pm 0.003$ und
$g\perp = 7.624 = 0.005$

Literatur zu 8.4 s. S. 112/4

Die axiale Anisotropie $|g_{\parallel} - g_{\perp}| = 4.162$ ist für Er^{3+} in ThO_2 beträchtlich größer als für entsprechend dotierte Yb^{3+}-Kristalle. Die Abweichung des g-Tensors der tetragonalen Er^{3+}-Plätze ($(g_{\parallel} + 2g_{\perp})/3 = 6.24$) ist ≈ 10-mal so groß wie die des entsprechenden Yb^{3+} [85]. Detaillierte Angaben über die g-Faktoren von Er-Ionen in verschiedenen Lagen s. [84, 85].

8.4.13 Verbindungen mit Thulium

Compounds with Thulium

Im System Thoriumoxid-Thuliumoxid wurden keine definierten ternären Oxide, sondern nur die beiden folgenden Oxidphasen festgestellt [7, 12]:

a) eine Fluoritphase, d. h. eine nichtstöchiometrische Phase, bei der $TmO_{1.5}$ in das Fluoritgitter des ThO_2 eingebaut wird,

b) eine C-Typ-Phase, d. h. eine Phase, in der ThO_2 in kubisches C-$TmO_{1.5}$ eingebaut wird.

Nach den Ergebnissen von Untersuchungen in anderen ThO_2-$SEO_{1.5}$-Systemen zu folgern, ist zu erwarten, daß auch im System ThO_2-$TmO_{1.5}$ eine H-Typ-Phase existiert [3].

Während die Breite der Fluoritphase zwischen 1250 und 2100°C mit der Temperatur ansteigt, beobachtet man für die C-Typ-Phase zwischen 1550 und 1700°C ein Minimum der Phasenbreite. Folgende Grenzzusammensetzungen der beiden Phasen wurden ermittelt [7]:

Temperatur in °C	1250	1400	1550	1760	1900	2100
Grenzzusammensetzung der Fluoritphase in Mol-% $TmO_{1.5}$ (± 0.8 Mol-%)	0 bis 10.0	0 bis 11.0	0 bis 14.8	0 bis 16.5	0 bis 28.5	0 bis 32.0 *)
Grenzzusammensetzung der C-Typ-Phase in Mol-% $TmO_{1.5}$ (± 0.2 bis 0.5 Mol-%)	97.0 bis 100	97.5 bis 100	98.0 bis 100	98.0 bis 100	93.7 bis 100	92.8 bis 100

*) ± 2.5 Mol-%

Das aus diesen Daten ermittelte Subliquidusphasendiagramm des Systems ThO_2-$TmO_{1.5}$ ist in **Fig. 8-66** aufgeführt [42]. IR-Spektren von ThO_2, $TmO_{1.5}$ und ThO_2-$TmO_{1.5}$-Mischoxiden im Be-

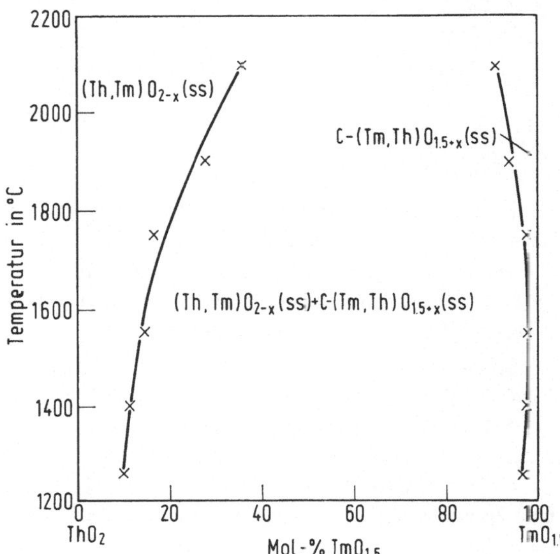

Fig. 8-66

Phasendiagramm des Systems ThO_2-$TmO_{1.5}$ im Subliquidusbereich [42].

Literatur zu 8.4 s. S. 112/4

reich von 200 bis 1 000 cm^{-1} s. [12]. Für einen Fluoritmischkristall mit 92.5 Mol-% ThO_2 + 7.5 Mol-% $TmO_{1.5}$ wurden folgende Gitterkonstanten bis zu 1 095°C ermittelt [12]:

Temperatur in °C	25	400	600	820	1 005	1095
Gitterkonstante in Å (± 0.002)	5.599	5.613	5.623	5.633	5.642	5.646

Compounds with Ytterbium

8.4.14 Verbindungen mit Ytterbium

Review

Übersicht. Im System Thoriumoxid-Ytterbiumoxid wurden keine definierten ternären Oxide sondern nur folgende Oxidphasen nachgewiesen [2 bis 5, 7, 33, 64, 65, 69, 75, 81]:

a) eine Fluoritphase, d. h. eine nichtstöchiometrische Phase, bei der $YbO_{1.5}$ in das Fluoritgitter des ThO_2 eingebaut wird,

b) eine C-Typ-Phase, d. h. eine Phase, in der ThO_2 in kubisches C-$YbO_{1.5}$ eingebaut ist.

Die Breite der beiden erstgenannten Phasen und ihre Temperaturabhängigkeit unterscheiden sich nach den einzelnen Literaturangaben etwas.

Phase Diagram of the ThO_2-$YbO_{1.5}$ System

Phasendiagramm des Systems ThO_2-$YbO_{1.5}$

Aus den beiden bisher publizierten Phasendiagrammen des Systems ThO_2-Yb_2O_3 **(Fig. 8-67** und **8-68)** erkennt man charakteristische Unterschiede, die neben der Lage der Phasengrenzen in den nichtstöchiometrischen Phasen in erster Linie bei der Lage des Euktektikums zu finden sind. In [2] wird dieses bei knapp unter 2200°C und ≈ 50 Mol-% ThO_2 + 50 Mol-% $YbO_{1.5}$ angenommen, in [3] bei ≈ 85 Mol-% Yb_2O_3 + 15 Mol-% ThO_2 und 2400 °C.

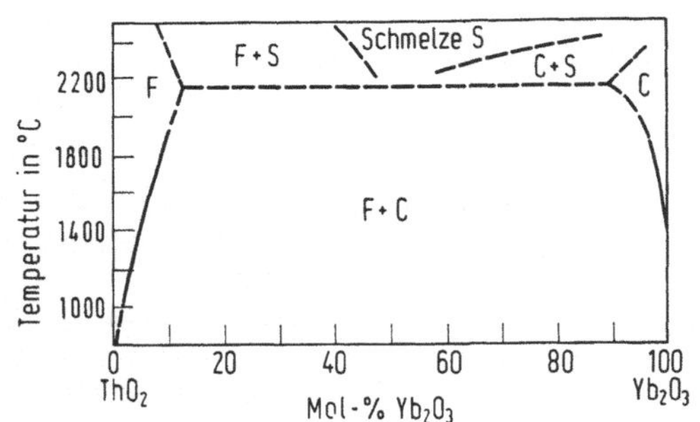

Fig. 8-67

Phasendiagramm des Systems ThO_2-Yb_2O_3 nach [2].

F: Fluoritphase $(Th,Yb)O_{2-x}$ (ss);
C: C-Typ-Phase $(Yb,Th)O_{1.5+x}$ (ss).

Die Fluoritphase

Erste Untersuchungen über die Breite der Fluoritphase im System ThO_2-$YbO_{1.5}$ ergaben eine Löslichkeit von nur ≈ 8 Mol-% $YbO_{1.5}$ in ThO_2 bei 1 400°C. Bei diesen Versuchen wurde eine viel schnellere Gleichgewichtseinstellung beobachtet als im analogen System ThO_2-$EuO_{1.5}$, was auf den größeren Unterschied in den Ionenradien von Th^{4+} und Yb^{3+} zurückgeführt wird, d. h. letztliche auf größere Diffusionsgeschwindigkeiten [64].

Spätere Untersuchungen bestätigten diese geringe Löslichkeit von $YbO_{1.5}$ in ThO_2 [2], die bei 1 800°C auf ≈ 18.2 Mol-% $YbO_{1.5}$ (≙ 10 Mol-% Yb_2O_3) in ThO_2 steigen soll. Untersuchungen in [3] ergaben jedoch, daß die Löslichkeit von $YbO_{1.5}$ in ThO_2 eine sehr starke Temperaturabhängigkeit zeigen soll und von ≲ 18 Mol-% $YbO_{1.5}$ (≙ ≲ 10 Mol-% Yb_2O_3) bei 1 400°C über 72 Mol-% $YbO_{1.5}$ (≙ 45 Mol-% Yb_2O_3) auf ≈ 73 Mol-% $YbO_{1.5}$ (≙ 58 Mol-% Yb_2O_3) bei ≈ 2380°C steigen soll. Eine Zunahme der Löslichkeit, allerdings nicht in dem starken Maße, wurde auch in [7] festgestellt. Danach liegt die Grenzzusammensetzung der Fluoritphase bei:

Literatur zu 8.4 s. S. 112/4

Temperatur in °C	1 250	1400	1 550	1 700	1 900	2100
Grenzzusammensetzung der Fluoritphase in Mol-% $YbO_{1.5}$ (± 0.8 Mol-%)	0 bis 6.8	0 bis 7.4	0 bis 9.5	0 bis 11.0	0 bis 17.8	0 bis 31.3

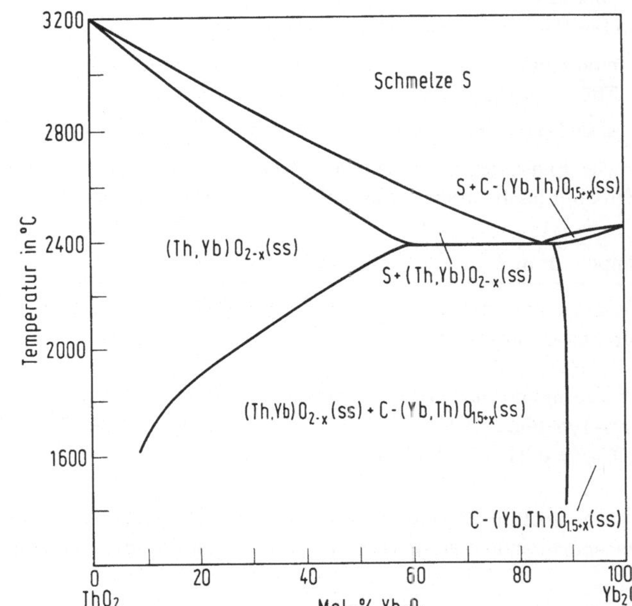

Fig. 8-68

Phasendiagramm des Systems ThO_2-Yb_2O_3 nach [3].

Löslichkeit von ThO_2 in $YbO_{1.5}$

Die Löslichkeit von ThO_2 in C-$YbO_{1.5}$ ist gering [64] und beträgt bei 1 800°C ≈ 1.5 Mol-% ThO_2 in $YbO_{1.5}$ (≙ 3 Mol-% ThO_2 in Yb_2O_3) [2]. Die in [3] angegebenen Werte mit 5.3 Mol-% ThO_2 in $YbO_{1.5}$ (≙ 10 Mol-% ThO_2 in Yb_2O_3) bei 1 400°C bzw. > 8.1 Mol-% ThO_2 in $YbO_{1.5}$ bei 2200°C (≙ > 15 Mol-% ThO_2 in Yb_2O_3) bei 2200°C sind wesentlich höher. Relativ niedrige Werte für die Grenzzusammensetzung der C-Typ-Phase ergaben sich auch bei den detaillierten Versuchen in [7]:

Temperatur in °C	1 250	1 400	1 550	1 700	1 900	2100
Grenzzusammensetzung der C-Typ-Phase in Mol-% $YbO_{1.5}$ (± 0.2 bis 0.5 Mol-%)	98.5 bis 100	98.9 bis100	99.1 bis 100	99.1 bis 100	98.3 bis 100	98.0 bis 100

Man erkennt wieder ein Minimum der Löslichkeit von ThO_2 in C-$YbO_{1.5}$ bei 1 550°C < t < 1 700°C [2].

Eigenschaften des Systems ThO_2-$YbO_{1.5}$

Properties of the ThO_2-$YbO_{1.5}$ System

ESR-Untersuchungen an mit ≈ 1 Gew.-% Yb^{3+}-dotierten ThO_2-Einkristallen (bei 10.5 kMc/s und 4 K ≦ T ≦ 2 K) ergaben folgende g-Faktoren [82, 83]:

Für die kubische Lage: $g = 3.42366$

für die tetragonale Lage: $g_{\parallel} = 2.724 \pm 0.001$

$g_{\perp} = 4.772 \pm 0.002$

$\bar{g} = (g_{\parallel} + 2\,g_{\perp})/3 = 3.407$

Literatur zu 8.4 s. S. 112/4

ENDOR-Messungen von Yb^{3+} in ThO_2 zeigten, daß das Kritsallfeld des niedrigsten J = 7/2 angeregten Zustands von Yb^{3+} in ThO_2 praktisch identisch mit dem in CaF_2 ist [86].

Compounds with Lutetium

8.4.15 Verbindungen mit Lutetium

Im System Thoriumoxid-Lutetiumoxid wurden keine ternären Oxide, sondern nur die beiden folgenden Oxidphasen festgestellt [7, 11, 81]:

a) eine Fluoritphase, d. h. eine nichtstöchiometrische Phase, bei der $LuO_{1.5}$ in das Fluoritgitter des ThO_2 eingebaut wird,

b) eine C-Typ-Phase, d. h. eine Phase, in der ThO_2 in kubisches C-$LuO_{1.5}$ eingebaut wird.

Die Phasenbreite in beiden Systemen ist die geringste, die bei den ThO_2-$SEO_{1.5}$-Systemen überhaupt beobachtet wurde. Folgende Grenzzusammensetzungen wurden festgestellt [7]:

Temperatur in °C	1250	1400	1550	1700	1900	2100
Grenzzusammensetzung der Fluoritphase in Mol-% $LuO_{1.5}$ (± 0.8 Mol-%)	0 bis 6.0	0 bis 7.0	0 bis 8.5	0 bis 10.0	0 bis 21.5	0 bis 24.5
Grenzzusammensetzung der C-Typ-Phase in Mol-% $LuO_{1.5}$ (± 0.2 bis 0.5 Mol-%)	98.5 bis 100	98.3 bis 100	98.0 bis 100	97.4 bis 100	95.8 bis 100	93.3 bis 100

Man erkennt, daß die Phasenbreiten mit steigender Temperatur stets zunehmen. Das Subliquidus-Phasendiagramm des Systems ThO_2-$LuO_{1.5}$ ist in **Fig. 8-69** aufgeführt [7].

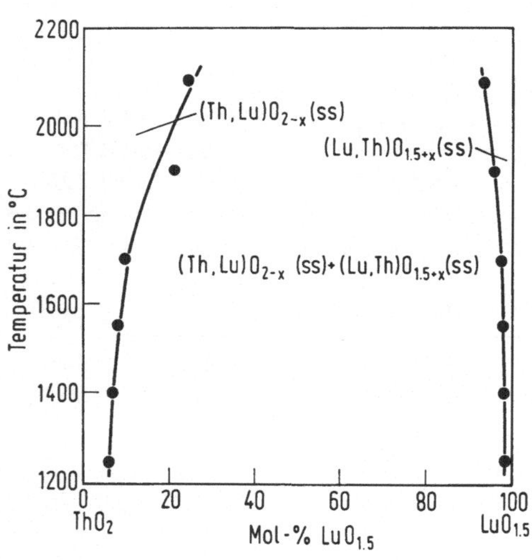

Fig. 8-69

Phasendiagramm des Systems ThO_2-$LuO_{1.5}$ im Subliquidusbereich [7].

Literatur zu 8.4:

[1] F. Hund, W. Dürrwächter (Z. Anorg. Allgem. Chem. **265** [1951] 67/72). — [2] A. M. Diness, R. Roy (J. Mater. Sci. **4** [1969] 613/24). — [3] F. Sibieude, M. Foex (J. Nucl. Mater. **56** [1975] 229/38. — [4] F. Sibieude (Colloq. X-Rays Matter, Monte Carlo 1973, S. 253/9, CONF-730571; N.S.A. **32** [1975] Nr. 9327). — [5] F. Sibieude, A. Rouanet (Colloq. Intern. Centre Natl. Rech. Sci. [Paris] Nr. 205 [1972] 459/68).

[6] F. Sibieude (Compt. Rend. C **271** [1970] 130/3). — [7] C. Keller, U. Berndt, H. Engerer, L. Leitner (J. Solid State Chem. **4** [1972] 453/65). — [8] A. M. Diness (Thesis Pennsylvania State

Univ. 1967 laut [21]). — [9] F. Sibieude (J. Solid State Chem. **7** [1973] 7/16). — [10] H. Radzewitz (KFK-433 [1966]).

[11] H.Engerer (KFK-597 [1967]). — [12] L. Leitner (KFK-521 [1967]). — [13] C. Keller (KFK-225 [1964] 73). — [14] F. Hund (Z. Anorg. Allgem. Chem. **274** [1953] 105/13). — [15] G. Brauer, H. Gradinger (Naturwissenschaften **38** [1951] 559/60).

[16] J. Schröder (Z. Naturforsch. **17b** [1962] 346/7). — [17] G. Brauer, H. Gradinger (Z. Anorg. Allgem. Chem. **276** [1954] 209/26). — [18] F. Sibieude (in: Redkozelemel'nye Metally Splavy i Soedineniya, Moscow 1973, S. 242/53 nach N.S.A. **30** [1974] Nr. 10236). — [19] L. Eyring, B. Holmberg, B. Hyde, P. Kokorpolous, T. Felmle (TID-16350 [1962]). — [20] N. N. Padurow C. Schusterius (Ber. Deut. Keram. Ges. **30** [1953] 251/3).

[21] H. J. Whitfield, D. Roman, A. R. Palmer (J. Inorg. Nucl. Chem. **28** [1966] 2817/25). — [22] L. Passerini (Gazz. Chim. Ital. **60** [1930] 762). — [23] M. Hoch, H. Sub Yoon (Proc. 4th Conf. Rare Earth Res., Phoenix, Ariz., 1965, S. 665/75). — [24] M. Hoch, H. Sub Yoon (CONF-405-13 [1964] 17; N.S.A. **18** [1964] Nr. 23516). — [25] H. v. Wartenberg, K. Eckhardt (Z. Anorg. Allgem. Chem. **232** [1937] 179/87).

[26] M. Murabayaski (J. Nucl. Sci. Technol. [Tokyo] **7** [1970] 559/63). — [27] A. Hammon, C. Déportes, G. Robert, G. Vitter (Mater. Res. Bull. **6** [1971] 823/32). — [28] B. Claudel, J. Véron (Compt. Rend. C **267** [1968] 1195/7). — [29] C. S. Morgan, C. S. Yust (ORNL-3470 [1963] 1/267, 30/2; N.S.A. **18** [1964] Nr. 4212). — [30] G. Brauer, B. Willaredt (J. Less-Common Metals **24** [1971] 311/6).

[31] G. Brauer, B. Willaredt (Proc. 8th Rare Earth Res. Conf., Reno, Nevada, 1970, Bd. 1, S. 115/26, CONF-700403; N.S.A. **25** [1971] Nr. 764). — [32] K. A. Gingerich (Proc. 2nd Conf. Rare Earth Res., Glenwood Springs, Colo., 1961 [1962], S. 321/7). — [33] K. A. Gingerich (TID-14808 [1961] 1/7). — [34] Ch. K. Jørgensen (Struct. Bonding [Berlin] **13** [1973] 200/53). — [35] D. H. Primas, D. A. Shores, R. A. Rapp (in: R. A. Rapp, COO-1440-23 [1972] 1/58; N.S.A. **26** [1972] Nr. 56676).

[36] W. J. Manske (Belg. P. 658462 [1964/65] nach C.A. **64** [1966] 7513). — [37] H. F. Johnson, H. W. Scheeline (U.S. P. 260859 0[1952] nach C.A. **1953** 6981). — [38] J. Coutures, M. Foex (Compt. Rend. C **275** [1972] 941/4). — [39] Ch. D. Greskovich (AD 765345/4 [1973] 100 S. nach C.A. **80** [1973] Nr. 32357). — [40] J. J. Ioffe, V. V. Kikot (Neftekhimiya **11** [1971] 505/9 nach C.A. **76** [1972] Nr. 4655).

[41] S. Kern, Ch. She (Chem. Phys. Letters **25** [1974] 287/9). — [42] C. Keller(unveröffentlicht). — [43] C. S. Morgan, C. S. Yust (ORNL-3470 [1963] 1/267, 30/2; N.S.A. **18** [1964] Nr. 4212). — [44] D. A. Shores, R. A. Rapp (J. Electrochem. Soc. **119** [1972] 300/5). — [45] R A. Rapp (in: Thermodynamics of Nuclear Material 1967, IAEA, Wien 1968, S. 559/85).

[46] D. H. Primas, D. A. Shores, R. A. Rapp (in: R. A. Rapp, COO-1440-23 [1972] 1/58; N.S.A. **26** [1972] Nr. 56676). — [47] A. A. Vecher, R. A. Vecher, V. A. Geiderikh, J. A. Vasil'eva (Zh. Fiz. Khim. **39** [1965] 2080/1). — [48] S. Stotz, C. Wagner (Ber. Bunsenges. Physik. Chem. **70** [1966] 781/8). — [49] S. M. Lang, F. R. Geller (J. Am. Ceram. Soc. **34** [1951] 193/200). — [50] C. H. Steele, C. B. Alcock (Trans. AIME **233** [1965] 1359/67).

[51] J. Rudolph (Z. Naturforsch. **14a** [1959] 727/37). — [52] Ch. K. Jørgensen, R. Pappalardo, E. Rittershaus (Z. Naturforsch. **20a** [1965] 54/64). — [53] Ch. K. Jørgensen, R. Pappalardo, E. Rittershaus (Z. Naturforsch **19a** [1964] 424/33). — [54] K. Kiukkola, C. Wagner (J. Electrochem. Soc. **104** [1957] 379/87). — [55] H. Witzmann, H. K. Müller-Buschbaum (Naturwissenschaften **49** [1962] 180).

[56] R. Bressat, M. Breysse, B. Claudel, H. Sautereau, R. J. J. Williams (J. Luminescence **10** [1975] 171/6). [57] A. M. Diness (Diss. Pennsylvania State Univ. 1967. S. 1/241; N.S.A. **23** [1969] Nr. 3153). — [58] G. W. Berkstresser, R. J. Brook, J. M. Whelan (J. Mater. Sci. **9** [1974] 491/3). — [59] T. R. Saranathan, V. A. Fassel, E. L. Dekalb (Anal. Chem. **42** [1970] 325/9). — [60] R. Tomaschek (Ergeb. Exakt. Naturw. **20** [1942] 268/302).

[61] A. K. Trofimov (Izv. Akad. Nauk SSSR Ser. Fiz. **21** [1957] 757/60; Bull. Acad. Sci. USSR Phys. Ser. **21** [1957] 754/8; Izv. Akad. Nauk SSSR Ser. Fiz. **25** [1961] 460/1. Bull. Acad. Sci USSR Phys. Ser. **25** [1961] 453/6). — [62] L. Eyring, B. Holmberg (Advan. Chem. Ser. **39** [1963] 46/57). — [63] C. E. Curtis, J. R. Johnson (J. Am. Ceram. Soc. **40** [1957] 15/9). — [64] K. A. Gingerich, G. Brauer (Z. Anorg. Allgem. Chem. **324** [1963] 48/59). — [65] K. A. Gingerich (Proc. 2nd Conf. Rare Earth, Glenwood Springs, Colo., 1961 [1962], S. 321/7).

[66] U. Berndt, R. Tanamas, C. Keller (J. Solid State Chem. **17** [1976] 113/20). — [67] U. Berndt R. Tanamas, D. Maier, C. Keller (Inorg. Nucl. Chem. Letters **10** [1974] 315/21). — [68] M. M. Abraham, C. B. Finch, R. W. Reynolds, H. Zeldes (Phys. Rev. [2] **187** [1969] 451/5). — [69] J. Lefèvre (Ann. Chim. [Paris] [13] **8** [1963] 117/49). — [70] J. M. Macki (Thesis Ohio State Univ. 1968, S. 1/167; N.S.A. **24** [1970] Nr. 1074).

[71] G. Bacquet, M. Bonnet, J. Dugas, C. Escribe (Magn. Resonance Relat. Phenomena, Proc. 16th Congr. AMPERE, Bucharest 1970 [1971], S. 745/7; C.A. **78** [1973] Nr. 77794). — [72] G. Bacquet, J. Dugas, C. Escribe, L. Vassilieff, B. M. Wanklyn (Phys. Rev. B [3] **5** [1972] 2419/25). — [73] W. Kolbe, N. Edelstein, C. B. Finch, M. M. Abraham (J. Chem. Phys. **58** [1973] 820/1). — [74] M. M. Abraham, E. J. Lee, R. A. Weeks (J. Phys. Chem. Solids **26** [1965] 1249/54). — [75] R. Roy, A. M. Diness, T. L. Barry (CONF-670502 [1968] 213/22; N.S.A. **22** [1968] Nr. 23898).

[76] M. Cola, M. Papa, G. Negri (Gazz. Chim. Ital. **100** [1970] 1089/1105). — [77] J. Cordis, L. Eyring (J. Phys. Chem. **72** [1968] 2030/44). — [78] F. G. Wick, C. G. Throop (J. Opt. Soc. Am. **25** [1935] 57). — [79] E. L. Nichols, M. A. Ewer (J. Opt. Soc. Am. **22** [1932] 456). — [80] R. A. Rapp (in: Thermodynamics of Nuclear Materials 1967, IAEA, Wien 1968, S. 559/85).

[81] A. A. Agordnikova, L. M. Lopatov (Dopovidi Akad. Nauk Ukr. RSR B **34** [1972] 542/5 nach C.A. **77** [1972] Nr. 80592). — [82] M. Abraham, R. A. Weeks, G. W. Clark, C. B. Finch (ORNL-3670 [1964] 9/10; N.S.A. **18** [1964] Nr. 44046). — [83] M. Abraham, R. A. Weeks, G. W. Clark, C. B. Finch (Phys. Rev. [2] **137** [1965] A 138/A 142). — [84] J. Michoulier, A. Wasiela (Compt. Rend. B **271** [1970] 1002/5). — [85] Sung Ho Choh, G. Seidel (Phys. Rev. B [3] **7** [1973] 5011/3).

[86] J. M. Baker, D. N. Olson (J. Phys. C **8** [1975] 361/9).

Compounds with Actinium

8.5 Verbindungen mit Actinium

Zum System Thoriumoxid-Actiniumoxid liegen noch keine Untersuchungen vor.

Compounds with Protactinium

8.6 Verbindungen mit Protactinium

Im System ThO_2-$PaO_{2.5}$ wird nur eine Fluoritphase beobachtet, nach neueren Untersuchungen soll auch eine Phase $Th_2Pa_2O_9$ existieren. Das System ist im Erg.-Band „Protactinium", Kapitel 12.2.2 behandelt.

Compounds with Uranium

8.7 Verbindungen mit Uran

Im System Thoriumoxid-Uranoxid-Sauerstoff treten neben den binären Oxiden UO_2, UO_{2+x}, U_4O_9, U_3O_8, UO_3 und ThO_2 die stöchiometrische Verbindung $UThO_5$, die geordnete $(U_{1-y}Th_y)_4O_9$-Phase und die Fluoritphase $U_{1-y}Th_yO_{2+x}$ auf. Umfangreiche Untersuchungen liegen über Mischoxide ThO_2-UO_2 vor, welche als Kernbrennstoffe für Kernreaktoren eingesetzt werden. Eine detaillierte Beschreibung des Systems ist in „Uran" Erg.-Band C3, S. 249/72, zu finden.

Compounds with Transuranium Elements

8.8 Verbindungen mit Transuranen

Die Systeme Thoriumoxid-Transuranoxid-Sauerstoff sind im Erg.-Werk Bd. 4, „Transurane" Tl. C, behandelt.

Untersucht sind bisher die Systeme ThO_2-NpO_2, -PuO_2 und -AmO_2, in denen lückenlose Mischkristallbildung vorliegt, s. „Transurane" C, Erg.-Werk, Bd. 4, S. 49, 58 bzw. 79.

9 Verbindungen mit Elementen der 4. Nebengruppe

(Ti, Zr, Hf)

Compounds with Group IVb Elements

Review in German

Übersicht. Im System ThO_2-TiO_2 beobachtet man die Bildung einer Verbindung $ThTi_2O_6$, die in zwei Modifikationen existiert. Eine Löslichkeit von ThO_2 und TiO_2 ineinander wurde nicht beobachtet, ein Phasendiagramm des Systems ist nicht bekannt.

Wie aus dem Phasendiagramm des Systems ThO_2-ZrO_2 zu erkennen ist, zeigen die beiden Einzeloxide eine geringe, mit der Temperatur zunehmende Löslichkeit ineinander. Die Bildung eines definierten, ternären Oxids wird aber nicht beobachtet. Entsprechende Verhältnisse sind auch für das System ThO_2-HfO_2 zu erwarten.

Review in English

Review. In the ThO_2-TiO_2 system the formation of one compound $ThTi_2O_6$ is observed which exists in two modifications. A solubility of ThO_2 and TiO_2 in one another has not been observed, a phase diagram is not known.

As can be seen from the phase diagram of the ThO_2-ZrO_2 system, the single oxides show a small solubility in one another, which increases with temperature. The formation of a definite ternary oxide, however, has not been observed. Corresponding relationships can be expected for the ThO_2-HfO_2 system.

9.1 Verbindungen mit Titan

Compounds with Titanium

General

Allgemeines. Bisher liegen nur Untersuchungen über das System ThO_2-TiO_2 vor, über die Systeme ThO_2-TiO und ThO_2-$TiO_{1.5+x}$ sind noch keine Angaben bekannt. Durch Vergleich mit ähnlichen Systemen ist jedoch abzuleiten, daß in den Systemen mit O : Ti < 2 keine Verbindungsbildung erfolgt und wahrscheinlich auch nicht die Bildung von festen Lösungen der Endglieder. Dafür spricht z. B. auch, daß die Reduktion von $ThTi_2O_6$ mit Wasserstoff bei 1600°C bis 2000°C zu einem Gemisch von ThO_2 und Ti_3O_5 führt [1, 12]. Eine Reduktion des ThO_2 erfolgt nicht [12].

Eine Verbindung zwischen ThO_2 und TiO_2 mit 1:1-Stöchiometrie, die für M^{IV} = Zr, Hf bekannt ist, existiert für M^{IV} = Th nicht [1]. Es ist jedoch möglich, einen Teil des Zr^{IV} in $ZrTiO_4$ durch Th^{IV} zu substituieren, was ein Pigment ergibt [14].

9.1.1. Sinterkörper ThO_2-TiO_2

ThO_2-TiO_2 Sintered Bodies

Sinterproben von ThO_2-TiO_2 haben interessante elektrische Eigenschaften. So ergaben sich Hochfrequenz-Verlustwinkel von (1 bis 10) $\times 10^{-4}$ bei 1 MHz und (6 bis 150) $\times 10^{-4}$ bei 800 Hz [34]. Die Dielektrizitätskonstante von ThO_2-TiO_2-Proben nimmt mit steigendem TiO_2-Anteil ab (**Fig. 9-1**, S. 116). Einen entsprechenden Verlauf zeigt auch der Temperaturkoeffizient der Dielektrizitätskonstante (**Fig. 9-2**, S. 116) [34].

9.1.2 $ThTi_2O_6$

$ThTi_2O_6$

Im System ThO_2-TiO_2 wurde die Bildung einer Verbindung der Zusammensetzung $ThTi_2O_6$ beschrieben [1 bis 7, 33], die in zwei Modifikationen auftritt und von der die Hochtemperaturmodifikation β-$ThTi_2O_6$ als Mineral Brannerit vorkommt [8 bis 11, 31]. Das Mineral tritt allerdings häufig in metamikter Form auf, läßt sich jedoch durch Tempern in eine kristalline Form überführen. Natürlicher Brannerit enthält meist auch noch größere Mengen Uran. Ein Brannerit von Kelley Gulch, Custer County, Idaho/USA besitzt z. B. folgende analytische Zusammensetzung (in Gew.-%): 2.9% CaO, 0.3% BaO, 0.1% SrO, 0.2% PbO, 3.9% $(Y, Er)_2O_3$, 10.3% UO_2, 33.5% UO_3, 4.1% ThO_2, 0.2% ZrO_2, 2.9% FeO und 39.0% TiO_2 [10]. Das U:Th-Verhältnis in Branneritmineralien verschiedener Herkunft kann dabei in weitem Rahmen schwanken, so daß man auch UTi_2O_6 als Brannerit bezeichnet hat.

Literatur zu 9 s. S. 121/2

$ThTi_2O_6$

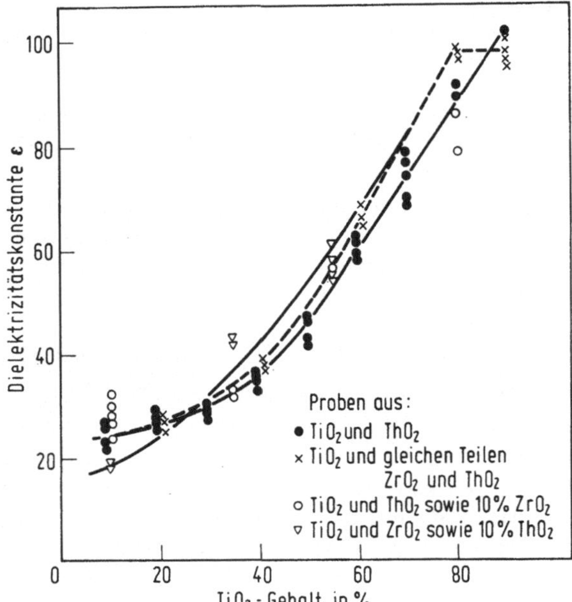

Fig. 9-1

Abhängigkeit der Dielektrizitätskonstante ε vom TiO_2-Gehalt in ThO_2-TiO_2- und ThO_2-TiO_2-ZrO_2-Proben [34].

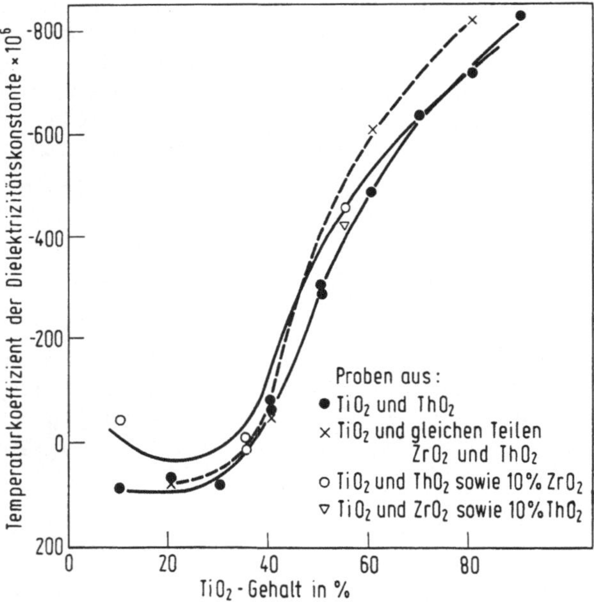

Fig. 9-2

Abhängigkeit des Temperaturkoeffizienten der Dielektrizitätskonstante vom TiO_2-Gehalt in ThO_2-TiO_2- und ThO_2-TiO_2-ZrO_2-Proben [34].

Zur Darstellung des mit den formelgleichen Verbindungen des Cers und Urans isostrukturellen $ThTi_2O_6$ erhitzt man mechanisch gepulverte Gemische auf Temperaturen um z. B. 1600°C (1 h), dann auf 1000°C (12 h) an Luft. Einkristalle gewinnt man aus einer Natriumboratschmelze [4].

β-$ThTi_2O_6$ kristallisiert in einem monoklinen Gitter mit den Gitterkonstanten a = 9.822 ± 0.005 Å, b = 3.824 ± 0.002 Å, c = 7.036 ± 0.005 Å, β = 118.64°; Dichte D(exp.) = 6.0 g/cm³, D(ber.) = 6.08 g/cm³ bei zwei Formeleinheiten je Elementarzelle und der Raumgruppe C_{2h}^3-C2/m. Aus Einkristallaufnahmen wurden folgende Atomlagen abgeleitet [4]:

Literatur zu 9 s. S. 121/2

Th in (2a) mit x = 0, y = 0, z = 0
Ti in (4c) mit x = 0.8220 ± 0.0015, y = 0, z = 0.3945 ± 0.0021
O(1) in (4i) mit x = 0.974 ± 0.005, y = 0, z = 0.314 ± 0.007
O(2) in (4i) mit x = 0.660 ± 0.006, y = 0, z = 0.117 ± 0.008
O(3) in (4i) mit x = 0.298 ± 0.009, y = 0, z = 0.411 ± 0.012.

Thorium und Titan sind jeweils oktaedrisch von Sauerstoffatomen umgeben, wobei die Oktaeder stets verzerrt sind. Die einzelnen Atomabstände betragen (in Å):

Th–O(2)	= 2.35 ± 0.04 (4)	O(1)–O(1′)	= 2.41 ± 0.06 (1)
Th–O(1″)	= 2.36 ± 0.05 (2)	O(1)–O(2)	= 2.70 ± 0.06 (1)
O(2)–O(2′)	= 2.76 ± 0.06 (2)	O(2)–O(3″)	= 3.15 ± 0.08 (1)
O(2)–O(1″)	= 3.38 ± 0.06 (8)	O(3″)–O(1′)	= 2.92 ± 0.08 (1)
O(2)–O(2)	= 3.824 (2)	O(1)–O(3)	= 2.87 ± 0.08 (2)
Ti–O(1)	= 1.83 ± 0.04 (1)	O(2)–O(3)	= 2.66 ± 0.08 (2)
Ti–O(2)	= 1.83 ± 0.05 (1)	O(3)–O(3″)	= 2.69 ± 0.10 (2)
Ti–O(3)	= 1.94 ± 0.07 (2)	O(3)–O(1′)	= 2.87 ± 0.08 (2)
Ti–O(3″)	= 2.20 ± 0.07 (1)	Ti–Ti′	= 3.07 ± 0.02
Ti–O(1′)	= 2.06 ± 0.04 (1)	Ti–Ti″	= 3.15 ± 0.02

Einen Ausschnitt aus der Branneritstruktur, die nahe mit der Anatasmodifikation des TiO_2 verwandt ist, zeigt **Fig. 9-3** nach [4]. Die gegenseitige Verknüpfung der TiO_6-Oktaeder, die kristallographisch alle identisch sind, ist aus **Fig. 9-4** zu entnehmen [4].

Structure of β-$ThTi_2O_6$

Fig. 9-3

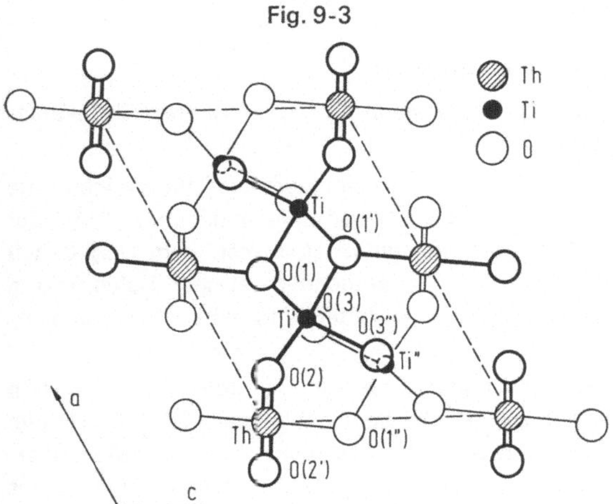

Ausschnitt aus dem Kristallgitter von β-$ThTi_2O_6$ [4].

Fig. 9-4

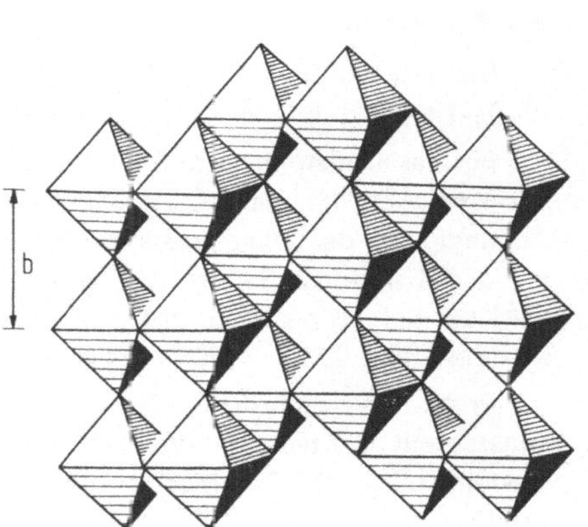

Verknüpfung der TiO_6-Oktaeder in β-$ThTi_2O_6$ [4].

Die Tieftemperaturmodifikation α-$ThTi_2O_6$ kristallisiert ebenfalls in einem monoklinen Gitter mit den Gitterkonstanten a = 10.808 ± 0.002 Å, b = 8.580 ± 0.002 Å, c = 5.196 ± 0.002 Å, β = 115.25° ± 0.08° mit D (ber.) = 6.462 g/cm³ bei vier Formeleinheiten je Elementarzelle und der Raumgruppe C2/c. Aus Einkristallaufnahmen wurden folgende Atomlagen abgeleitet [3]:

Th: x = 0, y = 0.191, z = 0.250
Ti: x = 0.230, y = 0.417, z = 0.940
O(1): x = 0.139, y = 0.589, z = 0.028
O(2): x = 0.139, y = 0.256, z = 0.030
O(3): x = 0.139, y = 0.957, z = 0.151

Literatur zu 9 s. S. 121/2

Structure of α-$ThTi_2O_6$

Titan ist wie Thorium wieder oktaedrisch von Sauerstoffatomen umgeben, die Atomabstände Ti-O liegen zwischen 1,87 und 2.04 Å, diejenigen Th-O zwischen 2.28 und 2.45 Å. Einen Ausschnitt aus der Struktur von α-$ThTi_2O_6$, die mit der von β-$ThTi_2O_6$ nahe verwandt ist, zeigt **Fig. 9-5** [3].

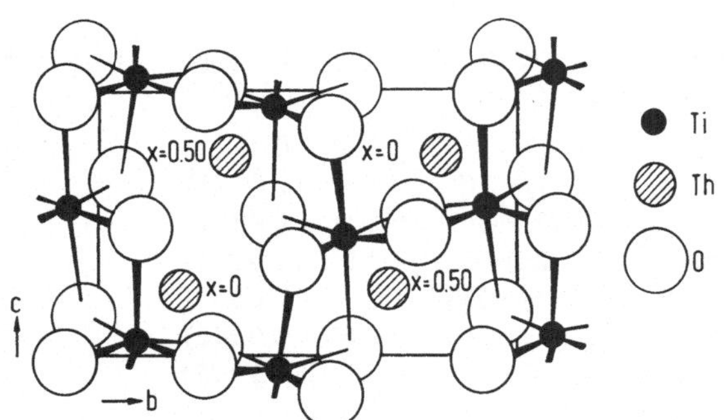

Fig. 9-5

Ausschnitt aus der Kristallstruktur von α-$ThTi_2O_6$ [3].

Die früher [7] aufgeführten Gitterdimensionen waren nur als vorläufige Werte zu betrachten, sie sind durch die Einkristalluntersuchungen überholt [3].

Der Umwandlungspunkt α-$ThTi_2O_6 \rightarrow \beta$-$ThTi_2O_6$ liegt bei 1300°C [5, 7], es ist allerdings nicht sicher, ob diese Umwandlung reversibel ist. ESR-Studien an $ThTi_2O_6$ bei 77K erbrachten einen g-Faktor von g = 1.931 [13].

Compounds with Titanium and Another Element

9.1.3 Verbindungen mit Titan und einem weiteren Element

Die polynäre Verbindung $ThBi_2Ti_2O_9$ ist auf S. 34 beschrieben, über Sinterproben ThO_2-BeO-Al_2O_3-TiO_2 s. S. 5, über Th-dotiertes $PbTiO_3$ s. S. 29.

Für das Dreistoffsystem ThO_2-TiO_2-ZrO_2 ergeben sich bei Hochfrequenz im allgemeinen gute Verlustwinkel, nur die ZrO_2-reichen und einige ThO_2-reiche Massen sind ungünstiger [34]. Zur Abhängigkeit der Dielektrizitätskonstanten und deren Temperaturkoeffizienten vom TiO_2-Gehalt s. Fig. 9-1 und 9-2, S. 116 [34]. Aus nicht näher spezifizierten röntgenographischen Daten wird in [34] der Schluß gezogen, daß im System ThO_2-TiO_2-ZrO_2 eine Verbindung nahe der Zusammensetzung $ThO_2 \cdot ZrO_2 \cdot 2\,TiO_2$ existieren sollte.

Proben im System ThO_2-TiO_2-La_2O_3 ergaben besonders bei mittleren und hohen TiO_2-Gehalten Massen mit sehr niedrigen Verlustwinkeln bis herab zu 1×10^{-4} bei Hochfrequenz [34]. Da sich im System ThO_2-TiO_2-CaO Massen mit guten Verlustwinkeln bei Hochfrequenz herstellen ließen, überrascht nicht, daß ein CaO-Zusatz zu ThO_2-TiO_2-La_2O_3-Massen eine beträchtliche Senkung des Verlustwinkels ergibt. Bei einem Verhältnis TiO_2:ThO_2:La_2O_3 = 70:15:15 wird durch einen Zusatz von 16.8% CaO ein Höchstwert der Dielektrizitätskonstante erreicht. Nähere Angaben s. [34].

Compounds with Zirconium

9.2 Verbindungen mit Zirkonium

The ThO_2-ZrO_2 System

9.2.1 Das System ThO_2-ZrO_2

Im System ThO_2-ZrO_2 konnte keine Verbindungsbildung nachgewiesen werden, sondern nur eine geringe, temperaturabhängige Löslichkeit von ZrO_2 und ThO_2 ineinander [15 bis 24].

Zur Bestimmung der gegenseitigen Löslichkeit wurde dabei entweder von Mischydroxidfällungen ausgegangen (bezüglich der Kristallisationstemperatur derartiger Fällungen s. [25]) oder von mechanisch gemischten Pulvern, die nach der Hochtemperaturbehandlung (evtl. auch nach dem Schmelzen) untersucht wurden. Wenn auch keine genauen Zahlenwerte über die Löslichkeit vorliegen, so läßt sich doch aus den publizierten Phasendiagrammen entnehmen, daß sie selbst bei höheren Tem-

Literatur zu 9 s. S. 121/2

peraturen gering ist. Für t ≲ 1700°C liegt die Löslichkeit von ZrO_2 in ThO_2 bei ≲ 2 Mol-%, erst oberhalb ≈ 2100°C liegt ein bis ≈ 85 Mol-% ZrO_2 liegender Bereich vor. Während monoklines ZrO_2 praktisch kein ThO_2 in fester Lösung aufnimmt, beträgt die maximale Löslichkeit von ThO_2 im tetragonalen ZrO_2 ≈ 10 Mol-%. Bezüglich des Einflusses von ThO_2 auf die thermische Ausdehnung von ZrO_2 und daraus abgeleiteten Löslichkeiten s. [26].

Die bisher publizierten Phasendiagramme des Systems ThO_2-ZrO_2 sind in den **Figg. 9-6**, 9-**7** und 9-**8** (S. 120) [17, 18, 21] wiedergegeben, ein Subliquidusdiagramm ist in **Fig. 9-9** (S. 120) aufgeführt [16]. Die Diagramme 9-7 und 9-8 stimmen darin überein, daß sie ein Schmelzpunktsminimum bei ≈ 77 Mol-% ZrO_2 und 2500°C annehmen, während in Fig. 9-6 eher ein ideales Schmelzverhalten

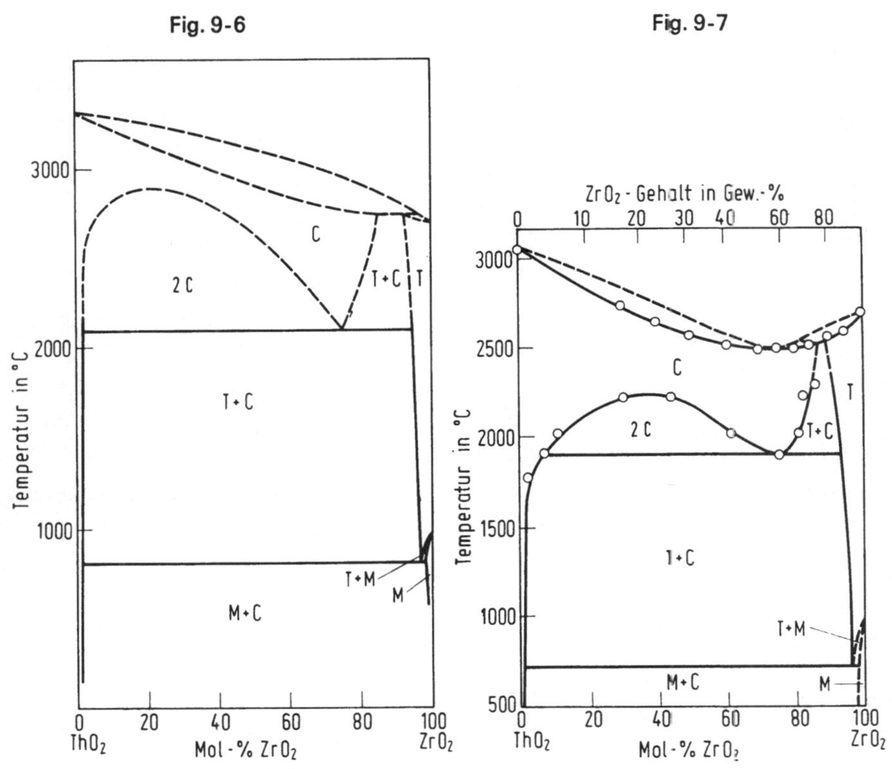

Phasendiagramm des Systems ThO_2-ZrO_2 nach [18].
M: monokline feste Lösung $(Zr, Th)O_2$
T: tetragonale feste Lösung $(Zr, Th)O_2$
C: kubische feste Lösung $(Th, Zr)O_2$

Phasendiagramm des Systems ThO_2-ZrO_2 nach [17].

angenommen wurde, wie es z. B. in [22] berechnet wurde. Die Diagramme 9-7 und 9-8 unterscheiden sich aber charakteristisch in der maximalen Temperatur, bei der zwei kubische, feste Lösungen nebeneinander vorliegen können. Unter Berücksichtigung aller in den entsprechenden Arbeiten detailliert aufgeführten Aspekte erscheint das in Fig. 9-8 aufgeführte Diagramm denPhasenverhältnissen im System ThO_2-ZrO_2 am ehesten zu entsprechen.

Durch Behandeln von ThO_2-microspheres mit $ZrCl_4$ in einer KCl/LiCl- bzw. $KCl/MgCl_2$-Schmelze bei 560°C bzw. 650°C läßt sich das ThO_2 mit einer festhaltenden, aber porösen ZrO_2-Schicht über-

Literatur zu 9 s. S. 121/2

The ThO_2-ZrO_2 System

Fig. 9-8

Fig. 9-9

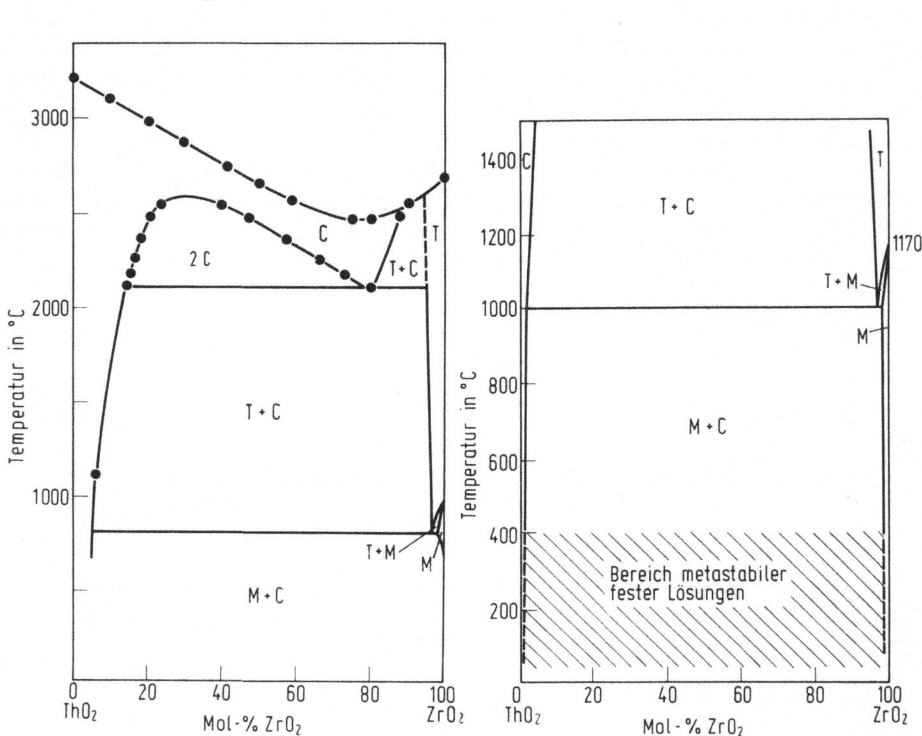

Phasendiagramm des Systems ThO_2-ZrO_2 nach [21].

Subliquidus-Phasendiagramm des Systems ThO_2-ZrO_2 [16].

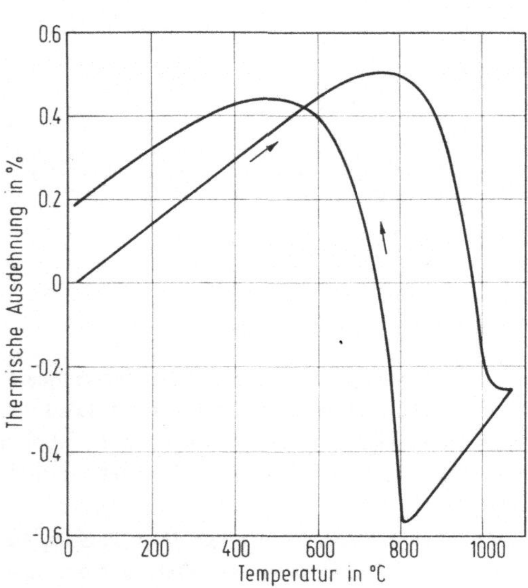

Fig. 9-10

Lineare thermische Ausdehnungskurve für ZrO_2-10 Mol-% ThO_2 [18].

ziehen [32]. Bezüglich der Reinigung des ZrO_2 von ThO_2 durch Behandeln mit einer kolloidalen ZrO_2-Hydratsuspension bei 70 bis 95°C (2 bis 8 h) s. [30].

Bezüglich der thermischen Ausdehnung von ZrO_2-10 Mol-% ThO_2-Proben s. **Fig. 9-10** [18].

Im Photolumineszenzspektrum von ThO_2, in das 0.1 Mol-% ZrO_2 eingebaut sind, finden sich bei Raumtemperatur zwei Peaks bei 393 nm und 440 nm. Im O_2-Adsorbolumineszenzspektrum der gleichen Phase beobachtet man eine breite Bande bei ≈ 650 nm [27].

Angaben über die Zersetzung von H_2O_2 in Gegenwart eines ThO_2-ZrO_2-Mischoxidkatalysators s. [28].

9.2.2 Verbindungen mit Zirkonium und einem weiteren Element

Compounds with Zirconium and Another Element

Die Systeme ThO_2-MgO-ZrO_2 und ThO_2-CaO-ZrO_2 sind im Kapitel 2, S. 5 bzw. S. 13 behandelt, das System ThO_2-SiO_2-ZrO_2 bei den Verbindungen mit Silicium, Kapitel 4.1.3, S. 26. Über Mischkristalle $PbThO_3$-$PbZrO_3$ s. Kapitel 4.4, S. 29, über $Zr_xTh_{1-x}O_2$-La_2O_3-Mischoxide s. Kapitel 8.4, S. 77.

Für die elektrische Leitfähigkeit von ThO_2-ZrO_2-Y_2O_3 (8%) im Bereich von 400 bis 1000°C berechnet sich eine Aktivierungsenergie von 1.38 bis 1.46 eV [29].

Zum Dreistoffsystem ThO_2-TiO_2-ZrO_2 s. im vorhergehenden Kapitel 9.1, S. 118, zur Existenz der polynären Verbindungen $FeZr_{1.6}Th_{0.4}O_5$ und $FeZr_{0.8}Th_{1.2}O_5$ s. Kapitel 13, S. 145.

9.3 Verbindungen mit Hafnium

Compounds with Hafnium

Über das System ThO_2-HfO_2 und die darin ablaufenden Reaktionen liegen noch keine Angaben vor, Es ist jedoch anzunehmen, daß das Phasendiagramm des Systems ThO_2-HfO_2 dem des analogen Systems ThO_2-ZrO_2 entspricht mit etwas höheren Liquidus- und Solidustemperaturen.

Das System ThO_2-MgO-HfO_2 ist in Kapitel 2.2 auf S. 5 beschrieben.

Literatur zu 9:

[1] A. Kahn-Harari (Rev. Intern. Hautes Temp. Refract. **8** [1971] 71/84). — [2] A. Harari, J. Théry, M. R. Collongues (Rev. Intern. Hautes Temp. Refract. **4** [1967] 207/9). — [3] O. Loye, P. Laruelle, A. Harari (Compt. Rend. C **266** [1968] 454/6). — [4] R. Ruh, A. D. Wadsley (Acta Cryst. **21** [1966] 974/8). — [5] A. Revcolevschi (Rev. Intern. Hautes Temp. Refract. **7** [1970] 73/89).

[6] H. Radzewitz (KFK-433 [1966]). — [7] M. Perez Y Jorba, H. Mondange, R. Collongues (Bull. Soc. Chim. France **1961** 79/81). — [8] G. K. Krivokoneva (Zap. Vses. Mineralog. Obshchestva **101** [1972] 254/7; N.S.A. **28** [1973] Nr. 30474). — [9] Ö. Oztunali (Neues Jahrb. Mineral. Monatsh. **1959** 187/8). — [10] J. E. Patchett, E. W. Nuffield (Can. Mineralogist **6** [1961] 483/490).

[11] A. Pabst (Am. Mineralogist **39** [1954] 109/117). — [12] A. Kahn-Harari, J. Théry (Compt. Rend. C **270** [1970] 761/4). — [13] H. Böhm, G. Bayer (J. Phys. Chem. Solids **31** [1970] 2125/37). — [14] F. Hund (D. P. 223491 [1972/73]; C. A. **80** [1974] Nr. 97428). — [15] N. M. Voronov, A. S. Danilin, J. T. Kovalev (Tr. Inst. Met. im. A. A. Baikova Akad. Nauk SSSR **1961** 457/66; C. A. **57** [1962] 15909).

[16] F. A. Mumpton, R. Roy (J. Am. Ceram. Soc. **43** [1960] 234/40). — [17] N. M. Voronov, E. A. Voitekhova, A. S. Danilin (Proc. 2nd U. N. Intern. Conf. Peaceful Uses At. Energy, Geneva 1958, Bd. 6, S. 221/5). — [18] P. Duwez, E. Loh (J. Am. Ceram. Soc. **40** [1957] 321/4). — [19] S. G. Tresvyatskiy, A. M. Cherepanov (Zh. Vses. Khim. Obshchestva **6** [1961] 612/8; FTD-TT-62505 [1962]). — [20] T. Sakurai, H. Arashi (AED-CONF. [1974] 414-008).

[21] T. Sakurai, H. Arashi (Rev. Intern. Hautes Temp. Refract. **12** [1975] 74/7). — [22] W. Reichelt, B. Groß (TUBIK-2 [1966]). — [23] O. Ruff, F. Ebert, H. Woitinek (Z. Anorg. Allgem. Chem. **180** [1929] 252/6). — [24] Y. Toshiyoshi, S. Shigeyuki (J. Ceram. Assoc. Japan **64** [1956]

73/82; C. A. **1957** 12448). — [25] J. Lefèvre, R. Collongues, F. Leprince-Ringuet (Compt. Rend. **253** [1961] 1334/6).

[26] S. Shigeyuki, Y. Toshiyoshi, S. Hiroshige (Yogyo Kyokai Shi **65** [1957] 144/7; C. A. **1958** 1574). — [27] R. Bressat, M. Breysse, B. Claudel, H. Sautereau, J. J. Williams, (J. Lumin. **10** [1975] 171/6). — [28] S. P. Walvekar, A. B. Halgeri (Z. Anorg. Allgem. Chem. **400** [1973] 83/8). — [29] K. Chihoro, S. Shinroku, F. Osuma (Yogyo Kyokai Shi **71** [1963] 49/54: C. A. **61** [1964] 7804). — [30] W. Brugger (D. P. 2051299 [1970/72]; C. A. **77** [1972] Nr. 37151).

[31] G. K. Krivokoneva (Dokl. Akad. Nauk SSSR **194** [1970] 1168/71). — [32] J. A. Kateley, M. J. Tschetter, P. Chiotti (J. Less-Common Metals **26** [1972] 145/55). — [33] A. M. Lejus, D. Goldberg, A. Revcolevschi (Compt. Rend. C **263** [1966] 1223/6). — [34] W. Rath (Ber. Deut. Keram. Ges. **28** [1951] 177/93).

10 Verbindungen mit Elementen der 5. Nebengruppe
(V, Nb, Ta)

Compounds with Group Vb Elements

Review in German

Übersicht. Bei den Systemen von ThO_2 mit den Oxiden der Elemente der 5. Nebengruppe liegen nur über die Teilsysteme ThO_2-M_2O_5 ausführlichere Untersuchungen vor, die zur Charakterisierung mehrerer ternärer Oxide und zur Aufstellung des Phasendiagramms des Systems ThO_2-Nb_2O_5 führten. Dabei zeigte sich, daß nur der Verbindungstyp $XO_2 \cdot 2Nb_2O_5(Ta_2O_5)$ auch bei den anderen vierwertigen Actiniden (X = Pa bis Pu) und der Verbindungstyp $X(VO_3)_4$ auch für X = Np existiert, allerdings sind die Systeme $PaO_2(NpO_2,PuO_2)$-V_2O_5 noch nicht bzw. noch nicht hinreichend untersucht.

Über die Teilsysteme ThO_2-MO_2 liegt nur für M = V eine Untersuchung vor, wobei überrascht, daß ThV_2O_6 strukturell sich von der entsprechenden Uranverbindung unterscheidet.

Review in English

Review. In the systems ThO_2 with oxides of group Vb elements more extensive studies are available only on the ThO_2-M_2O_5 partial systems, which led to the identification of several ternary oxides and to the determination of a phase diagram for the ThO_2-Nb_2O_5 system. As it turned out, only the compound type $XO_2 \cdot 2Nb_2O_5$ (Ta_2O_5) exists with the other tetravalent actinides (X = Pa to Pu); the compounds $X(VO_3)_4$ are also known for X = Np. However, the PaO_2 (NpO_2,PuO_2)-V_2O_5 systems have not been studied sufficiently.

In the ThO_2-MO_2 partial system only M = V has been studied; it is surprising that ThV_2O_6 differs structurally from the corresponding uranium compound.

10.1 Verbindungen mit Vanadium

Compounds with Vanadium

General

Allgemeines. Für das System Thoriumoxid-Vanadiumoxid liegen bisher nur Untersuchungen über die Teilsysteme ThO_2-VO_2 und ThO_2-V_2O_5 vor. Durch Festkörperreaktion wurde im System ThO_2-VO_2 als einziges Reaktionsprodukt ThV_2O_6 nachgewiesen, während im System ThO_2-V_2O_5 die Verbindungen $Th(VO_3)_4$, ThV_2O_7 und $Th_3(VO_4)_4$ identifiziert wurden. Weder für das Gesamtsystem Th-V-O noch für die einzelnen Teilsysteme sind Phasendiagramme bekannt.

Neben diesen ternären Oxiden sind noch eine Reihe polynärer Oxide bekannt, die sich von der Zusammensetzung $M^{III}VO_4$ ableiten lassen durch anteiligen Ersatz des M^{III} durch $(M^{II} + M^{IV})$ bzw. $(M^{I} + M^{V})$.

10.1.1 Das System ThO_2-V_2O_3

The ThO_2-V_2O_3 System

Für das System ThO_2-V_2O_3 liegen noch keine Untersuchungen vor. Durch Vergleich mit den analogen Systemen ThO_2-Al_2O_3 und UO_2-V_2O_3 [1] ist abzuleiten, daß eine Festkörperreaktion von ThO_2 und V_2O_3 unter Bildung eines ternären Oxids oder einer festen Lösung nicht erfolgen dürfte.

10.1.2 Das System ThO_2-VO_2

The ThO_2-VO_2 System

Durch Umsatz von ThO_2 mit VO_2 bei 1000°C/200 h in evakuierten Ampullen wurde die im tetragonalen Trirutilgitter kristallisierende Verbindung ThV_2O_6 mit den Gitterkonstanten a = 5.046 ± 0.005 kX und c = 9.47 ± 0.01 kX erhalten. VO_2 zeigt keine Löslichkeit in ThO_2. Weitere Angaben über dieses System liegen nicht vor [1].

10.1.3 Das System ThO_2-V_2O_5; Thoriumvanadate(V)

The ThO_2-V_2O_5 System; Thorium Vanadates(V)

Durch Umsetzung eines mechanisch feinstgepulverten Gemisches ThO_2 (aus $Th(NO_3)_4$ erhalten) und V_2O_5 [2, 3] bzw. durch Erhitzen einer Mischhydroxidfällung $ThO_2 \cdot aq + VO_2 \cdot aq$ im Sauerstoffstrom auf entsprechende Temperaturen [2] ließen sich die drei ternären Oxide $Th(VO_3)_4$ (= $ThO_2 \cdot 2V_2O_5$, Metavanadat), ThV_2O_7 (= $ThO_2 \cdot V_2O_5$, Divanadat) in drei Modifikationen und $Th_3(VO_4)_4$ (= $3ThO_2 \cdot 2V_2O_5$, Orthovanadat) darstellen.

Literatur zu 10 s. S. 130

The ThO_2-V_2O_5 System; Thorium Vanadates(V)

Das orangegelbe $Th(VO_3)_4$ mit dem höchsten $V_2O_5:ThO_2$-Verhältnis bildet sich bei Temperaturen oberhalb 600°C. Es schmilzt bei 990°C unter Zersetzung [2] nach

$$Th(VO_3)_4 \rightarrow ThV_2O_7 + V_2O_5 \nearrow.$$

Das gelbe ThV_2O_7 seinerseits schmilzt bei 1070°C ebenfalls unter Zersetzung [2] nach

$$3\,ThV_2O_7 \rightarrow Th_3(VO_4)_4 + V_2O_5 \nearrow.$$

Das gebildete Orthovanadat zersetzt sich oberhalb 1300°C in die Einzelkomponenten

$$Th_3(VO_4)_4 \rightarrow 3\,ThO_2 + V_2O_5 \nearrow.$$

Bei der Reindarstellung der einzelnen Verbindungen durch Festkörperreaktion dürfen daher diese einzelnen Zersetzungstemperaturen nicht überschritten werden [2].

Die Struktur von $Th(VO_3)_4$ ist noch nicht bekannt, tabellierte röntgenographische d-Werte finden sich in [2].

ThV_2O_7 existiert in einer amorphen und zwei kristallinen Formen, die wie folgt ineinander übergehen [3]:

$$V_2O_5 + ThO_2 \xrightarrow{600\,°C} \alpha\text{-}ThV_2O_7 \xrightarrow[\text{langsam}]{600\,°C} \beta\text{-}ThV_2O_7$$

$$\uparrow 485\,°C$$

$$Th^{4+}_{aq} + V^{5+}_{aq} \xrightarrow{OH^-} ThV_2O_7 \cdot 2.3\,H_2O \xrightarrow{\approx 130\,°C} \gamma\text{-}ThV_2O_7$$

Die Strukturen von α-ThV_2O_7 (D(exp.) = 4.60 g/cm³) und des amorphen γ-ThV_2O_7 sind nicht bekannt, röntgenographische d-Werte sind in [3] tabelliert. β-ThV_2O_7 kristallisiert nach Einkristalluntersuchungen [4] in einem rhombischen Gitter (Raumgruppe Pnnm) mit den Gitterkonstanten a = 7.216 ± 0.004 Å, b = 6.964 ± 0.004 Å und c = 22.80 ± 0.01 Å. D(exp.) = 5.15 g/cm³, D(ber.) = 5.17 g/cm³. Die Atomlagen sind:

Atom	x	y	z	Atom	x	y	z
Th	0.719	0.129	0.141	O_3	0.350	0.151	0.070
V_1	0.288	0.328	0.187	O_4	0.086	0.201	0.156
V_2	0.402	0.144	0	O_5	0.450	0.172	0.167
V_3	0.554	0.359	0	O_6	0.321	0.316	0.254
O_1	0.672	0.108	0	O_7	0.715	0.445	0.180
O_2	0.291	0.394	0	O_8	0.622	0.359	0.068

Das Thorium ist von acht Sauerstoffatomen in einem irregulären Polyeder umgeben. Zwei Vanadiumatome sind tetraedrisch von vier Sauerstoffatomen umgeben, die restlichen beiden von fünf Sauerstoffatomen in Form einer trigonalen Bipyramide.

Einkristalluntersuchungen an $Th_3(VO_4)_4$ zeigen, daß diese Verbindung im tetragonalen Zirkongitter kristallisiert und daher besser als $Th_{0.75}\square_{0.25}VO_4$ zu formulieren ist. Die Gitterkonstanten für $Th_3(VO_4)_4$ sind a = 7.26 ± 0.05 Å und c = 6.474 ± 0.009 Å, die Raumgruppe D^{19}_{4h}-$I4_1/amd$(5), D(exp.) = 6.24 g/cm³. Aus dem Fehlen von Überstrukturlinien im Röntgendiagramm ist auf eine statistische Verteilung der Th^{4+}-Atomlagen und der Leerstellen zu schließen [3].

Die IR-Spektren von α- und β-ThV_2O_7 unterscheiden sich charakteristisch, folgende Absorptionsbanden wurden beobachtet [3]:

α-ThV_2O_7 bei Raumtemperatur (in cm^{-1}): 958, 923, 885, 830, 799, 774, 663, 500, 486, 350, 323 310 und 290;

Literatur zu 10 s. S. 130

β-ThV_2O_7 bei Raumtemperatur (in cm^{-1}): 1015, 1005, 965, 960, 922, 908, 880, 853, 832, 823, 810, 790, 773, 754, 734, 700, 638, 505, 482, 440, 390, 375, 360, 335 und 313;

β-ThV_2O_7 bei 80 K (in cm^{-1}): 1019, 1010, 970, 962, 928, 920, 912, 904, 882, 855, 836, 828, 812, 808, 792, 779, 772, 758, 738, 733, 702, 695, 642, 560, 508, 484, 475, 441, 391, 372, 360, 345, 334, 328, und 313.

Bezüglich einer Zuordnung einzelner Absorptionsbanden zu V-O-Schwingungen s. Original. Das IR-Spektrum des amorphen γ-ThV_2O_7 ist schlecht charakterisiert, man erkennt nur eine breite Bande bei 840 cm^{-1} mit einer ziemlich breiten Schulter bei etwa 700cm^{-1} und zwei weitere, flache Banden bei etwa 475 cm^{-1} und 360 cm^{-1}. Vermutlich handelt es sich bei dem amorphen γ-ThV_2O_7 nur um schlecht kristallisiertes β-ThV_2O_7 [3].

Für die Umwandlung γ-$ThV_2O_7 \rightarrow \beta$-$ThV_2O_7$ wird in [3] eine „Umwandlungsenthalpie" von 0.42 kcal/mol angegeben.

Bei 950°C reagiert ThV_2O_7 mit CaO nach den beiden Reaktionen:

$$6ThV_2O_7 + 4CaO \rightarrow 2Ca_2V_2O_7 + 2Th_3(VO_4)_4$$

$$4ThV_2O_7 + 4CaO \rightarrow 2Ca_2V_2O_7 + ThO_2 + Th_3(VO_4)_4,$$

die jeweilige Einzelreaktion hängt vom eingesetzten ThV_2O_7 : CaO-Verhältnis ab [2].

Mit Ausnahme von $Th_3(VO_4)_4$ sind die anderen Th-Vanadate in Mineralsäuren leicht löslich [2].

Aus Knickpunkten von amperometrischen Titrationskurven von Th^{4+}- und Vanadatsalzlösungen wurden folgende Fällungsprodukte aus wäßriger Lösung postuliert [6, 7]:

$ThO_2 \cdot 2V_2O_5$ (Metavanadat) bei pH 4.80 bis 3.50,

$ThO_2 \cdot V_2O_5$ (Divanadat) bei pH 6.00 bis 4.80 und

$3ThO_2 \cdot 2V_2O_5$ (Orthovanadat) bei pH 7.50 bis 6.00.

Die Fällungsprodukte wurden nicht näher charakterisiert mit der Ausnahme, daß dem bei 60°C getrockneten Divanadat die Zusammensetzung $ThV_2O_7 \cdot 2.2$ bis 2.3 H_2O zukommt. Dieses Wasser wird im Temperaturbereich 60 bis 150°C abgespalten [3].

10.1.4 Verbindungen mit Vanadium und einem weiteren Element

Compounds with Vanadium and Another Element

Durch Festkörperreaktion bei 800°C werden nach der Reaktion

$$^1/_3\,M_3VO_4 + {}^2/_3\,(3ThO_2 + 2V_2O_5) \rightarrow MTh_2(VO_4)_3$$

die Verbindungen $LiTh_2(VO_4)_3$ und $NaTh_2(VO_4)_3$ mit M = Li und Na erhalten [19], die wie die formelgleichen Verbindungen von Np^{IV} [20] in der tetragonalen Zirkonstruktur kristallisieren.

Entsprechende Festkörperreaktionen führten auch zu Verbindungen der Mischkristallreihe $MTh_2(V_{1-x}As_xO_4)_3$, die in einer Zirkonüberstruktur kristallisieren mit Gitterkonstanten der tetragonalen Elementarzelle von z. B. [20]

a = 21.540 Å und c = 6.462 Å für $LiTh_2(V_{0.25}As_{0.75}O_4)_3$ und

a = 21.730 Å und c = 6.484 Å für $NaTh_2(V_{0.5}As_{0.5}O_4)_3$.

Dieses sind die jeweils As-reichsten Glieder der von der reinen V-Verbindung (x = 0) ausgehenden Mischkristallreihe. Durch thermische Umsetzung nach der allgemeinen Reaktion

$$M^{II}O(MCO_3) + Th(NO_3)_4 \cdot aq + V_2O_5 \rightarrow 2M^{II}_{0.5}Th_{0.5}VO_4 + 4NO_2 + O_2 + aq$$

lassen sich polynäre Oxide herstellen, die sich vom $M^{III}VO_4$-Typ ableiten lassen durch Ersatz von M^{III} durch je $^1/_2\,M^{II} + {}^1/_2\,Th^{4+}$. Verbindungen mit M^{II} = Ca, Sr, Ba, Pb und Cd sind bekannt [8, 9].

Compounds with Vanadium and Another Element

Die Verbindungen mit M^{II} = Sr, Ca und Cd besitzen tetragonale Zirkonstruktur mit den Gitterkonstanten [8]:

$Ca_{0.5}Th_{0.5}VO_4$: a = 7.271 ± 0.003 Å, c = 6.447 ± 0.003 Å

$Sr_{0.5}Th_{0.5}VO_4$: a = 7.399 ± 0.003 Å, c = 6.545 ± 0.003 Å

$Cd_{0.5}Th_{0.5}VO_4$: a = 7.185 ± 0.003 Å, c = 6.473 ± 0.003 Å

$Ba_{0.5}Th_{0.5}VO_4$ kristallisiert in der monoklinen Huttonitstruktur, Gitterkonstanten werden in [8] nicht aufgeführt.

$Pb_{0.5}Th_{0.5}VO_4$ (auch als $PbThV_2O_8$ formuliert, s. S. 29), kann polymorph in drei Modifikationen existieren. S-$Pb_{0.5}Th_{0.5}VO_4$ mit tetragonaler Scheelitstruktur erhält man bei einer Reaktionstemperatur von 600 bis 620°C, Z-$Pb_{0.5}Th_{0.5}VO_4$ mit tetragonalem Zirkongitter und den Gitterkonstanten a = 7.415 Å, c = 6.578 Å durch längeres Erhitzen auf Temperaturen oberhalb 650°C, während sich H-$Pb_{0.5}Th_{0.5}VO_4$ mit monokliner Huttonitstruktur oberhalb 850 bis 870°C bildet [8]. Für diese H-Form werden in [10] folgende Gitterkonstanten aufgeführt: a = 6.96 Å, 7.25 Å, c = 6.75 Å und β = 105°.

$Th_3(VO_4)_4$ bildet mit $CeVO_4$ eine lückenlose Mischkristallreihe $Th_{3x}Ce_{4(1-x)}(VO_4)_4$ mit $0 \leqq x \leqq 1$, deren Glieder durch Tempern einer Mischhydroxidfällung bei 650 bis 1050°C erhalten wurden. Durch Umsetzung von Na_2CO_3 mit einem gefällten Mischhydroxid $ThO_2 \cdot aq + VO_2 \cdot aq$ im entsprechenden Molverhältnis erhält man eine Mischkristallreihe $Na_{4x/3}Th_{(9-x)/3}(VO_4)_4$, die bis zum Grenzglied $Na_{4/3}Th_{8/3}(VO_4)_4$ reicht, in welchem alle Kationenlücken ausgefüllt sind. Die Struktur dieser Mischkristallreihen ergibt sich aus **Fig. 10-1** [5].

Fig. 10-1

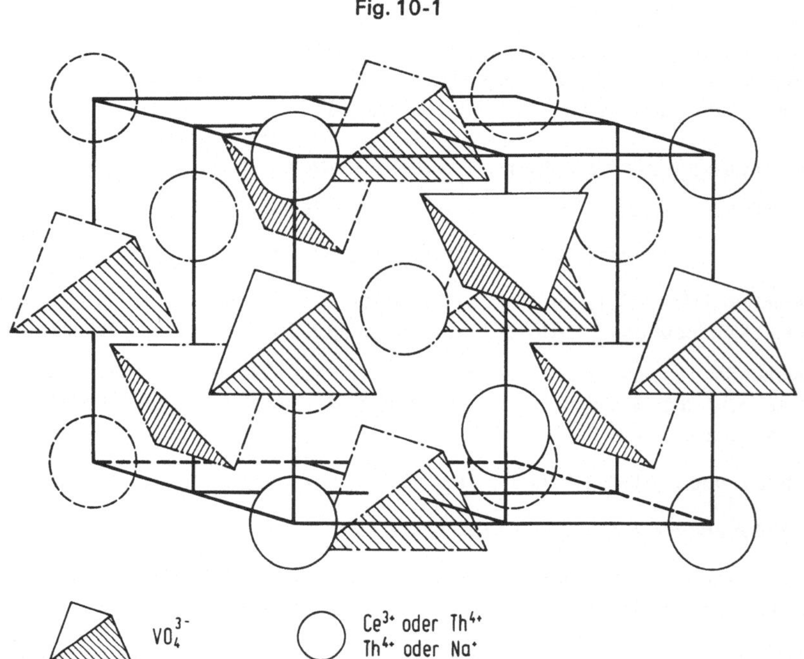

Strukturelle Anordnung der Metall-Ionen und der VO_4^{3-}-Gruppen in den Mischkristallreihen $Th_{3x}Ce_{4(1-x)}(VO_4)_4$ und $Na_{4x/3}Th_{(9-x)/3}(VO_4)_4$ mit tetragonaler Zirkon($ZrSiO_4$)-Struktur [5].

Literatur zu 10 s. S. 130

Lumineszenzspektren von Eu-aktivierten Orthovanadaten $M^{II}_{0.425}Eu_{0.150}Th_{0.425}VO_4$ mit M^{II} = Ca, Sr, Cd und Zn, die Zirkonstruktur besitzen, s. [9]. Die Spektren sind denjenigen von YVO_4 : Eu sehr ähnlich, dabei ist die Ca-Verbindung mit einer Luminosität von 57% der im Vergleich zur Y-Verbindung effektivste II-IV-Phosphor.

10.2 Verbindungen mit Niob

Compounds with Niobium

Für das System Thoriumoxid-Nioboxid liegen bisher nur Untersuchungen über den Teilbereich ThO_2-Nb_2O_5 vor, in dem durch Festkörperreaktionen die Verbindungen $ThO_2 \cdot 2Nb_2O_5$ und $2ThO_2 \cdot Nb_2O_5$ nachgewiesen wurden. Das Phasendiagramm des Systems ThO_2-Nb_2O_5 ist bekannt

10.2.1 Das System ThO_2-NbO_{2+x}

The ThO_2-NbO_{2+x} System

Für das System ThO_2-NbO_{2+x} ($x < 0.5$) sind noch keine Untersuchungen beschrieben worden. Aus dem Vergleich mit dem schon etwas besser bekannten System UO_2-NbO_2 ist zu extrapolieren, daß die Bildung von Verbindungen oder festen Lösungen unwahrscheinlich ist.

10.2.2 Das System ThO_2-Nb_2O_5; Thoriumniobate(V)

The ThO_2-Nb_2O_5 System; Thorium Niobates(V)

Wie aus dem Phasendiagramm des Systems ThO_2-Nb_2O_5 (**Fig. 10-2**) zu erkennen ist, existieren in diesem System die beiden ternären Oxide $ThO_2 \cdot 2Nb_2O_5$ und $2ThO_2 \cdot Nb_2O_5$, wobei die letztere in zwei Modifikationen auftritt mit einer Umwandlungstemperatur α-$2ThO_2 \cdot Nb_2O_5 \rightleftharpoons \beta$-$2ThO_2 \cdot Nb_2O_5$ von t = 1310°C [11]. Die Eutektika des Systems liegen bei (±1 Mol-%, ±5 bis 8°C):

Eutektikum I: 26 Mol-% ThO_2 + 74 Mol-% Nb_2O_5 bei 1376°C,
Eutektikum II: 50 Mol-% ThO_2 + 50 Mol-% Nb_2O_5 bei 1319°C und
Eutektikum III: 73 Mol-% ThO_2 + 27 Mol-% Nb_2O_5 bei 1333°C

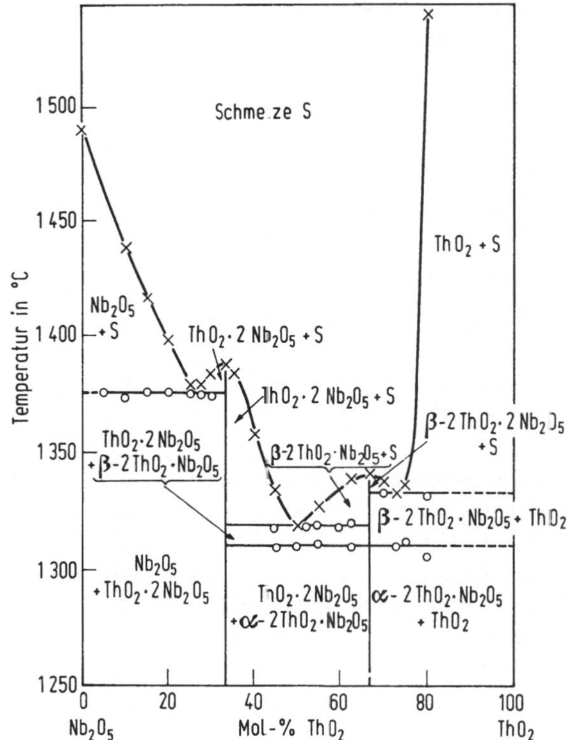

Fig. 10-2

Phasendiagramm des Systems ThO_2-Nb_2O_5 [11].

Literatur zu 10 s. S. 130

Thorium Niobates(V)

Die beiden ternären Oxide des Systems ThO_2-Nb_2O_5 schmelzen unzersetzt bei

t_s = 1341°C für β-2ThO_2 · Nb_2O_5 und

t_s = 1388°C für ThO_2 · 2Nb_2O_5 [11].

Die Verbindung ThO_2 · 2Nb_2O_5 wurde in [12] bestätigt. In [13] wird noch eine Verbindung ThO_2 · Nb_2O_5(= $ThNb_2O_7$) erwähnt, die auf hydrothermalem Wege (736°C/2 h + 815°C/14 h) erhalten wird und Perowskitstruktur besitzen soll. Es ist wahrscheinlich, daß bei dieser Darstellung ThO_2 · 2Nb_2O_5 erhalten wurde, das eine Perowskit-ähnliche Struktur aufweist. Da in [11, 12] ThO_2 · 2Nb_2O_5 durch Festkörperreaktion (z. B. 1000 bis 1300°C/2 × 8 h) erhalten wurde, scheint dessen Darstellung auch hydrothermal möglich zu sein.

Die Strukturen der beiden 2ThO_2 · Nb_2O_5-Modifikationen sind nicht bekannt. Für ThO_2 · 2Nb_2O_5(= $Th(NbO_3)_4$) wird in [12] eine tetragonale Struktur mit den Gitterkonstanten a = 3.878 ± 0.002 Å und c = 7.820 ± 0.003 Å angegeben. Detaillierte Untersuchungen zeigten jedoch [11], daß in der wahren Struktur die Größe der a-Achse zu verdoppeln ist entsprechend Gitterkonstanten von a = 7.783 ± 0.008 Å und c = 7.837 ± 0.008 Å. Diese Struktur leitet sich vom Perowskitgitter ab, so daß eine Formulierung $Th_{0.25}NbO_3$ für ThO_2 · 2Nb_2O_5 die strukturell chemischen Gegebenheiten am besten wiedergibt. Analoge Verbindungen dieses $M_{0.25}NbO_3$-Typs konnten auch für die anderen vierwertigen Actinidenelemente Protactinium bis Plutonium erhalten werden [11, 14].

Die Thoriumniobate sind in Mineralsäuren unlöslich und lassen sich nur über eine $K_2S_2O_7$-Schmelze aufschließen [11]. Die Diffusion von Xenon in mit 0.1 Mol-% Nb_2O_5 dotiertem ThO_2 zwischen 1400 und 1550°C nach Ionenbombardement verläuft schneller als in reinem ThO_2, s. Fig. im Original [15].

Compounds with Niobium and Another Element

10.2.3 Verbindungen mit Niob und einem weiteren Element

ThO_2 · 2Nb_2O_5 bildet mit dem isostrukturellen ThO_2 · 2Ta_2O_5 eine lückenlose Mischkristallreihe, bei der sich das Achsenverhältnis c/a der tetragonalen Elementarzelle nicht linear mit dem Ta-Gehalt ändert (**Fig. 10-3**) [11].

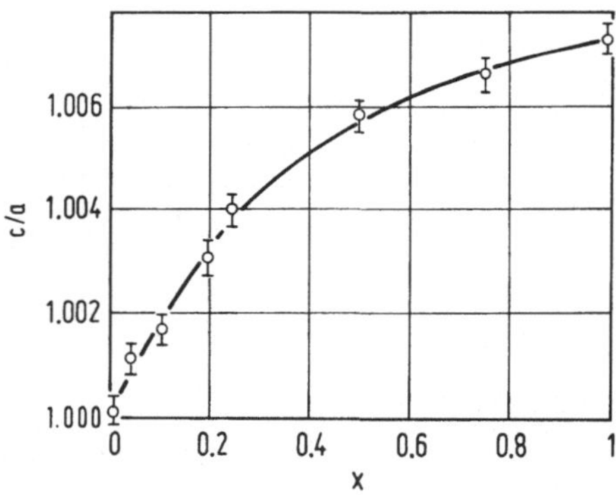

Fig. 10-3

Achsenverhältnis c/a für ThO_2 · 2$(Nb_xTa_{1-x})_2O_5$ als Funktion von x [11].

Je nach dem Nb : W-Verhältnis treten in der Mischkristallreihe $Th_{x/4}Nb_xW_{1-x}O_3$ verschiedene Strukturtypen auf. Eine tetragonale Phase soll für 0 < x/4 < 0.03 existieren mit Gitterkonstanten von a = 5.293 Å und c = 3.817 Å für x/4 = 0.015, D(exp.) = 7.11 g/cm³, D(ber.) = 7.14 g/cm³ [16].

Im Bereich 0.03 < x/4 < 0.17 wurde eine kubische Phase gefunden mit Gitterkonstanten a = 3.790 Å für die Nb-arme und a = 3.882 Å für die Nb-reiche Grenzzusammensetzung. Für die kubische Phase wird die Raumgruppe Pm3m angenommen mit den Atomlagen [16]:

Th auf (a): (0, 0, 0)

Nb auf (b): (1/2, 1/2, 1/2)

O auf (c): (1/2, 1/2, 0; 1/2, 0, 1/2; 0, 1/2, 1/2)

Literatur zu 10 s. S. 130

10.3 Verbindungen mit Tantal

Compounds with Tantalum

Im System Thoriumoxid-Tantaloxid wurden durch Festkörperreaktion die beiden Verbindungen $ThO_2 \cdot 2Ta_2O_5$ und $2ThO_2 \cdot Ta_2O_5$ nachgewiesen. Ein Phasendiagramm ist noch nicht bekannt.

10.3.1 Das System ThO_2-Ta_2O_5; Thoriumtantalate(V)

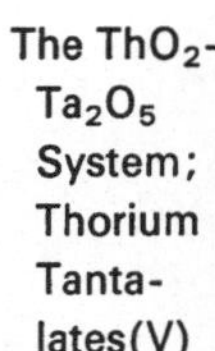

The ThO_2-Ta_2O_5 System; Thorium Tantalates(V)

Die beiden Verbindungen $ThO_2 \cdot 2Ta_2O_5$ und $2ThO_2 \cdot Ta_2O_5$ wurden durch Festkörperreaktion feinst gepulverter Oxidgemische bei 1200 bis 1500°C/2 × 8 h erhalten. Dabei konnte gezeigt werden, daß als erstes Reaktionsprodukt bei der $ThO_2 + Ta_2O_5$-Reaktion stets $ThO_2 \cdot 2Ta_2O_5$ entsteht, das dann mit weiterem ThO_2 zu $2ThO_2 \cdot Ta_2O_5$ reagiert [11].

Erste Untersuchungen [12] zeigten, daß $ThO_2 \cdot 2Ta_2O_5$ in einem tetragonalen Gitter kristallisiert mit Gitterkonstanten von $a = 7.773 \pm 0.003$ Å und $c = 3.860 \pm 0.002$ Å. Detailliertere Studien zeigten jedoch, daß die Größe der c-Achse zu verdoppeln ist und die wahre Struktur einem kubischen Gitter mit einer Gitterkonstante von $a = 7.810 \pm 0.004$ Å entspricht [11]. Für den Temperaturbereich 20°C ≦ t ≦ 1000°C läßt sich die Temperaturabhängigkeit der Gitterkonstanten durch die Beziehung $a_t = 7.803 + 3.6 \times 10^{-4} t$ (t in °C) wiedergeben [11]. Die Struktur von $ThO_2 \cdot 2Ta_2O_5$ ist nahe verwandt mit dem Perowskitgitter und läßt sich am besten durch die Schreibweise $Th_{0.25}TaO_3$ wiedergeben analog der Nb-Verbindung, mit der eine lückenlose Mischkristallreihe existiert [11].

Die Struktur von $2ThO_2 \cdot Ta_2O_5$ ist noch nicht bekannt, aus der Übereinstimmung der Reflexe auf den Röntgendiagrammen ist Isotypie mit α-$2ThO_2 \cdot Nb_2O_5$ anzunehmen. Die der β-Form der analogen Nb-Verbindung entsprechende Ta-Verbindung konnte nicht erhalten werden, doch spricht ein Peak auf dem DTA-Diagramm bei 1400 bis 1450°C auf eine Umwandlung in die Hochtemperaturmodifikation. Eine Löslichkeit von Ta_2O_5 in ThO_2 konnte nicht beobachtet werden [11].

Ein Zusatz von 1 Mol-% Ta_2O_5 zu ThO_2 verändert dessen Leitfähigkeit wie folgt (**Fig. 10-4**): Unter Wasserstoff bzw. im Vakuum ergibt sich eine relativ hohe Leitfähigkeit mit dem Thermokraftvorzeichen eines n-Leiters. Erhitzt man die Probe unter Sauerstoff, so durchläuft die Leitfähigkeit einen irreversiblen Bereich (Kurve 3′ in Fig. 10-4a) mit dem Vorzeichen der Thermokraft eines n-Leiters (beim Abpumpen des Sauerstoffs steigt ϰ wieder an, Pfeil a). Dieser Verlauf läßt sich damit

Fig. 10-4

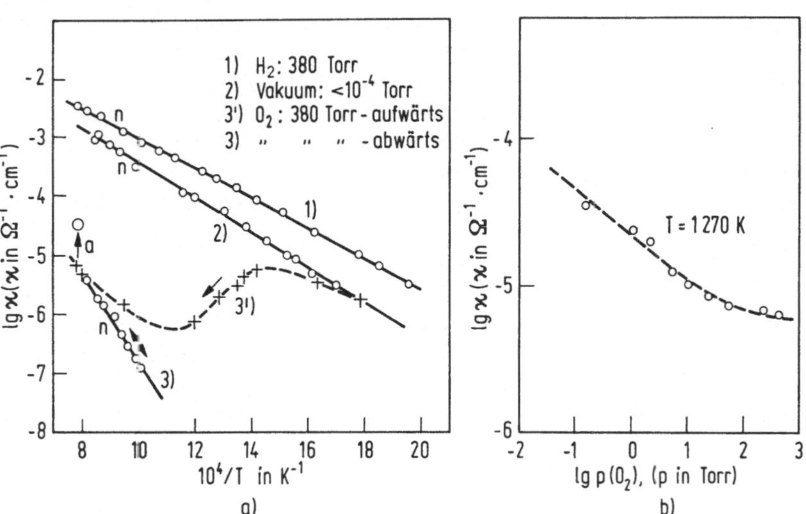

Abhängigkeit der Leitfähigkeit von ThO_2 + 1 Mol-% Ta_2O_5 von der Temperatur (a) und dem Sauerstoffpartialdruck (b) [18].

Literatur zu 10 s. S. 130

erklären, daß in den unter H_2 bzw. im Vakuum erhitzten Proben ein Teil des Ta^V zu Ta^{IV} reduziert wurde [18]. Dafür spricht z. B. auch die violette (bei 0.5 Mol-% Ta_2O_5) bzw. schwarze (bei 5 Mol-% Ta_2O_5) Farbe der in [17] unter ähnlichen Bedingungen erhaltenen Proben. Unter Sauerstoff erhitzte Proben besitzen die zu erwartende weiße Farbe.

Während derart oxidierte Proben keine Abnahme des elektrischen Widerstands im Vergleich zu reinem ThO_2 zeigten, ergab sich bei partiell (≈ 1 %) reduzierten Proben eine Abnahme des elektrischen Widerstands um 6 bis 10 Größenordnungen [17].

Repräsentative Werte des Widerstands unter Argon für Proben mit ≈ 98 bis 99% theoretischer Dichte bei Raumtemperaturen sind 3 bis 15 Ω · cm für ThO_2 + 5 Mol-% Ta_2O_5 bzw. 3000 Ω · cm für ThO_2 + 0.25 Mol-% Ta_2O_5 [17]. Die Abhängigkeit der Leitfähigkeit von mit 1 Mol-% Ta_2O_5 dotiertem ThO_2 vom Sauerstoffpartialdruck bei 1270°C zeigt Fig. 10-4 b [18].

Compounds with Tantalum and Another Element

10.3.2 Verbindungen mit Tantal und einem weiteren Element

Über Mischkristalle $ThO_2 \cdot 2(Nb_xTa_{1-x})_2O_5$ s. Kapitel 10.2.3, S. 128, und Fig. 10-3.

In der Mischkristallreihe $Th_{x/4}Ta_xW_{1-x}O_3$ treten je nach dem Ta : W-Verhältnis verschiedene Strukturtypen auf. Die bei 1250°C in Ampullen unter Sauerstoff hergestellten Proben besitzen für $0 < x/4 < 0.02$ eine tetragonale Struktur mit Gitterkonstanten von a = 5.293 Å und c = 3.814 Å für die Probe mit x/4 = 0.015 (D(exp.) = 7.19 g/cm³, D(ber.) = 7.214 g/cm³). Für $0.02 < x/4 < 0.20$ wird eine kubische Struktur beobachtet, die Gitterkonstanten betragen a = 3.792 Å für die Ta-arme und a = 3.887 Å für die Ta-reiche Grenzzusammensetzung [16]. Für die kubische Phase wird die Raumgruppe Pm3m angenommen mit den Atomlagen [16]:

Th auf (a): (0, 0, 0)
Ta auf (b): $(^1/_2, ^1/_2, ^1/_2)$
O auf (c): $(^1/_2, ^1/_2, 0;\ ^1/_2, 0, ^1/_2;\ 0, ^1/_2, ^1/_2)$

Literatur zu 10:

[1] L. M. Kovba, Shi-Hua Wang, E. J. Sirotkina (Dokl. Akad. Nauk SSSR **148** [1963] 113/5). — [2] G. LeFlem, P. Hagenmuller (Rev. Hautes Temp. Refract. **1** [1964] 149/52). — [3] E. J. Baran, L. A. Gentil, J. C. Pedregosa, P. J. Aymonino (Z. Anorg. Allgem. Chem. **410** [1974] 301/312). — [4] M. Quarton, A. Rimsky, W. Freundlich (Compt. Rend. C **271** [1970] 1439/41). — [5] G. LeFlem, A. Hardy, P. Hagenmuller (Compt. Rend. **260** [1965] 1663/5).

[6] R. S. Saxena, O. P. Sharma (J. Indian Chem. Soc. **43** [1966] 207/214). — [7] R. S. Saxena, O. P. Sharma (J. Inorg. Nucl. Chem. **28** [1966] 195/8). — [8] H. Schwarz (Z. Anorg. Allgem. Chem. **334** [1964/65] 261/71). — [9] F. J. Avella (J. Electrochem. Soc. **113** [1966] 855/8). — [10] G. Gartin, S. H. Smith, B. M. Wanklyn (J. Cryst. Growth **13/14** [1972] 588/92).

[11] C. Keller (J. Inorg. Nucl. Chem. **27** [1965] 1233/46). — [12] L. M. Kovba, V. K. Trunov (Dokl. Akad. Nauk SSSR **147** [1962] 622/4). — [13] E. Aleshin, R. Roy (J. Am. Ceram. Soc. **45** [1962] 18/25). — [14] C. Keller (KFK-225 [1964]). — [15] H. Matzke (J. Nucl. Mater. **21** [1967] 190/8).

[16] J. Y. Feneyrol, R. Sabatier, G. Baud (Compt. Rend. C **274** [1972] 1059/62). — [17] R. B. Gammage, D. A. Young (Nature **207** [1965] 74/5). — [18] J. Rudolph (Z. Naturforsch. **14a** [1959] 727/37). — [19] M. Quarton (laut [20]). — [20] W. Freundlich, A. Erb, M. Pagès (Rev. Chim. Minerale **11** [1974] 598/606).

11 Verbindungen mit Elementen der 6. Nebengruppe

Compounds with Group VI b Elements

(Cr, Mo, W)

Review in German

Übersicht. Bei den Systemen von ThO_2 mit Oxiden der Elemente der sechsten Nebengruppe wird mit einer einzigen Ausnahme (Bildung der Thoriumwolframbronze Th_xWO_3) nur über die Existenz ternärer und polynärer Oxide für die Teilsysteme ThO_2-MO_3 (M = Cr, Mo, W) berichtet. Während im System ThO_2-CrO_3 nur ein basisches Chromat $Th(OH)_2CrO_4 \cdot H_2O$ bekannt ist, wurden für die Systeme ThO_2-MoO_3 und ThO_2-WO_3 die Bildung von polymorphem $Th(MoO_4)_2$ und $Th(WO_4)_2$ beschrieben. Daneben liegen noch relativ ausführliche Untersuchungen über polynäre Systeme wie $Th(MoO_4)_2$-Alkalimolybdat oder $Th(WO_4)_2$-$Y_2(WO_4)_3$ vor, einschließlich Phasendiagramme.

Review in English

Review. In the systems ThO_2 with oxides of group VI b elements only the existence of ternary and polynary oxides for the ThO_2-MO_3 partial systems (M = Cr, Mo, W) is reported, with one exception: the formation of thorium tungsten bronze Th_xWO_3. While only a basic chromate $Th(OH)_2CrO_4 \cdot H_2O$ is known in the ThO_2-CrO_3 system, the formation of polymorphic $Th(MoO_4)_2$ and $Th(WO_4)_2$ was reported for the ThO_2-MoO_3 and ThO_2-WO_3 systems. In addition, relatively extensive investigations, including phase diagrams, exist on polynary systems such as $Th(MoO_4)_2$a-alkli molybdate or $Th(WO_4)_2$-$Y_2(WO_4)_3$.

11.1 Verbindungen mit Chrom

Compounds with Chromium

Über das System ThO_2-Cr_2O_3 liegen noch keine Untersuchungen vor. Aus Vergleich mit den chemisch sehr ähnlichen Systemen ThO_2-Al_2O_3 und UO_2-Cr_2O_3 läßt sich extrapolieren, daß weder eine Verbindungsbildung noch das Auftreten einer festen Lösung erfolgt.

Verläßliche Angaben über ein neutrales Thoriumchromat bzw. -dichromat im System ThO_2-CrO_3(-H_2O) sind in der Literatur nicht zu finden, wenngleich in [1] das IR-Spektrum für ein nicht näher bezeichnetes „Thoriumchromat" aufgeführt wird. Vermutlich dürfte aber ein „basisches" Thoriumchromat vorgelegen haben.

Durch Zusatz einer $K_2Cr_2O_7$-Lösung zu einer siedenden Lösung von Th-Nitrat erhält man nach mehrstündigem Digerieren bei mindestens 90°C einen gelben Niederschlag, der nach Trocknen die Zusammensetzung $Th(OH)_2CrO_4 \cdot H_2O$ besitzt [2, 3]. Nach [3] soll dieser Niederschlag gelegentlich durch $Th(CrO_4)_2 \cdot aq$ kontaminiert sein, wenngleich keine näheren Angaben über dieses neutrale Chromat vorliegen (das auf Grund des Th : Cr-Verhältnisses z. B. auch ein „basisches" Thoriumdichromat sein könnte).

Das gelbe $Th(OH)_2CrO_4 \cdot H_2O$ kristallisiert in einem monoklinen Gitter in der Raumgruppe C^2_{2h}-$P2_1/m$ mit zwei Molekülen je Elementarzelle sowie den Gitterkonstanten a = 7.677 ± 0.01 Å, b = 6.113 ± 0.01 Å, c = 6.940 ± 0.01 Å und β = 113.87° ± 0.10° [3].

Die aus Einkristalluntersuchungen abgeleiteten Atomlagen sind [3]:

2Th	in (2e)	mit x = 0.183	y = 0.25	z = 0.113
2Cr	in (2e)	mit x = 0.47	y = 0.25	z = 0.72
4O_I	in (4f)	mit x = 0.97	y = 0	z = 0.18
4O_{II}	in (2e)	mit x = 0.59	y = 0.04	z = 0.72
2O_{III}	in (2e)	mit x = 0.43	y = 0.25	z = 0.93
2O_{IV}	in (2e)	mit x = 0.27	y = 0.25	z = 0.51
2O_V	in (2e)	mit x = 0.75	y = 0.25	z = 0.40

Dabei gehören O_I zur $Th(OH)_2$-Gruppe, O_{II} zu Cr(1), O_{III} und O_{IV} zu Cr(2) und O_V zu H_2O.

Literatur zu 11 s. S. 143

Structure of $Th(OH)_2$-$CrO_4 \cdot H_2O$

Die Thoriumatome sind von acht Sauerstoffatomen im Abstand von ≈2.5 Å umgeben, die Chromatome tetraedrisch von vier Sauerstoffatomen. Einen Ausschnitt der Struktur zeigt **Fig. 11-1** [3]. Charakteristisch für die Struktur sind die zickzackförmigen, unendlichen $Th(OH)_2^{2+}$-Ketten (**Fig. 11-2**) in Richtung der y-Achse. Von den weiteren sechs Sauerstoffatomen gehören vier zu je einer CrO_4-Gruppe und zwei zu einem H_2O-Molekül [3].

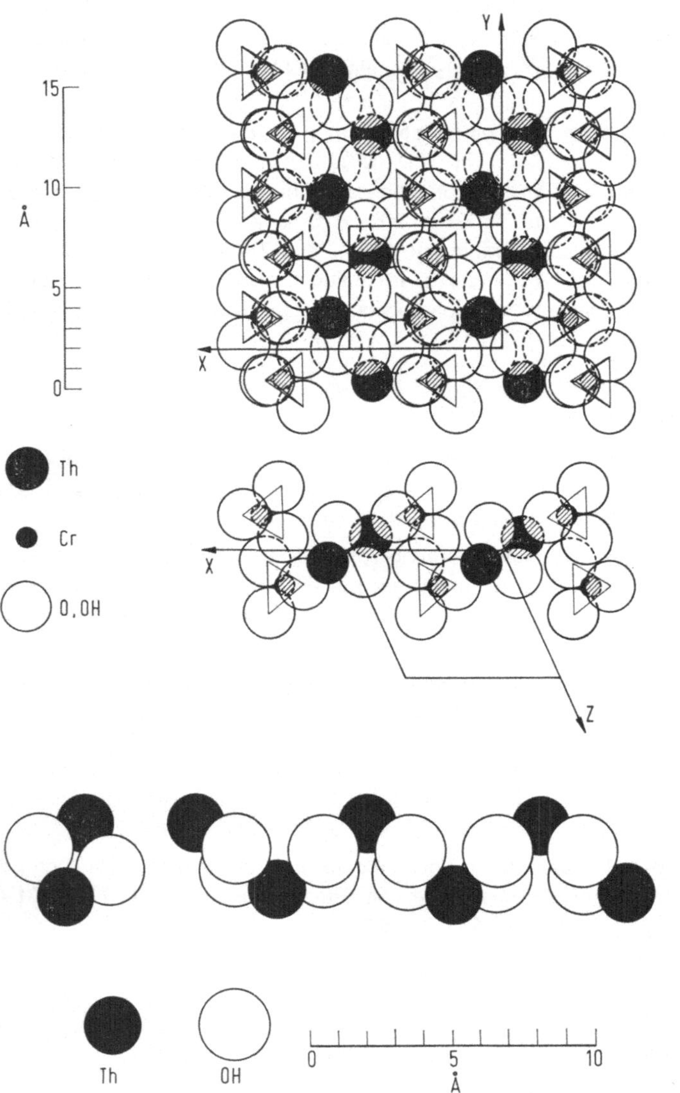

Fig. 11-1

Ausschnitt aus der Struktur von $Th(OH)_2CrO_4 \cdot H_2O$, projiziert auf die x,y-Ebene [3].

Fig. 11-2

$[Th(OH)_2^{2+}]_n$-Kette entlang [010] (links) bzw. von der Seite (rechts) aus gesehen [3].

Compounds with Molybdenum

11.2 Verbindungen mit Molybdän

Für das System ThO_2-Molybdänoxid liegen bisher nur Untersuchungen für den Teilbereich ThO_2-MoO_3 vor, in dem die Verbindung $Th(MoO_4)_2$ (=$ThMo_2O_8$) nachgewiesen wurde. Ferner sind eine Reihe polynärer Th-Molybdate bekannt, die durch Umsetzung von $Th(MoO_4)_2$ mit z. B. Alkalimolybdaten erhalten wurden.

Literatur zu 11 s. S. 143

11.2.1 Das System ThO_2-MoO_{2+x}

The ThO_2-MoO_{2+x} System

Für das System ThO_2-MoO_{2+x} ($x < 1$) liegen noch keine Untersuchungen vor. Da im System UO_2-MoO_{2+x} auch keine Verbindungsbildung nachgewiesen werden konnte ($UMoO_5$ und U_2MoO_8 dürften $U^{>IV}$ enthalten), ist die Bildung ternärer Oxide oder fester Lösungen zwischen den Oxiden von Th^{IV} und Mo^{IV} bzw. Mo^{V} sehr unwahrscheinlich.

11.2.2 Das System ThO_2-MoO_3; $Th(MoO_4)_2$

The ThO_2-MoO_3 System; $Th(MoO_4)_2$

Durch Festkörperreaktion läßt sich aus MoO_3 und ThO_2 nur die Verbindung $Th(MoO_4)_2$ ($=ThMo_2O_8$) gewinnen, s. unten. Durch Knickpunkte in der Titrationskurve von Thoriumnitrat mit Molybdat wurden in [9] die beiden Verbindungen postuliert:

$Th(MoO_4)_2(=ThO_2 \cdot 2\,MoO_3)$ bei pH 4.2 bis 5.8 und

$ThO_2 \cdot 4.66\,MoO_3$ bei pH 3.0 bis 3.75.

Die Fällung von $Th(MoO_4)_2$ ist dabei quantitativ.

Durch Fällung hergestelltes und granuliertes Th-Molybdat besitzt gute Eigenschaften als anorganischer Kationenaustauscher [10].

Unter bestimmten Fällungsbedingungen läßt sich ein kolloidales Th-Molybdat erzeugen [11]; dessen Lichtstreuung, Depolarisierung von Licht und Eigenschaften bei der Alterung wird in [12 bis 14] beschrieben.

Im System ThO_2-MoO_3 ließ sich durch Festkörperreaktion aus z. B. einem feinstgepulverten Gemisch von MoO_3 und ThO_2 bei 750 bis 1000°C im Sauerstoffstrom nur die Verbindung $Th(MoO_4)_2$ ($=ThMo_2O_8$) darstellen, die in zwei polymorphen Modifikationen mit einem Umwandlungspunkt β-$Th(MoO_4)_2 \rightleftharpoons \alpha$-$Th(MoO_4)_2$ von $\approx$900°C bzw. 950°C auftritt [4 bis 8]. In [6] wird noch eine weitere Modifikation γ-$Th(MoO_4)_2$ aufgeführt, ohne daß nähere Angaben gemacht werden. Röntgenographische d-Werte sind in [6] tabelliert aufgeführt.

Die Tieftemperaturmodifikation β-$Th(MoO_4)_2$ kristallisiert rhombisch [4] in der Raumgruppe Pcab mit acht Formeleinheiten je Elementarzelle und den Gitterkonstanten a = 9.74 Å, b = 10.22 Å und c = 14.46 Å, D(exp.) = 5.01 g/cm³ [8]; nach [4, 23]: a = 9.77 Å, b = 10.30 Å, c = 14.36 Å. Die Atomlagen sind [8]:

	Punktlage	x	y	z
Th	8c	0.275	0.465	0.108
Mo_1	8c	0.181	0.103	0.152
Mo_2	8c	0.001	0.725	0.060
O_1	8c	0.265	0.497	0.265
O_2	8c	0.089	0.617	0.125
O_3	8c	0.092	0.317	0.032
O_4	8c	0.262	0.553	0.967
O_5	8c	0.381	0.347	0.987
O_6	8c	0.500	0.457	0.163
O_7	8c	0.390	0.651	0.111
O_8	8c	0.225	0.274	0.175

Die Thoriumatome sind von acht Sauerstoffatomen im Abstand 2.30 bis 2.39 Å umgeben, die Molybdänatome tetraedrisch von vier Sauerstoffatomen im Abstand 1.70 bis 1.92 Å. Einen Ausschnitt aus der Struktur von β-$Th(MoO_4)_2$ zeigt **Fig. 11-3**, S. 134, [8].

Literatur zu 11 s. S. 143

Structure of α- and β-Th-$(MoO_4)_2$

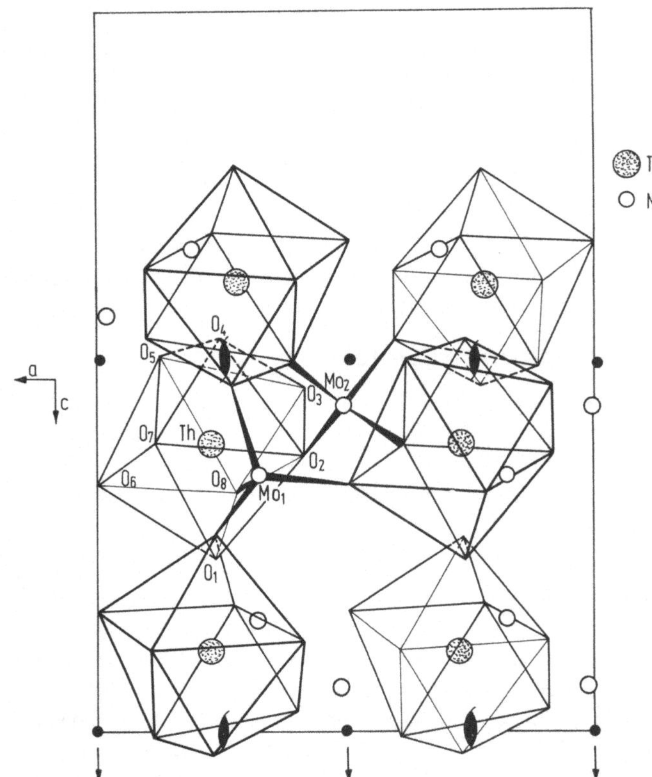

Fig. 11-3

Projektion der Struktur von β-$Th(MoO_4)_2$ auf die Ebene (010) [8].

Die Hochtemperaturmodifikation α-$Th(MoO_4)_2$ kristallisiert hexagonal in der Raumtemperatur P$\bar{6}$ mit neun Formeleinheiten je Elementarzelle und den Gitterkonstanten a = 17.60 Å und c = 6.20 Å [7] bzw. a = 17.30 Å, c = 6.145 Å [5, 23]. Die Atomlagen sind [7]:

	Punktlage	x	y	z
Th_1	1a	0.000	0.000	0.000
Th_2	1c	0.335	0.331	0.500
Th_3	3k	0.003	0.334	0.507
Th_4	3j	0.670	0.330	0.037
Th_5	1c	0.333	0.666	0.000
Mo_1	3j	0.058	0.211	0.064
Mo_2	3k	0.110	0.154	0.552
Mo_3	3k	0.500	0.828	0.501
Mo_4	3j	0.384	0.866	0.033
Mo_5	3j	0.467	0.161	0.046
Mo_6	3k	0.477	0.266	0.558
$O_{1,1}$	6l	0.098	0.264	0.318
$O_{1,2}$	6l	0.045	0.110	0.808
$O_{1,3}$	6l	0.392	0.770	0.818
$O_{1,4}$	6l	0.408	0.932	0.316
$O_{1,5}$	6l	0.366	0.132	0.190

Literatur zu 11 s. S. 143

	Punktlage	x	y	z
$O_{1,6}$	6l	0.509	0.247	0.816
$O_{2,1}$	3j	0.964	0.110	0.065
$O_{3,1}$	3j	0.126	0.128	0.002
$O_{2,2}$	3k	0.171	0.280	0.498
$O_{3,2}$	3k	0.220	0.144	0.501
$O_{2,3}$	3k	0.549	0.966	0.500
$O_{3,3}$	3k	0.511	0.807	0.495
$O_{2,4}$	3j	0.302	0.823	0.013
$O_{3,4}$	3j	0.458	0.837	0.002
$O_{2,5}$	3j	0.562	0.139	0.001
$O_{3,5}$	3j	0.498	0.294	0.000
$O_{2,6}$	3k	0.477	0.382	0.499
$O_{3,6}$	3k	0.369	0.216	0.425

Die Th-Atome sind verschiedenartig von Sauerstoffatomen umgeben: Th_1 ist von zwölf Sauerstoffatomen umgeben, die anderen von nur acht (Th_2) bzw. sechs (Th_3) Sauerstoffatomen, ein charakteristischer Unterschied im Vergleich zu β-$Th(MoO_4)_2$ [7]. Die Molybdänatome sind wie bei β-$Th(MoO_4)_2$ tetraedrisch von Sauerstoffatomen umgeben. Das Gitter von α-$Th(MoO_4)_2$ entspricht einer Überstruktur von $Hf(MoO_4)_2$. Ein Ausschnitt aus der Struktur von α-$Th(MoO_4)_2$ ist in **Fig. 11-4** aufgeführt [7].

Fig. 11-4

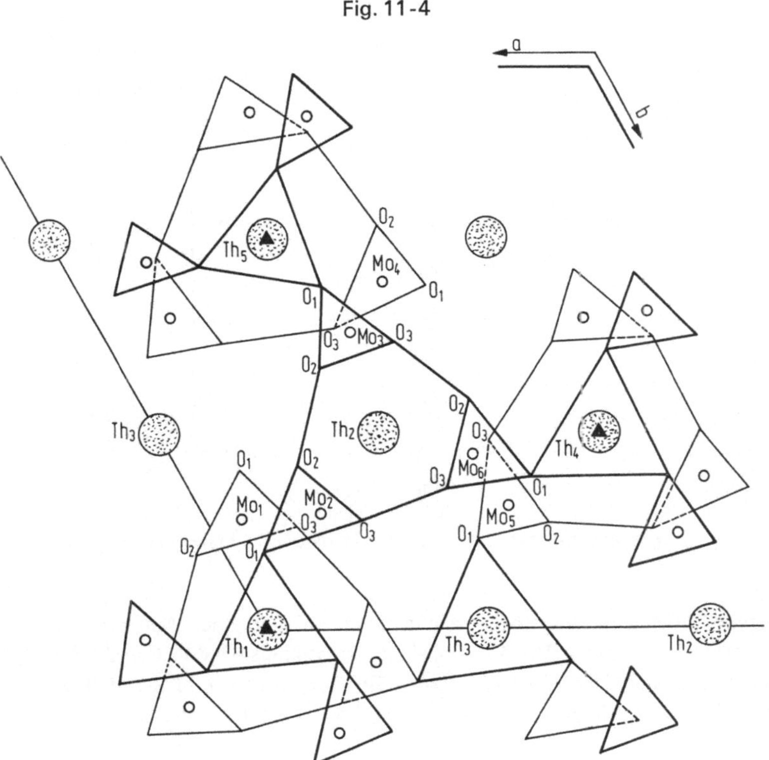

Projektion der Struktur von α-$Th(MoO_4)_2$ auf die Ebene (001) [7].

Literatur zu 11 s. S. 143

Compounds with Molybdenum and Another Element

11.2.3 Verbindungen mit Molybdän und einem weiteren Element

Die Mo-haltige Verbindung $(Isochinolin)_3H_3AsTh(Mo_3O_{10})_4$ ist auf S. 33 behandelt.

$Th(MoO_4)_2$-Alkali Molybdate Systems

Die Systeme $Th(MoO_4)_2$-Alkalimolybdat

Über die Systeme $Th(MoO_4)_2$-$M^I_2MoO_4$ (M = Li, Na, K, Rb, Cs) liegen mehrere Untersuchungen vor, die auch zur Aufstellung der Phasendiagramme der Systeme $Th(MoO_4)_2$-Li_2MoO_4 (Na_2MoO_4, K_2MoO_4) führten [15 bis 20].

Das System $Th(MoO_4)_2$-Li_2MoO_4 ist charakterisiert durch das Auftreten der Verbindung $Li_2Th_4(MoO_4)_9$, eines Eutektikums bei 650°C und 12.5 Mol-% $Th(MoO_4)_2$ sowie eines Peritektikums bei 1010°C und 30 Mol-% $Th(MoO_4)_2$ (**Fig. 11-5**). Die bei 1010°C inkongruent schmelzende Verbindung $Li_2Th_4(MoO_4)_9$ kristallisiert kubisch mit einer Gitterkonstante von a = 14.49 Å [15].

Fig. 11-5

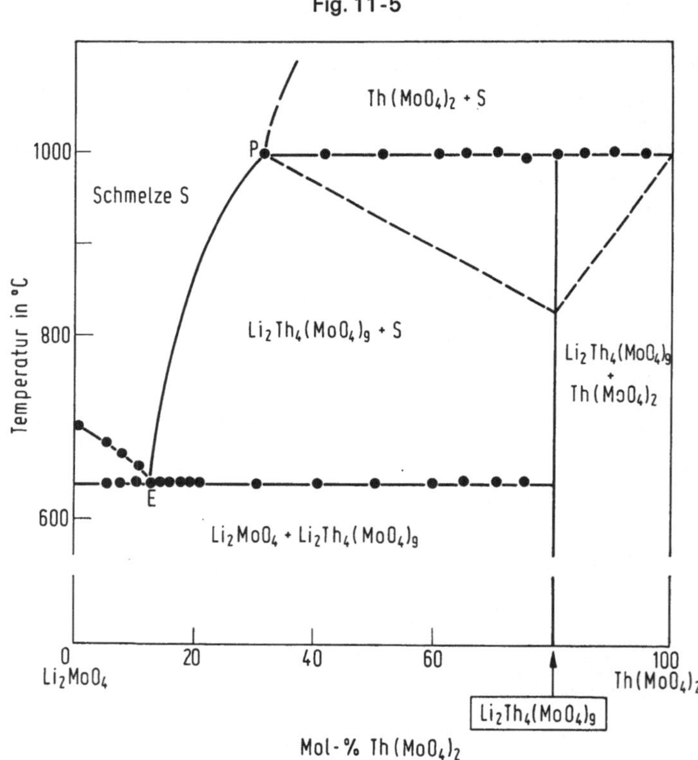

Phasendigramm des Systems $Th(MoO_4)_2$-Li_2MoO_4 [15].

Das System $Th(MoO_4)_2$-Na_2MoO_4 ist charakterisiert durch das Auftreten der beiden Verbindungen $Na_2Th(MoO_4)_3$ und $Na_4Th(MoO_4)_4$, eines Eutektikums bei 646°C und 8 Mol-% Th $(MoO_4)_2$ sowie zweier Peritektika bei 818°C und 31 Mol-% $Th(MoO_4)_2$ bzw. 888°C und 46 Mol-% $Th(MoO_4)_2$ (**Fig. 11-6**) [15]. Beide Molybdate kristallisieren im tetragonalen Scheelitgitter mit den Gitterkonstanten [15]:

a = 11.39 Å und c = 11.94 Å für $Na_4Th(MoO_4)_4$ bzw.

a = 5.30 Å und c = 11.58 Å für $Na_2Th(MoO_4)_3$.

Literatur zu 11 s. S. 143

Fig. 11-6

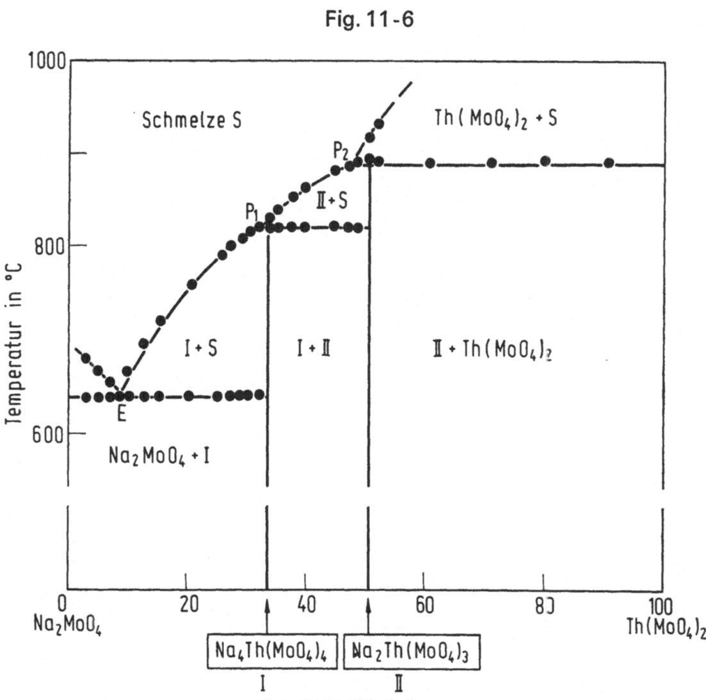

Phasendiagramm des Systems $Th(MoO_4)_2$-Na_2MoO_4 [15].

Wie aus der Größe der Gitterkonstanten zu erkennen ist, besitzt $Na_4Th(MoO_4)_4$ eine Scheelitüberstruktur entsprechend der analogen Verbindung des Np^{IV} [21].

Das System $Th(MoO_4)_2$-K_2MoO_4 ist charakterisiert durch das Auftreten der Verbindungen $K_2Th(MoO_4)_3$, $K_4Th(MoO_4)_4$ und $K_8Th(MoO_4)_6$, eines Eutektikums bei 704°C und 30 Mol-% $Th(MoO_4)_2$ sowie zweier Peritektika bei 737°C und 20 Mol-% $Th(MoO_4)_2$ bzw. 780°C und 45 Mol-% $Th(MoO_4)_2$ (**Fig. 11-7**, S. 138) [15]. Eine Strukturaufklärung der einzelnen Verbindungen erfolgte anhand von Einkristalluntersuchungen. $K_2Th(MoO_4)_3$ besitzt ein monoklin verzerrtes Scheelitgitter (Raumgruppe I2/c) mit vier Formeleinheiten je Elementarzelle und den Gitterkonstanten a = 17.626 ± 0.005 Å, b = 12.135 ± 0.005 Å, c = 5.363 ± 0.002 Å und β = 105.80° ± 0.020°; D(exp.) = 4.75 g/cm³, D(ber.) = 4.75 g/cm³ [19] bzw. a = 16.960, b = 12.135, c = 5.368 Å, β = 92° [17]. Nach [17] schmilzt es bei 780°C, nach [15] tritt bei 780°C peritektische Zersetzung ein. $K_4Th(MoO_4)_4$ kristallisiert in einer tetragonalen Scheelitüberstruktur mit den Gitterkonstanten a = 11.593 ± 0.003 Å und c = 13.070 ± 0.005 Å; D(ber.) = 3.89 g/cm³ für die vier Formeleinheiten enthaltende Elementarzelle. Es zersetzt sich bei ≈705°C [17, 19]. Das Röntgendiagramm von $K_8Th(MoO_4)_6$ läßt sich unter Annahme eines monoklinen Gitters vom Palmierittyp indizieren mit Gitterkonstanten von a = 10.480 ± 0.002 Å, b = 5.900 ± 0.005 Å, c = 7.852 ± 0.006 Å und β = 116.83° ± 0.02°. Es zersetzt sich peritektisch bei 740°C. Die Strukturbeziehung von $K_8Th(MoO_4)_6$ zu Palmierit $K_2Pb(SO_4)_3$ ergibt sich deutlich aus der Schreibweise $K_2(K_{2/3}Th_{1/3})$ $(MoO_4)_2$ [17, 19].

Das System $Th(MoO_4)_2$-Rb_2MoO_4 ist charakterisiert durch das Auftreten der Verbindungen $Rb_2Th(MoO_4)_3$, $Rb_4Th(MoO_4)_4$ und $Rb_8Th(MoO_4)_6$ (= $Rb_2(Rb_{2/3}Th_{1/3})(MoO_4)_2$), die auch im entsprechenden System K_2MoO_4-$Th(MoO_4)_2$ beobachtet wurden [17, 20]. Bei Einkristalluntersuchungen wurden folgende Strukturdaten ermittelt [20]:

$Th(MoO_4)_2$-Alkali Molybdate Systems

Fig. 11-7

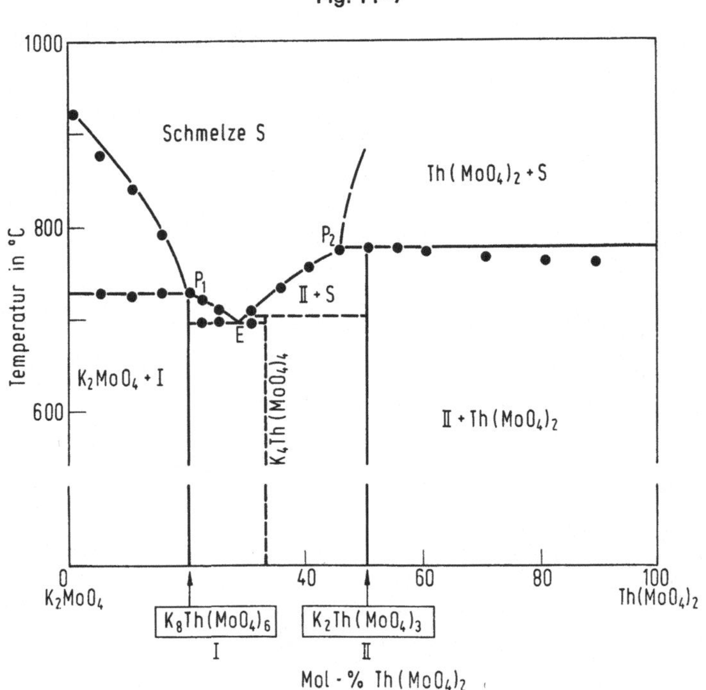

Phasendiagramm des Systems $Th(MoO_4)_2$-K_2MoO_4 [15].

$Rb_2Th(MoO_4)_3$: monoklin, Raumgruppe C2/c oder Cc; Gitterkonstanten: a = 18.054 Å, b = 12.472 Å, c = 5.350 Å, β = 104.05°; D(exp.) = 4.99 g/cm³; vier Formeleinheiten je Elementarzelle;

$Rb_4Th(MoO_4)_4$: triklin, Raumgruppe $P\bar{1}$ oder P1; Gitterkonstanten: a = 11.140 Å, b = 12.280 Å, c = 6.510 Å, α = 89.08°, β = 91.22°, γ = 90.48°; D(exp.) = 4.53 g/cm³; zwei Formeleinheiten je Elementarzelle;

$Rb_2(Rb_{2/3}Th_{1/3})(MoO_4)_2$: monoklin, Raumgruppe C2/m, C2 oder Cm; Gitterkonstanten: a = 10.725 Å, b = 6.018 Å, c = 8.123 Å, β = 116.25°, D(exp.) = 4.41 g/cm³; zwei Formeleinheiten je Elementarzelle.

Folgende Schmelzpunkte wurden in [20] angegeben, wobei allerdings nicht sicher ist, ob es echte Schmelzpunkte oder peritektische Zersetzungspunkte sind: $Rb_2Th(MoO_4)_3$: 745°C, $Rb_4Th(MoO_4)_4$: 715°C und $Rb_2(Rb_{2/3}Th_{1/3})(MoO_4)_2$: 715°C.

Das System $Th(MoO_4)_2$-Cs_2MoO_4 ist charakterisiert durch das Auftreten der Verbindungen $Cs_2Th(MoO_4)_3$, $Cs_4Th(MoO_4)_4$ und $Cs_2Th_3(MoO_4)_7$, wobei letztere Verbindung dimorph ist mit einem Umwandlungspunkt von β-$Cs_2Th_3(MoO_4)_7 \rightleftharpoons \alpha$-$Cs_2Th_3(MoO_4)_7$ bei 680°C [17]. $Cs_4Th(MoO_4)_4$ kristallisiert in einem tetragonalen Gitter mit den Gitterkonstanten a = 6.627 Å und c = 12.682 Å, D(exp.) = 483 g/cm³ [17, 18].

Für $Cs_2Th(MoO_4)_3$ wird eine rhombische Elementarzelle angenommen mit den Gitterkonstanten a = 26.870 Å, b = 9.771 Å und c = 5.278 Å; D(exp.) = 4.69 g/cm³ für die Elementarzelle mit vier Formeleinheiten [17, 18]. Die Struktur der beiden $Cs_2Th_3(MoO_4)_7$-Modifikationen ist nicht bekannt.

Literatur zu 11 s. S. 143

Folgende Schmelzpunkte werden in [18] aufgeführt, wobei allerdings nicht sicher ist, ob es echte Schmelzpunkte oder peritektische Zersetzungspunkte sind: $Cs_2Th(MoO_4)_3$: 705°C, $Cs_4Th(MoO_4)_4$: 685°C und $Cs_2Th_3(MoO_4)_7$: 845°C.

Das System $Th(MoO_4)_2$-$Np(MoO_4)_2$

The Th-$(MoO_4)_2$-$Np(MoO_4)_2$ System

$Th(MoO_4)_2$ bildet mit $Np(MoO_4)_2$ eine Mischkristallreihe, in der der Umwandlungspunkt α-$Np_xTh_{1-x}(MoO_4)_2 \rightleftharpoons \beta$-$Np_xTh_{1-x}(MoO_4)_2$ für $x = 0.42$ bei 600°C ein Minimum besitzt. Die hexagonale β-Modifikation existiert nur für $x < 0.92$, d. h. nicht für reines $Np(MoO_4)_2$ [21].

11.3 Verbindungen mit Wolfram

Compounds with Tungsten

Im System ThO_2-Wolframoxid liegen bisher ausführliche Untersuchungen nur für den Teilbereich ThO_2-WO_3 vor, in dem die polymorphe Verbindung $Th(WO_4)_2$ nachgewiesen wurde. Für das Teilsystem ThO_2-WO_{3-x} ist bisher nur eine Wolframbronze Th_xWO_3 beschrieben worden.

11.3.1 Das System ThO_2-WO_{3-x}

The ThO_2-WO_{3-x} System

Durch Umsetzung von ThO_2, WO_3 und W bei 1000°C in einer Ampulle ließ sich Th_xWO_3 ($x < 0.067$) darstellen. Diese Thorium-Wolframbronze entspricht der analogen U-Verbindung und kristallisiert kubisch mit einer Gitterkonstante von a = 3.815 Å für die Phase mit x = 0.075. Im Temperaturbereich 125 K $\leqq$ T $\leqq$ 375 K nimmt der Widerstand linear mit steigender Temperatur von $\approx 5.7 \times 10^{-3}$ $\Omega \cdot$ cm bei 125 K auf $\approx 9 \times 10^{-3}$ $\Omega \cdot$ cm bei 375 K zu, was ein metallisches Verhalten anzeigt [26]. In [4] werden für andere Glieder der Thorium-Wolframbronze folgende Gitterkonstanten aufgeführt: a = 3.822 kX für $Th_{1/8}WO_3$, a = 3.813 kX für $Th_{1/12}WO_3$ und a = 3.804 kX für $Th_{1/16}WO_3$. Die Verschiedenheit der Gitterkonstanten für die ersten beiden Glieder läßt vermuten, daß die Wolframbronze auch für $x > 0.067$ existiert.

11.3.2 Das System ThO_2-WO_3; $Th(WO_4)_2$

The ThO_2-WO_3 System; $Th(WO_4)_2$

Im System ThO_2-WO_3 konnte die Verbindung $Th(WO_4)_2$ durch Festkörperreaktion von $ThO_2 + WO_3$ bei 750 bis 1000°C erhalten werden [4]. Für $Th(WO_4)_2$ wird eine Bildungsenthalpie von $\Delta H = -710.8$ kcal/mol und eine Bildungsentropie von $\Delta S = 63.93$ cal $\cdot$ mol^{-1} $\cdot$ K^{-1} aufgeführt [27].

$Th(WO_4)_2$ tritt in 3 Modifikationen auf, für die folgende Umwandlungstemperaturen gefunden werden [23]:

$$\gamma\text{-}Th(WO_4)_2 \xrightarrow{1200\,^\circ C} \beta\text{-}Th(WO_4)_2 \xrightarrow{1360\,^\circ C} \alpha\text{-}Th(WO_4)_2.$$

Für die Tieftemperaturform γ-$Th(WO_4)_2$ wird eine rhombische Elementarzelle mit den Gitterkonstanten a = 9.70 ± 0.01 kX, b = 10.36 ± 0.02 kX und c = 14.49 ± 0.01 kX gefunden [4], entsprechend a = 9.72 Å, b = 10.38 Å, c = 14.52 Å [23].

Die Hochtemperaturform α-$Th(WO_4)_2$ kristallisiert in einem hexagonalen Gitter mit den Gitterkonstanten a = 17.61 ± 0.01 Å, c = 6.259 ± 0.003 Å, Z = 9, Raumgruppe $P\bar{3}$ [23]. Während nach [25] $Th(WO_4)_2$ bei 1380°C schmilzt, wird nach neueren Untersuchungen [24] eine peritektische Zersetzungstemperatur von 1640 ± 15°C gefunden.

Thoriumwolframat kann auch aus wäßriger Lösung gefällt werden [29, 32], das gebildete Produkt besitzt Kationenaustauscheigenschaften [10, 30, 31]. Ein gefälltes und bei 400 bis 700°C reduziertes Thoriumwolframat wird als Katalysator eingesetzt [29]. Bei diesem Reduktionsprodukt dürften jedoch nicht, wie angegeben, Thoriumwolframite gebildet worden sein, sondern eine Mischung ThO_2 + W. Derartige ThO_2/W-Proben werden auch für Elektronenröhren vorgeschlagen [34].

Untersuchungen über die Permeabilität von semipermeablen Thoriumwolframat-Membranen zeigen, daß die Absorption von Ionen unmittelbar zu dem Membranpotential in Beziehung steht. Mit steigendem Membranpotential sinkt dabei die Permeabilität [33].

Literatur zu 11 s. S. 143

Compounds with Tungsten and Another Element

11.3.3 Verbindungen mit Wolfram und einem weiteren Element

Über Nb bzw. Ta enthaltende Mischkristallreihen $Th_{x/4}Nb_xW_{1-x}O_3$ bzw. $Th_{x/4}TaW_{1-x}O_3$ s. die Kapitel 10.2 und 10.3, S. 128 bzw. 130.

Heteropoly-tungstates

Heteropolywolframate

Durch Zugabe einer heißen Lösung von Alkaliwolframat zu einer wäßrigen $Th(NO_3)_4$-Lösung bildet sich ein weißer, kristalliner Niederschlag von Heteropolywolframaten, in dem das Heteropolyanion $[ThW_8O_{28}]^{4-}$ enthalten ist. Folgende Alkaliverbindungen wurden isoliert: $Na_4[ThW_8O_{28}] \cdot 25\,H_2O$, $(NH_4)_4[ThW_8O_{28}] \cdot 13\,H_2O$, $K_4[ThW_8O_{28}] \cdot 18\,H_2O$, $Rb_4[ThW_8O_{28}] \cdot 18\,H_2O$ und $Cs_4[ThW_8O_{28}] \cdot 8\,H_2O$. Diese Verbindungen sind in Wasser relativ leicht löslich, aus derartigen Lösungen lassen sich mit Schwermetallionen wenig lösliche, amorphe Niederschläge ausfällen [38].

$Th(WO_4)_2$-Alkali Tungstate Systems

Systeme $Th(WO_4)_2$-Alkaliwolframat

Bisher sind Untersuchungen für die Systeme $Th(WO_4)_2$-Li_2WO_4(Na_2WO_4) bekannt [35, 36].

Durch Umsetzung von Li_2CO_3, WO_3 und ThO_2 bei Temperaturen von 550 bis 700°C wurde eine Phase der Zusammensetzung $Li_2WO_4 \cdot n\,Th(WO_4)_2$ mit $3 \leqq n \leqq 4$ nachgewiesen, deren Röntgendiagramm sich kubisch indizieren läßt mit einer Gitterkonstante von a = 14.51 Å für n = 4 [36]. Weitere Angaben zu diesem System liegen nicht vor.

Das System $Th(WO_4)_2$-Na_2WO_4 ist charakterisiert durch das Auftreten der beiden Verbindungen $Na_2Th(WO_4)_3$ und $Na_4Th(WO_4)_4$, die auch im analogen Molybdänsystem beschrieben wurden. Beide Verbindungen kristallisieren in einer Überstruktur des tetragonalen Scheelitgitters mit den Gitterkonstanten [35]:

a = 11.47 Å und c = 11.86 Å für $Na_4Th(WO_4)_4$ bzw.
a = 15.88 Å und c = 11.58 Å für $Na_2Th(WO_4)_3$.

$Na_4Th(WO_4)_4$ ist isostrukturell mit $Na_5Y(WO_4)_4$ [36]. Neuere Untersuchungen zeigen jedoch, daß das aus $Na_2CO_3 + WO_3 + ThO_2$ bei 650 bis 950°C dargestellte $Na_2Th(WO_4)_3$ vermutlich ein monoklines Gitter besitzt mit Gitterkonstanten von a = 15.88 Å, b = 11.57 Å, c = 15.85 Å und $\beta \approx 90°$ und sich beim Erhitzen auf eine Temperatur in der Nähe des bei 1014°C gelegenen Schmelzpunkts in eine 2. Modifikation mit ungeordneter tetragonaler Scheelitstruktur bei Gitterkonstanten von a = 5.302 Å und c = 11.52 Å umwandelt [35].

Aus dem Teilbereich $Na_2Th(WO_4)_3$-Na_2WO_4 des Phasendiagramms für das System $Th(WO_4)_2$-Na_2WO_4 (**Fig. 11-8**) ist zu erkennen, daß bei 696°C und 96 Mol-% Na_2WO_4 ein Eutektikum vorliegt und daß sich $Na_4Th(WO_4)_4$ bei 885°C peritektisch zersetzt [35].

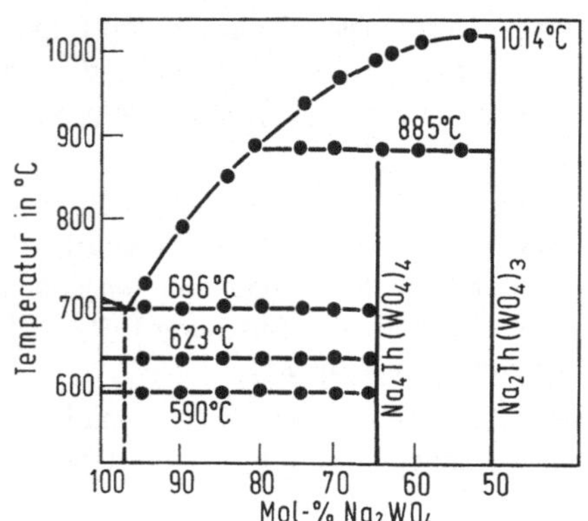

Fig. 11-8

Phasendiagramm des Systems $Th(WO_4)_2$-Na_2WO_4 für die Na_2WO_4-reiche Seite [35].

Literatur zu 11 s. S. 143

Das System $Th(WO_4)_2$-$Y_2(WO_4)_3$

The $Th(WO_4)_2$-$Y_2(WO_4)_3$ System

Neben den ternären Oxiden, die in den Teilsystemen ThO_2-WO_3 und Y_2O_3-WO_3 auftreten, konnten für das System $Th(WO_4)_2$-$Y_2(WO_4)_3$ zwei weitere Y- und Th- enthaltende Wolframate nachgewiesen werden [23, 25, 28, 37]. Im Bereich höherer $Th(WO_4)_2$-Gehalte existiert eine kubisch kristallisierende Phase $Th_xY_yWO_4$, die nur oberhalb ≈1000°C thermodynamisch stabil ist, wie aus dem Phasendiagramm des Systems $Th(WO_4)_2$-$Y_2(WO_4)_3$ hervorgeht (**Fig. 11-9**) [23,25]. Die Phasengrenze

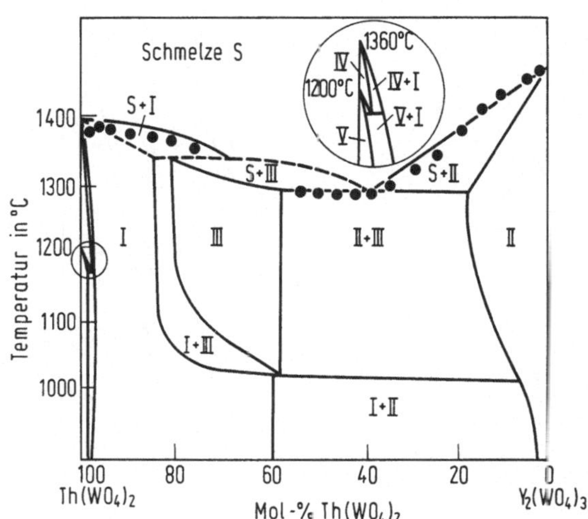

Fig. 11-9

Phasendiagramm des Systems $Th(WO_4)_2$-$Y_2(WO_4)_3$ [23].
I: α-$Th(WO_4)_2$;
II: $Y_2(WO_4)_3$;
III: kubisches $Th_xY_yWO_4$;
IV: β-$Th(WO_4)_2$;
V: γ-$Th(WO_4)_2$.

liegt auf der $Y_2(WO_4)_3$-reichen Seite bis zum peritektischen Zersetzungspunkt von etwa 1300°C temperaturunabhängig bei ≈62 Mol-% $Th(WO_4)_2$ und nimmt auf der $Th(WO_4)_2$-reichen Seite mit der Temperatur zu bis etwa 80 Mol-% oberhalb 1200°C. Gitterkonstanten von Gliedern dieser Phase sind:

$[Th(WO_4)_2]$ in Mol-%	x	y	a in Å
60	0.25	0.32	7.059 ± 0.003
65	0.28	0.30	7.073 ± 0.003
70	0.30	0.26	7.085 ± 0.003
75	0.33	0.22	7.103 ± 0.003
80	0.36	0.18	7.125 ± 0.004

Aus Fig. 11-9 geht weiter hervor, daß α-$Th(WO_4)_2$ beträchtliche Mengen $Y_2(WO_4)_3$ in sein Gitter aufnimmt, unterhalb 1000°C maximal 40 Mol-% (Gitterkonstante der hexagonalen Elementarzelle für diesen Grenzwert: a = 17.43 Å und c = 6.293 Å).

Auf der Y_2O_3-reichen Weite wurde auf dem Schnitt ThO_2-Y_2WO_6 eine weitere Phase bei etwa 95% Y_2WO_6 aufgefunden, die isostrukturell mit Nd_2WO_6 ist [25]. Es handelt sich dabei um die durch Einbau von ThO_2 stabilisierte Hochtemperaturmodifikation von Y_2WO_6, die in reiner Form nicht existent ist. Die Gitterkonstanten der monoklinen Elementarzelle dieser in der Raumgruppe C2/c kristallisierenden Phase betragen:

a = 16.51 Å, b = 11.03 Å, c = 5.361 Å und β = 110.46° [25].

Die beiden Verbindungen $3Y_2O_3 \cdot WO_3$ und $15Y_2O_3 \cdot 8WO_3$ zeigen keine feststellbare Löslichkeit für ThO_2, dagegen lösen sich in ThO_2 geringe Mengen der Verbindungen $3Y_2O_3 \cdot WO_3$ (bei 1000°C

Literatur zu 11 s. S. 143

The ThO_2-Y_2O_3-WO_3 System

Fig. 11-10

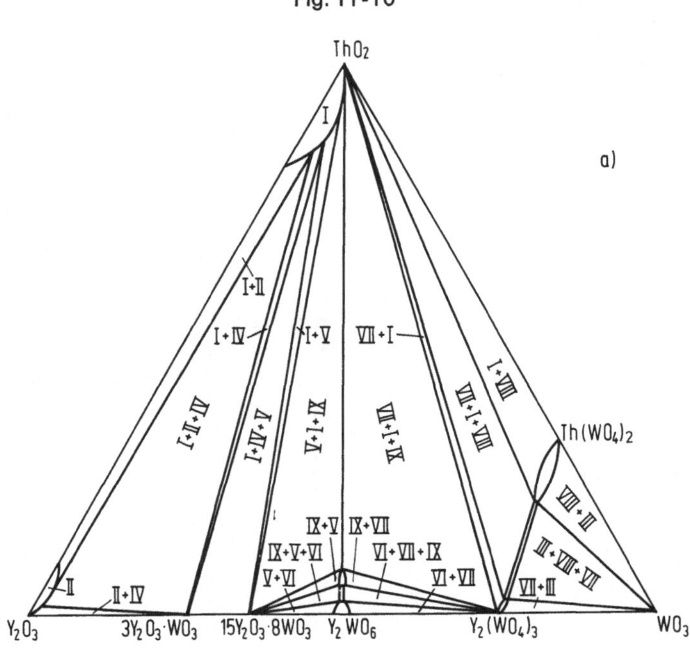

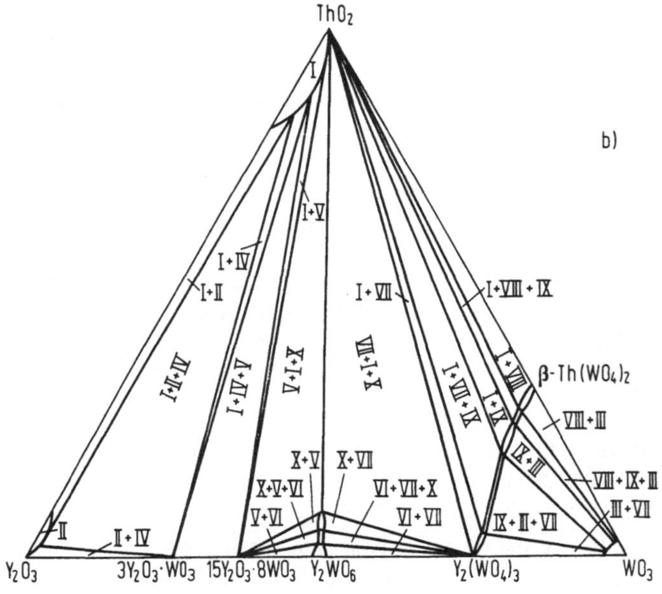

Phasendiagramm des Systems ThO_2-Y_2O_3-WO_3

a) bei 1000°C nach [37]:
I: ThO_2; II: Y_2O_3; III: WO_3; IV: $3Y_2O_3 \cdot WO_3$; V: $15Y_2O_3 \cdot 8WO_3$; VI: Y_2WO_6; VII: $Y_2(WO_4)_3$; VIII: α-$Th(WO_4)_2$; IX: mit Nd_2WO_6 isostrukturelle Phase $Y_2WO_6 \cdot Th(WO_4)_2$.

b) bei 1200°C nach [25, 37]:
I bis VIII wie bei 11-10a, IX: kubisches $Th_xY_yWO_4$; X: mit Nd_2WO_6 isostrukturelle Phase $Y_2WO_6 \cdot Th(WO_4)_2$.

≈15 Mol-%), $15Y_2O_3 \cdot 8WO_3$ (bei 1000°C ≈ 8 Mol-%) und Y_2WO_6 (bei 1000°C ≈ 5 Mol-%). Die Löslichkeit der Y-Wolframate in ThO_2 nimmt dementsprechend mit fallendem Verhältnis $Y_2O_3 : WO_3$ ab [37].

Eine Darstellung der Phasenverhältnisse im System ThO_2-Y_2O_3-WO_3 bei 1000°C bzw. 1200°C ergibt sich aus **Fig. 11-10** [25, 37].

Literatur zu 11:

[1] J. A. Campbell (Spectrochim. Acta **21** [1965] 1333/43). — [2] G. Lundgren, L. G. Sillén (Naturwissenschaften **36** [1949] 345/6). — [3] G. Lundgren, L. G. Sillén (Arkiv Kemi **1** [1950] 277/292). — [4] V. K. Trunov, L. M. Kovba (Vestn. Mosk. Univ. Khim. **18** Nr. 3 [1963] 60/63; FTD-64-1151/1). — [5] V. K. Trunov, O. A. Efremova, L. M. Kovba (Radiokhimiya **8** [1966] 717/8; Soviet Radiochem. **8** [1966] 658/9).

[6] W. Freundlich, J. Thoret (Compt. Rend. C **265** [1965] 96/8). — [7] J. Thoret, A. Rimsky, W. Freundlich (Compt. Rend. C **267** [1968] 1682/4). — [8] J. Thoret, A. Rimsky, W. Freundlich (Compt. Rend. C **270** [1970] 2045/7). — [9] R. S. Saxena, M. L. Mittal (Z. Physik. Chem. [Frankfurt] **34** [1962] 319/27). — [10] C. B. Amphlett (U. S. P. 3056647 [1962]; N. S. A. **17** [1963] Nr. 1373).

[11] V. W. Ketkar, M. B. Kabadi (J. Univ. Bombay A **20** III [1951] 20/7; C. A. **1954** 7473) — [12] R. L. Desai, V. Sundaram (J. Univ. Bombay A **22** III [1953] 29/33; C. A. **1954** 8625). — [13] R. L. Desai, V. Sundaram (J. Univ. Bombay A **23** III [1954] 9/17; C. A. **1955** 12085). — [14] M. Prasad, K. E. Subramanian, R. L. Desai, C. R. Kanekar (J. Colloid. Sci. **7** [1952] 178/85). — [15] J. Thoret (Compt. Rend. C **273** [1971] 1431/4).

[16] V. K. Trunov, N. N. Bushuev (Radiokhimiya **11** [1969] 245/7; Soviet Radiochem. **11** [1969] 239/40). — [17] N. N. Bushuev, V. K. Trunov (Dokl. Akad. Nauk SSSR **217** [1974] 827/9; Dokl. Chem. Proc. Acad. Sci. USSR **217** [1974] 533/5). — [18] N. N. Bushuev, V. K. Trunov (Zh. Neorgan. Khim. **20** [1975] 1233/5; Russ. J. Inorg. Chem. **20** [1975] 693/4). — [19] N. N. Bushuev, V. K. Trunov, A. R. Gishinskii (Zh. Neorgan. Khim. **20** [1975] 604/7; Russ. J. Inorg. Chem. **20** [1975] 337/9). — [20] N. N. Bushuev, V. K. Trunov (Zh. Neorgan. Khim. **20** [1975] 1143/4; Russ. J. Inorg. Chem. **20** [1975] 645/6).

[21] W. Freundlich, M. Pagès (Compt. Rend. C **273** [1971] 44/6). — [22] M. Pagès, W. Freundlich (Compt. Rend. C **272** [1971] 1861/2). — [23] A. N. Pokrovskii, V. K. Rybakov, V. K. Trunov (Radiokhimiya **14** [1972] 284/8; Soviet Radiochem. **14** [1972] 294/8). — [24] P. De Maayer, R. de Bruyne, M. J. Brabers (J. Am. Ceram. Soc. **55** [1972] 113). — [25] V. I. Spitsyn, A. N. Pokrovskii, N. S. Afonskii, V. K. Trunov (Dokl. Akad. Nauk SSSR **188** [1969] 1065/8; Dokl. Chem. Proc. Acad. Sci. USSR **188** [1969] 825/7).

[26] W. Ostertag, Ch. C. Collins (Mater. Res. Bull. **2** [1967] 217/21). — [27] V. M. Amosov, V. E. Plynshcher (Izv. Vysshikh Uchebn. Zavedenii Tsvetn. Met. **1967** Nr. 5, S. 97/104; N. S. A. **22** [1968] Nr. 12311). — [28] N. S. Afonskii, A. N. Pokrovskii, V. K. Trunov (Vestn. Mosk. Univ. Khim. **22** Nr. 6 [1967] 86/7; Moscow Univ. Chem. Bull. **22** [1967] 68). — [29] H. R. Arnold, J. E. Carnaham (U. S. P. 2702232 [1955]; C. A. **1955** 11251). — [30] M. Qureshi, S. A. Nabi (J. Chem. Soc. A **1971** 139/43).

[31] M. Qureshi, J. P. Gupta, V. Sharma (Talanta **21** [1974] 102/6). — [32] G. C. Shivahave (Proc. Natl. Acad. Sci. India A **32** II [1962] 127/8). — [33] W. U. Malik, S. A. Ali (Kolloid-Z. **175** [1961] 139/144). — [34] P. D. Williams (U. S. P. 2647067 [1953]; C. A. **1954** 61). — [35] N. N. Bushuev, V. K. Trunov (Radiokhimiya **12** [1970] 411; Soviet Radiochem. **12** [1970] 379/80).

[36] V. K. Trunov, N. N. Bushuev (Radiokhimiya **11** [1969] 245/7; Soviet Radiochem. **11** [1969] 239/40). — [37] N. N. Pokrovskii (Vestn. Mosk. Univ. Khim. **27** [1972] 302/5; Moscow Univ. Chem. Bull. **27** Nr. 3 [1972] 34/7). — [38] G. H. Marcu, J. Todorut, A. V. Botar (Rev. Roumaine Chim. **16** [1971] 1335/9). — [39] A. V. Botar (Rev. Roumaine Chim. **18** [1973] 1155).

Compounds with Group VII b Elements

12 Verbindungen mit Elementen der 7. Nebengruppe

(Mn, Tc, Re)

Über die Systeme von Thoriumoxid mit Oxiden der Elemente der 7. Nebengruppe liegt erst eine Untersuchung vor, die sich mit der Darstellung von $Th(ReO_4)_4$ befaßt. Aus Analogiegründen ist anzunehmen, daß eine analoge Verbindung auch im System ThO_2-Tc_2O_7 existiert: $Th(TcO_4)_4$. Ob ein Thoriummanganat $Th(MnO_4)_4$ in reiner Form darstellbar ist, ist nicht bekannt; möglicherweise läßt sich aus wäßriger Lösung auch nur eine „basische" Verbindung $Th(OH)_x(MnO_4)_{1-x} \cdot aq$ isolieren.

Aus dem festkörperchemischen Verhalten in sehr ähnlichen Systemen des Thoriums und Urans ist zu folgern, daß bei Festkörperreaktionen von z. B. ThO_2 + MnO oder ThO_2 + $TcO_2(ReO_2)$ keine Verbindungsbildung erfolgt und auch keine gegenseitige Löslichkeit der Einzeloxide existiert.

Compounds with Rhenium

12.1 Verbindungen mit Rhenium

Durch Erhitzen einer eingedampften Lösung von $HReO_4$ und $Th(NO_3)_4$ (oder -acetat, -carbonat bzw. -oxalat) im Molverhältnis Re : Th = 4 : 1 auf 400°C bildet sich farbloses $Th(ReO_4)_4$ als amorphes, hygroskopisches Pulver. Es zersetzt sich oberhalb 600°C gemäß $Th(ReO_4)_4 \rightleftharpoons ThO_2 + 2\,Re_2O_7\nearrow$. Gut kristallisiertes $Th(ReO_4)_4$ entsteht durch Umsetzung von ThO_2 mit Re_2O_7 in einer evakuierten Quarzampulle knapp unter 600°C [1].

Es sind zwei Hydrate bekannt, $Th(ReO_4)_4 \cdot 3\,H_2O$ und $Th(ReO_4)_4 \cdot 4\,H_2O$, letzteres in zwei Modifikationen. Durch Hydratation von $Th(ReO_4)_4$ bildet sich ein Tetrahydrat, dessen Röntgendiagramm sich unter Annahme einer monoklinen Elementarzelle mit a = 13.7 Å, b = 8.62 Å, c = 7.22 Å und β = 96° indizieren läßt. Eine zweite Modifikation des Tetrahydrats läßt sich durch Kristallisation aus wäßriger Lösung isolieren. Bezüglich angegebener röntgenographischer d-Werte s. Original [1].

Literatur zu 12:

[1] J.-P. Silvestre, M. Pagès, W. Freundlich (Compt. Rend. C **272** [1971] 1808/10).

13 Verbindungen mit Elementen der 8. Nebengruppe

(Fe, Co, Ni, Ru, Rh, Pd, Os, Tr, Pt)

Compounds with Group VIII b Elements

Über die Systeme von Thoriumoxid mit Oxiden der Elemente der achten Nebengruppe liegt erst eine Arbeit vor, die sich mit der Verbindungsbildung im System ThO_2-FeO befaßt.

Durch Umsetzung von Fe^{II}-Oxalat und ThO_2 bei 1000°C/8 h und 1300°C/4 h soll nach [1] die weiß-rosa gefärbte Verbindung $FeTh_2O_5$ gebildet werden, die kubische Thorianitstruktur besitzen soll mit einer Gitterkonstanten von a = 6.37 Å. Als Produkte entsprechender Reaktionen mit $ZrO_2 + ThO_2$ werden rotbraunes $FeZr_{1.6}Th_{0.4}O_5$ mit a = 6.29 Å bzw. $FeZr_{0.8}Th_{1.2}O_5$ mit a = 6.33 Å postuliert. Eine neue Untersuchung dieses Systems erscheint jedoch absolut notwendig, da es unwahrscheinlich ist, daß bei den an Luft durchgeführten Festkörperreaktionen ein ternäres Oxid mit Fe^{II} entsteht. Am Vergleich mit den Festkörperreaktionen in den Systemen ThO_2-Al_2O_3 und UO_2-Fe_2O_3 ist zu folgern, daß auch im System ThO_2-Fe_2O_3 weder eine Verbindungsbildung erfolgt noch eine merkliche gegenseitige Löslichkeit der Einzeloxide existiert. Von [6] wird noch eine Verbindung $ThFeBO_5$ mit Malayitstruktur erwähnt, die Eigenschaften eines roten Pigmentfarbstoffs besitzt. Ein 0.5 bis 15% ThO_2 enthaltender Ni-Katalysator wird in [2] als Hydrierungskatalysator vorgeschlagen. Ein Zusatz von 5 bis 15% ThO_2 zu einer Masse mit 25% Co_3O_4 und /oder NiO auf calciniertem Al_2O_3 fördert als Katalysator die Verbrennung von z. B. CH_4 in Autoabgasen [3].

Durch Einbau von Th^{4+} in die Perowskitverbindung $LaCoO_3$ lassen sich Mischkristalle $La_{1-x}Th_xCoO_3$ herstellen, s. dazu Kapitel 8.4.1.2, S. 77.

Bei der Oxidation der intermetallischen Verbindungen $ThRh_3$, $ThPd_4$, $ThPt_3$ und $ThPt_5$ an Luft ergaben sich keine Hinweise auf die Bildung ternärer Oxide, Reaktionsprodukt war stets ThO_2 + Edelmetall [4, 5]. Analog zu den entsprechenden Systemen mit Uran ist daher auch für die Systeme ThO_2-Rhodiumoxid (Palladium- und Platinoxid) sowie vermutlich auch für die Systeme ThO_2-Osmiumoxid (Ruthenium- und Iridiumoxid) zu folgern, daß weder feste Lösungen noch ternäre Oxide existieren.

Literatur zu 13:

[1] D. A. Braganza, K. R. Rao (Current Sci. [India] **41** [1972] 564/5). — [2] R. B. Mason (U. S. P. 2497176 [1950]; C. A. **1952** 729). — [3] M. Graulier, R. Cellerin (F. P. 1407058 [1963/65]; C. A. **65** [1966] 12039). — [4] B. Erdmann (KFK-1444 [1971]). — [5] B. Erdmann, C. Keller (J. Solid State Chem. **7** [1973] 40/8).

[6] F. Hund (zitiert bei Vortrag Karlsruhe 30. 1. 1976).

Reihenfolge (Systemnummern) der im Gesamtwerk behandelten Elemente

Gmelin System of Elements and Compounds

System-Nr.	Symbol	Element
1		Edelgase
2	H	Wasserstoff
3	O	Sauerstoff
4	N	Stickstoff
5	F	Fluor
6	**Cl**	**Chlor**
7	Br	Brom
8	J	Jod
	At	Astat
9	S	Schwefel
10	Se	Selen
11	Te	Tellur
12	Po	Polonium
13	B	Bor
14	C	Kohlenstoff
15	Si	Silicium
16	P	Phosphor
17	As	Arsen
18	Sb	Antimon
19	Bi	Wismut
20	Li	Lithium
21	Na	Natrium
22	K	Kalium
23	NH_4	Ammonium
24	Rb	Rubidium
25	Cs	Caesium
	Fr	Francium
26	Be	Beryllium
27	Mg	Magnesium
28	Ca	Calcium
29	Sr	Strontium
30	Ba	Barium
31	Ra	Radium
32	**Zn**	**Zink**
33	Cd	Cadmium
34	Hg	Quecksilber
35	Al	Aluminium
36	Ga	Gallium

System-Nr.	Symbol	Element
37	In	Indium
38	Tl	Thallium
39	Sc	Scandium
	Y	Yttrium
	La	Lanthan
	Ce–Lu	Lanthanide
40	Ac	Actinium
41	Ti	Titan
42	Zr	Zirkonium
43	Hf	Hafnium
44	Th	Thorium
45	Ge	Germanium
46	Sn	Zinn
47	Pb	Blei
48	V	Vanadium
49	Nb	Niob
50	Ta	Tantal
51	Pa	Protactinium
52	**Cr**	**Chrom**
53	Mo	Molybdän
54	W	Wolfram
55	U	Uran
56	Mn	Mangan
57	Ni	Nickel
58	Co	Kobalt
59	Fe	Eisen
60	Cu	Kupfer
61	Ag	Silber
62	Au	Gold
63	Ru	Ruthenium
64	Rh	Rhodium
65	Pd	Palladium
66	Os	Osmium
67	Ir	Iridium
68	Pt	Platin
69	Tc	Technetium[1])
70	Re	Rhenium
71	Np, Pu . . .	Transurane[2])

HCl

$ZnCl_2$

$CrCl_2$

$ZnCrO_4$

Dem einzelnen Element werden alle Verbindungen mit denjenigen Elementen zugeordnet, die im Gmelin-System vor diesem Element stehen. Bei dem Element Zink mit der System-Nr. 32 stehen z.B. alle Verbindungen mit den Elementen der System-Nr. 1 bis 31.

The material under each element number contains all information on the element itself as well as on all compounds with other elements which preceed this element in the Gmelin System.
For example, zinc (system number 32) as well as all zinc compounds with elements numbered from 1 to 31 are classified under number 32.

[1]) Diese System-Nr. ist im Jahre 1941 unter der Bezeichnung „Masurium" erschienen.
[2]) Bearbeitung erfolgt im Rahmen des Ergänzungswerkes zur 8. Auflage.

Periodensystem der Elemente mit Gmelin Systemnummern siehe Innenseite des vorderen Deckels